高等职业教育系列教材

电工与电子技术基础

（少学时）

张志良　主编
邵　菁　张慧莉　参编

机 械 工 业 出 版 社

本书根据高等职业教育要求和当前高职学生特点编写，内容覆盖面较宽，但难度较浅；习题丰富，可布置性好。并有与之配套的《电工与电子技术学习指导及习题解答》，给出全部解答。既便于学生自学练习，又便于教师选用，能有效减轻教师的教学负担。

本书主要内容包括电路基本分析方法、正弦交流电路、放大电路基础、直流稳压电路、数字逻辑基础、常用集成数字电路和基础实验。

本书适合作为高职高专院校、应用型本科院校机电专业和其他相关专业电工电子课程（少学时）教材。

本书配有授课电子课件，需要的教师可登录 www.cmpedu.com 免费注册，审核通过后下载，或联系编辑索取（微信：15910938545，电话：010-88379739）。

图书在版编目（CIP）数据

电工与电子技术基础：少学时/张志良主编．—北京：机械工业出版社，2017.1（2023.8 重印）
高等职业教育系列教材
ISBN 978-7-111-55779-1

Ⅰ.①电…　Ⅱ.①张…　Ⅲ.①电工技术-高等职业教育-教材②电子技术-高等职业教育-教材　Ⅳ.①TM②TN

中国版本图书馆 CIP 数据核字（2016）第 313799 号

机械工业出版社（北京市百万庄大街 22 号　邮政编码 100037）
策划编辑：王　颖　责任编辑：王　颖
责任校对：张　薇　责任印制：刘　媛
北京中科印刷有限公司印刷
2023 年 8 月第 1 版第 5 次印刷
184mm×260mm · 13 印张 · 312 千字
标准书号：ISBN 978-7-111-55779-1
定价：49.00 元

电话服务
客服电话：010-88361066
010-88379833
010-68326294

网络服务
机　工　官　网：www.cmpbook.com
机　工　官　博：weibo.com/cmp1952
金　书　网：www.golden-book.com
机工教育服务网：www.cmpedu.com

出版说明

党的二十大报告首次提出“加强教材建设和管理”，表明了教材建设国家事权的重要属性。凸显了教材工作在党和国家事业发展全局中的重要地位，体现了以习近平同志为核心的党中央对教材工作的高度重视和对“尺寸课本、国之大者”的殷切期望。教材作为教育目标、理念、内容、方法、规律的集中体现，是教育教学的基本载体和关键支撑，是教育核心竞争力的重要体现。建设高质量教材体系，对于建设高质量教育体系而言，既是应有之义，也是重要基础和保障。为落实立德树人根本任务，发挥铸魂育人实效，机械工业出版社组织国内多所职业院校（其中大部分院校入选“双高”计划）的院校领导和骨干教师展开专业和课程建设研讨，以适应新时代职业教育发展要求和教学需求为目标，规划并出版了“高等职业教育系列教材”丛书。

该系列教材以岗位需求为导向，涵盖计算机、电子信息、自动化和机电类等专业，由院校和企业合作开发，由具有丰富教学经验和实践经验的“双师型”教师编写，并邀请专家审定大纲和审读书稿，致力于打造充分适应新时代职业教育教学模式、满足职业院校教学改革和专业建设需求、体现工学结合特点的精品化教材。

归纳起来，本系列教材具有以下特点：

1）充分体现规划性和系统性。系列教材由机械工业出版社发起，定期组织相关领域专家、院校领导、骨干教师和企业代表开展编委会年会和专业研讨会，在研究专业和课程建设的基础上，规划教材选题，审定教材大纲，组织人员编写，并经专家审核后出版。整个教材开发过程以质量为先，严谨高效，为建立高质量、高水平的专业教材体系奠定了基础。

2）工学结合，围绕学生职业技能设计教材内容和编写形式。基础课程教材在保持扎实理论基础的同时，增加实训、习题、知识拓展以及立体化配套资源；专业课程教材突出理论和实践相统一，注重以企业真实生产项目、典型工作任务、案例等为载体组织教学单元，采用项目导向、任务驱动等编写模式，强调实践性。

3）教材内容科学先进，教材编排展现力强。系列教材紧随技术和经济的发展而更新，及时将新知识、新技术、新工艺和新案例等引入教材；同时注重吸收最新的教学理念，并积极支持新专业的教材建设。教材编排注重图、文、表并茂，生动活泼，形式新颖；名称、名词、术语等均符合国家有关技术质量标准和规范。

4）注重立体化资源建设。系列教材针对部分课程特点，力求通过随书二维码等形式，将教学视频、仿真动画、案例拓展、习题试卷及解答等教学资源融入到教材中，使学生学习课上课下相结合，为高素质技能型人才的培养提供更多的教学手段。

由于我国高等职业教育改革和发展的速度很快，加之我们的水平和经验有限，因此在教材的编写和出版过程中难免出现疏漏。恳请使用本系列教材的师生及时向我们反馈相关信息，以利于我们今后不断提高教材的出版质量，为广大师生提供更多、更适用的教材。

机械工业出版社

前　言

“电工与电子技术”是高职高专院校机电专业和其他相关专业学习电工、模拟电子技术、数字电子技术等基础知识和基本概念的一门非常重要的专业基础课。由于电工电子课程涉及内容繁多，但课时却有限，既要把电工电子的基本概念、基础知识融入，又不能内容过多，还要针对机电等专业的专业特性。因此，本书力求做到以下几点：

1）精选书中内容，把握知识繁简，把握难度分寸，满足专业需求，便于学生学习。

2）重概念，轻计算。除电工中一些重要和基本的计算外，模拟电子技术、数字电子技术均以概念为主。

3）文字叙述注重条理化。使学生容易记忆理解，也便于教师板书教学。对学生不易理解和容易混淆的概念，给出较为详尽的解说，便于自学。

4）将一些重要的、基础的、学生不易理解和容易混淆的概念归纳整理成复习思考题，用于课后对基本概念的理解、辨析和加深记忆。

5）基础实验内容基本涵盖电工电子技术主要实验，实验器材较简单普遍，便于实施。

6）有与之配套的《电工与电子技术学习指导及习题解答》，给出全部解答。该教辅书原与编者编写的另一本《电工与电子技术基础》（多学时）配套，而本书的习题全部选自于该书（多学时）。因此，能全部在该教辅书中找到解答，仅题编号不同。

综上所述，本书总的指导思想和特色是方便教学。对学生，便于自学；对教师，能有效减轻教学负担。

本书由上海电子信息职业技术学院张志良主编，邵菁、张慧莉参编。其中第 1、2 章由邵菁编写，第 3、4 章由张慧莉编写，其余章节由张志良编写并统稿。

限于编者水平，书中错误不妥之处，恳请读者批评指正。

编　者

目　录

第 1 章　电路基本分析方法

电，作为一种优越的能量形式和信息载体已成为当今社会不可或缺的重要组成部分。而电的产生、传输和应用又必须通过电路来实现。

电路是各种电气元器件按一定方式连接的总体，可由电源、负载、连接导线和控制器件组成。

1.1　电路基本物理量

描述电路的基本物理量主要有电流、电压和电功率。

1.1.1　电流

1. 电流和电流强度

在物理学中，我们学过，电荷的定向移动就形成了电流。并且将正电荷运动的方向定义为电流的实际方向。而电流的大小通常用电流强度表示，电流强度是指单位时间内通过导体横截面积的电荷量。在电路中，电流强度常被简称为电流。

2. 电流分类

电流一般可分为两大类：直流和交流。

1）直流电流。

凡是电流方向不随时间而变化的电流称为直流电流。电流值可以全为正值，也可以全为负值。在直流电流中又可分为两种：

① 稳恒直流。凡电流方向和大小均保持不变的电流，称为稳恒直流，如图 1-1a 所示。本章主要分析研究稳恒直流。

② 脉动直流。电流方向不变，但大小变化的直流电流称为脉动直流，如图 1-1b 所示。大小变化的脉动直流可以是周期性的，也可以是非周期性的。

2）交流电流。

凡电流方向随时间而变化的电流称为交流电流。即电流值有正有负的是交流电流。交流电流一般又可分为两类：

① 正弦交流。按正弦规律变化的交流电流称为正弦交流，如图 1-1c 所示，正弦交流将在第 2 章中分析。

② 非正弦交流。不按正弦规律变化的交流电流称为非正弦交流电流，如图 1-1d 所示。非正弦交流电流也有周期性和非周期性之分。

3. 电流定义式

电流定义式是指电流强度的定义式：$i=\frac{dq}{dt}$。式中，dq 和 dt 均为数学中的微分符号，表示在很小的时间 dt 内，通过导体横截面积的电荷量 dq。

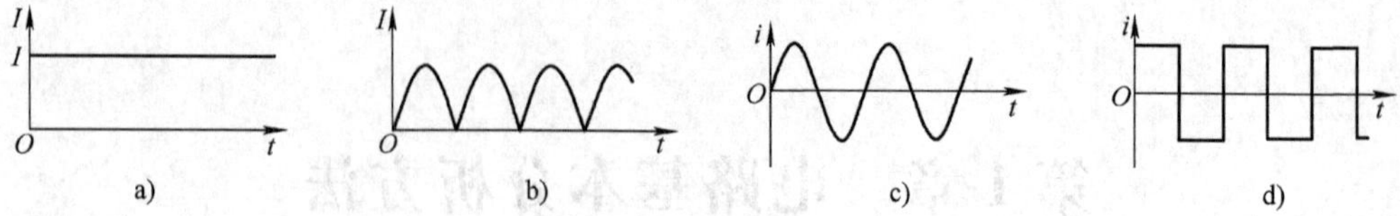

图 1-1　电流波形分类

a）稳恒直流　b）脉动直流　c）正弦交流　d）非正弦交流

对于稳恒直流，则可用下式表示：$I=\frac{q}{t}$。

电流的单位是安培，用符号 A 表示。它表示 1 秒（s）内通过导体横截面的电荷为 1 库仑（C）。

4. 电流的参考方向

在分析电路时，对某一电流的实际方向可能一时很难确定，或其方向是不断变化的。因此，需要有一个电流参考方向与其比较，这样，可使求解实际电流方向问题简化。

（1）电流参考方向表达方式

电流参考方向的表达方式通常有两种：一种是以实线箭头表示，如图 1-2 所示。另一种是用双下标表示，例如 i_{AB}，表示电流参考方向从 A 流向 B。

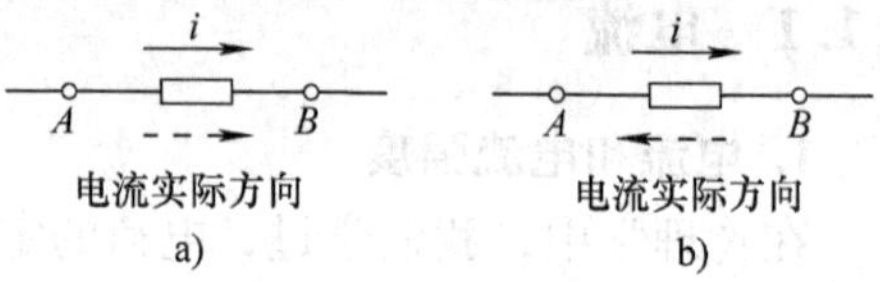

图 1-2　电流参考方向

a）$i>0$　b）$i<0$

（2）电流实际方向和正负值的确定

电流参考方向确定后，若电流的实际方向与参考方向相同，则电流为正值；若电流的实际方向与参考方向相反，则电流为负值。

或者，已知电流的正负，就可根据电流正负确定电流的实际方向。若电流为正值，则电流的实际方向与参考方向相同；若电流为负值，则电流的实际方向与参考方向相反。

物理学中研究电流与电工学中研究电流的区别就在于物理学中的电流没有参考方向，只有正值，而电工学中的电流有参考方向，可正可负，因而可进一步深入研究。

（3）注意事项

① 电流参考方向可以任意选定。

② 不规定电流参考方向而分析电流正负是没有意义的。

【例 1-1】　已知电路和电流参考方向如图 1-3 所示，且 $I_a=I_c=1A$，$I_b=I_d=-1A$，试指出电流的实际方向。

解：$I_a=1A>0$，I_a的实际方向与参考方向相同，即由 $A\to B$；

$I_b=-1A<0$，I_b的实际方向与参考方向相反，即由 $B\to A$；

$I_c=1A>0$，I_c的实际方向与参考方向相同，即由 $B\to A$；

$I_d=-1A<0$，I_d的实际方向与参考方向相反，即由 $A\to B$。

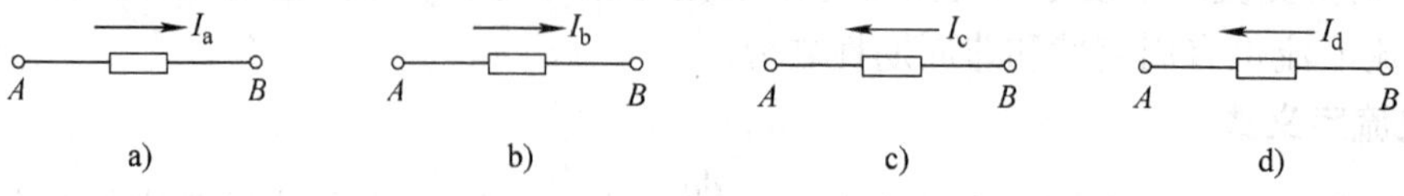

图 1-3　例 1-1 电路

5. 电流源

电流源是一种电源。理想化的电流源在任何情况下，输出电流均能按给定规律变化，与外电路无关。给定规律既可以是直流，也可以是交流。图 1-4a 为理想电流源符号，箭头方向为其电流参考方向。i_S 可理解为时间 t 的函数 $i_S = i_S(t)$，当电流源为直流时，可用 I_S 表示。

实际电流源由理想电流源与电阻并联组合，如图 1-4b 所示。并联电阻 R_S 也称为实际电流源的内阻或输出电阻。实际电流源接负载 R 时，如图 1-4c 所示，设其两端电压为 U，输出电流为 I，则 $I = I_S - \frac{U}{R_S}$，作出其伏安特性，是一条斜率为 $-\frac{1}{R_S}$，截距为 I_S 的直线，如图 1-4d 所示。R_S 越小，输出电压 U 增大时，在 R_S 上的分流越大，输出电流越小；R_S 越大，越接近理想电流源特性；$R_S \to \infty$ 时，即为理想电流源。

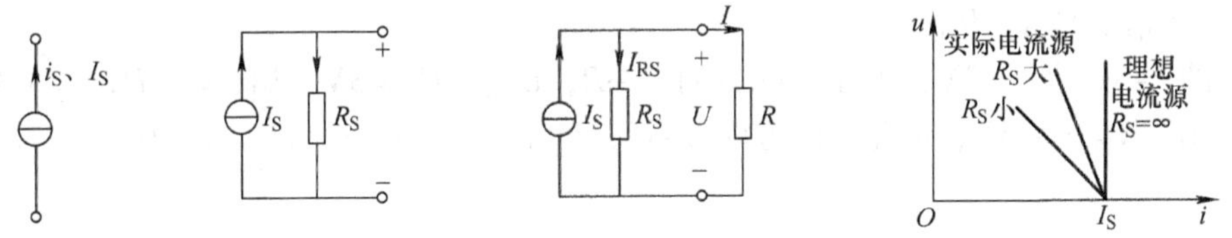

a) b) c) d)

图 1-4 电流源

a）符号 b）实际电流源 c）与外电路连接 d）伏安特性

1.1.2 电压

电路中的另一个重要物理量是电压。电压是使电流流通的必要条件。

1. 电压的定义

在物理学中，我们已知，要使正电荷 q 从 A 点移到 B 点，必须对其做功。电场力做功 W_{AB} 与该电荷 q 的比值定义为 A、B 两点间电压（或称为电压降），$U_{AB} = \frac{W_{AB}}{q}$。

电压的单位为伏特，用符号 V 表示。$U_{AB} = 1V$，表示将 1 库仑（C）正电荷从 A 点移到 B 点所做的功为 1 焦耳（J）。

2. 电位

在电路中任选一点 O 为零电位参考点，则某点 A 到该参考点 O 之间的电压称为 A 点相对于 O 点的电位，记作 φ_A（或 U_A），$\varphi_A = U_{AO}$。

电位与电压是两个既有联系又有区别的概念。电位是对电路中某零电位参考点而言，其值与参考点选取有关。电压则是对电路中某两个具体点而言，其值与参考点选取无关。电压与电位的关系可用下式表示：$U_{AB} = U_A - U_B = \varphi_A - \varphi_B$。

因此可以得出，两点间电压即两点间电位差。若取 B 点作为零电位参考点，则 A 点电压即为 A 点电位，$U_A = \varphi_A$。

3. 电压参考方向

与电流参考方向相同，电压也必须确定参考方向。

（1）电压参考方向表达方式

通常有两种：一种是用“+”“−”极性表示，此时电压参考方向是由“+”指向

"-"；另一种是用双下标，例如 U_{AB}，表示电压参考方向由 A 指向 B。

（2）电压实际方向和正负值的确定

若电压的实际方向与参考方向相同，则电压为正值；若电压的实际方向与参考方向相反，则电压为负值。

或者，若电压为正值，则电压的实际方向与参考方向相同；若电压为负值，则电压的实际方向与参考方向相反。因此，$U_{AB}=-U_{BA}$。

（3）注意事项

① 电压参考方向可以任意确定。

② 电压实际方向是客观存在的，并不因电压参考方向的不同选择而改变。

③ 不规定电压参考方向而分析电压正负是没有意义的。

【例 1-2】 已知电路如图 1-5 所示，$U_1=3V$，$U_2=-3V$，试指出电路电压的实际方向。并求 U_{AB}、U_{BA}、U_{CD}、U_{DC}。

解：图 1-5a：$U_1=3V$，电压实际方向 $A \to B$，$U_{AB}=U_1=3V$，$U_{BA}=-U_{AB}=-3V$。

图 1-5b：$U_2=-3V$，电压实际方向 $D \to C$，$U_{CD}=U_2=-3V$，$U_{DC}=-U_{CD}=-(-3)V=3V$。

【例 1-3】 已知电路如图 1-6 所示，以 O 为电位参考点，$\varphi_A=30V$，$\varphi_B=20V$，$\varphi_C=5V$，试求 U_{AB}、U_{BC}、U_{CA}。

解：$U_{AB}=\varphi_A-\varphi_B=(30-20)V=10V$

$U_{BC}=\varphi_B-\varphi_C=(20-5)V=15V$

$U_{CA}=\varphi_C-\varphi_A=(5-30)V=-25V$

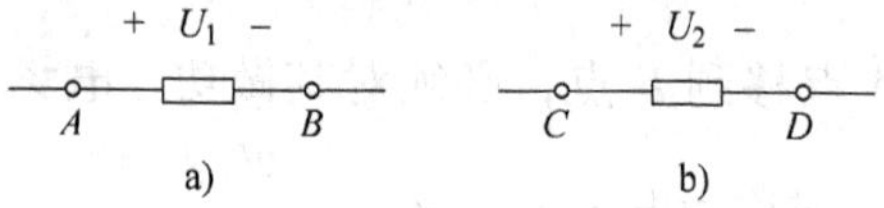

图 1-5 例 1-2 电路

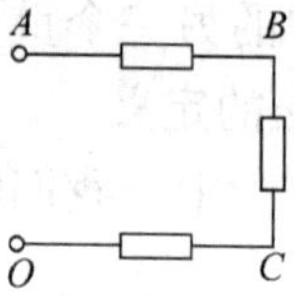

图 1-6 例 1-3 电路

4. 关联参考方向

电流参考方向和电压参考方向的选定是相互独立的，可任意选定。不确定电流和电压的参考方向，就无法确定电流值和电压值的正负。为了方便起见，对一段电路或一个电路元件，电流和电压参考方向通常选为一致，称为关联参考方向。即电流的参考方向从电压的正极性端流入，从负极性端流出。若两者参考方向不一致，则称为非关联参考方向。

需要指出的是，今后，本书电流和电压的方向，若无特殊说明，均指关联参考方向。

5. 电压源

电压源是另一种电源。理想化的电压源在任何情况下，端电压均能按给定规律变化，与外电路无关。给定规律既可以是直流，也可以是交流。图 1-7a 为理想电压源符号，"+""-"为其电压极性（参考方向），u_S可理解为时间 t 的函数，$u_S=u_S(t)$，当电压源为直流时，可用 U_S表示。

实际电压源由理想电压源与电阻串联组合，如图 1-7b 所示。串联电阻 R_S也称为实际电压源的内阻或输出电阻。

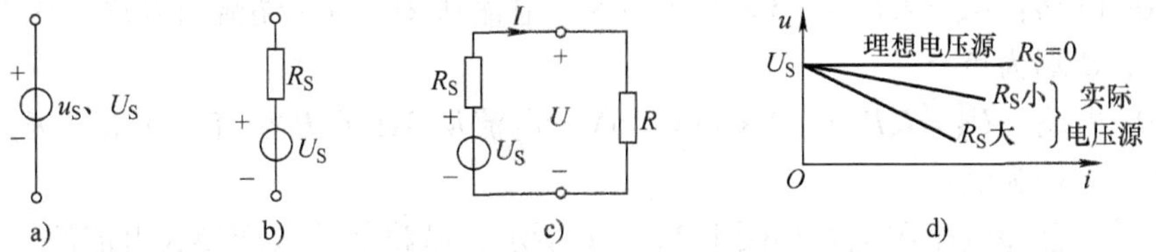

图 1-7　电压源

a）符号　b）实际电压源　c）与外电路连接　d）伏安特性

实际电压源接负载 R 时如图 1-7c 所示。设其两端电压为 U，输出电流为 I，则输出电压 U 与输出电流 I 的函数关系为：$U=U_S-IR_S$，做出其伏安特性，是一条斜率为 $-R_S$，截距为 U_S 的直线，如图 1-7d 所示。R_S 越大，输出电流 I 增大时，在 R_S 上的压降越大，端电压 U 下降越大；R_S 越小，越接近理想电压源特性；$R_S=0$ 时，即为理想电压源。常见的实际电源如发电机、新电池、稳压电源等，其内阻 R_S 很小，接近于理想电压源特性。

6. 电压源与电流源等效互换

与外部连接只有两个端点的电路称为二端网络。实际上，每一个二端元件，例如电阻、电容等，就是一个最简单的二端网络。

若一个二端网络的端口电压、电流与另一个二端网络的端口电压、电流相同，则这两个二端网络互为等效网络。如图 1-8 所示，二端网络 N_1 的端电压为 u_1，流进电流为 i_1；另一个二端网络 N_2 的端电压为 u_2，流进电流为 i_2。若 $u_1=u_2$，$i_1=i_2$，则 N_1 与 N_2 互为等效二端网络。

需要指出的是：等效网络是对外等效，对内不等效。即输出电压和输出电流（包括数值和参考方向）相等。对内一般是不相等的，即内部电路结构可以不同，但对外部电路的作用（影响）是完全相同的。

电压源和电流源都是二端网络，可相互等效互换，如图 1-9 所示。其中，$U_S=I_SR_S$，电源内阻 R_S 相同，电压源电压参考方向与电流源电流参考方向的关系为：若电压源 A 端为正极性，则电流源电流参考方向指向 A 端。电压源电压参考方向正极性端即电流源电流参考方向电流流出端。

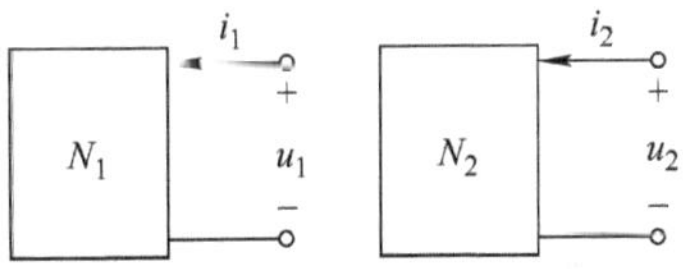

图 1-8　等效二端网络示意图

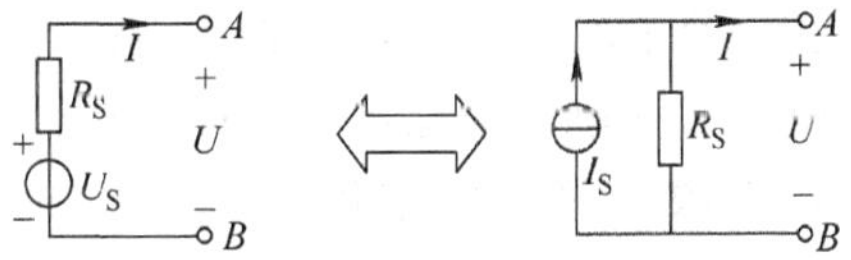

图 1-9　电压源与电流源等效互换

【例 1-4】　已知电流源电路如图 1-10a、c 所示，试将其等效变换为电压源。

解：图 1-10a、c 电流源电路分别等效为图 1-10b、d 所示电压源电路。其中：

图 1-10　例 1-4 电路

图 1-10a 电路：$U_S = I_S R_S = (3 \times 2)\,V = 6V$，电流从 2Ω 的 A 端流向 B 端，因此电压源极性 A 端为正，B 端为负。

图 1-10c 电路：$U_S = I_S R_S = (2 \times 3)\,V = 6V$，电流从 3Ω 的 B 端流向 A 端，因此电压源极性 B 端为正，A 端为负。

【例 1-5】 已知电压源电路如图 1-11a、c 所示，试将其等效变换为电流源。

解：图 1-11a、c 电压源电路分别等效为图 1-11b、d 所示电流源电路。其中：

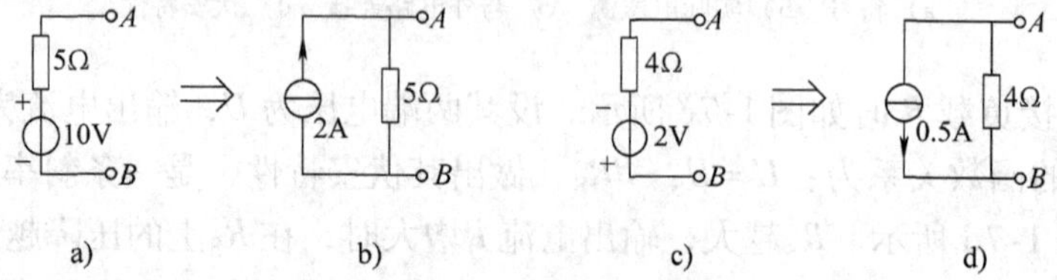

图 1-11　例 1-5 电路

图 1-11a 电路：$I_S = \dfrac{U_S}{R_S} = \dfrac{10}{5}A = 2A$，电流从 10V 电压源正极性端流出，指向 A 端，因此，电流源 I_S 的参考方向也指向 A 端。

图 1-11c 电路：$I_S = \dfrac{U_S}{R_S} = \dfrac{2}{4}A = 0.5A$。电流从 2V 电压源正极性端流出，指向 B 端，因此，电流源 I_S 的参考方向也指向 B 端。

1.1.3　电功率

电功率是电路分析中常用到的一个复合物理量。

1. 定义

电能对时间的变化率称为电功率，可用下式表示：$p(t) = \dfrac{dW}{dt}$。

根据电压和电流定义式，又可得出：$p(t) = \dfrac{d(uq)}{dt} = u\dfrac{dq}{dt} = ui$。

在直流情况下，上式可表达为：$P = UI$。

电功率的单位为瓦特，简称为瓦，用符号 W 表示。

2. 吸收功率和发出功率

在物理学中，电压、电流和电功率恒为正值。在电路中，我们已经引入了正负电压、正负电流的概念，同时也要引入正负功率的概念。我们定义：$p>0$ 时为吸收功率，$p<0$ 时为发出功率。为此，在具体计算时，$p = \pm ui$。

式中正负号的取法：当 u 与 i 参考方向一致（关联参考方向）时，取“+”号；当 u 与 i 参考方向相反（非关联参考方向）时，取“−”号。按照上式计算得出的功率值，若为正值，则为吸收功率；若为负值，则为发出功率。

【例 1-6】 已知电路如图 1-12 所示，$U=5V$，$I=2A$，试求电路中元件的功率，并指出其属于吸收功率还是发出功率？

解：图 1-12a：电压电流参考方向相同，$P = UI = (5 \times 2)W = 10W$，$p>0$，吸收功率；

图 1-12b：电压电流参考方向相反，$P = -UI = -(5 \times 2)W = -10W$，$p<0$，发出功率；

图 1-12c：电压电流参考方向相反，$P=-UI=-(5\times2)\text{W}=-10\text{W}$，$p<0$，发出功率；

图 1-12d：电压电流参考方向相同，$P=UI=(5\times2)\text{W}=10\text{W}$，$p>0$，吸收功率。

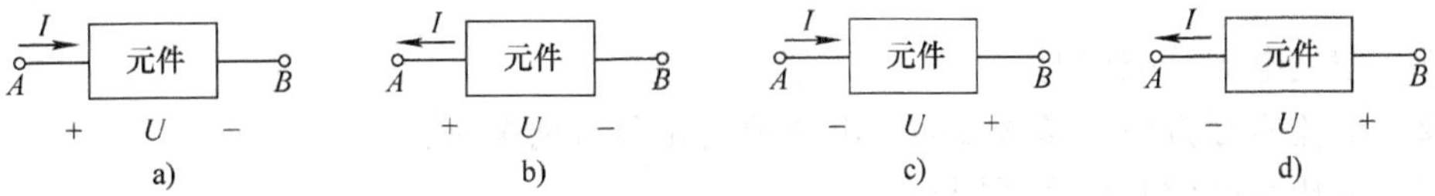

图 1-12 例 1-6 电路

【例 1-7】 电路同上，但图 1-12a、b 中，$U=-5\text{V}$，$I=2\text{A}$，图 1-12c、d 中，$U=5\text{V}$，$I=-2\text{A}$，试再求电路中元件的功率，并指出其属于吸收功率还是发出功率？

解：图 1-12a：$P=UI=(-5)\times2\text{W}=-10\text{W}$，$p<0$，发出功率；

图 1-12b：$P=-UI=-(-5)\times2\text{W}=10\text{W}$，$p>0$，吸收功率；

图 1-12c：$P=-UI=-5\times(-2)\text{W}=10\text{W}$，$p>0$，吸收功率；

图 1-12d：$P=UI=5\times(-2)\text{W}=-10\text{W}$，$p<0$，发出功率。

从上两例解可以看出，计算功率时，正负号的取法，仅与 ui 的参考方向有关，与数值正负无关。至于该电压电流数值，则不论正负，直接代入，然后根据功率计算结果值的正负，确定吸收功率还是发出功率。

3. 电阻元件的功率

在物理学中，我们学过，电阻元件的功率有 3 个计算公式：$P_R=\pm U_RI_R=I_R^2R=\dfrac{U_R^2}{R}$。

其中后面两个计算式，虽然在电路中引入了正负电压电流的概念，但 $U_R{}^2$ 和 $I_R{}^2$ 恒为正值，而电阻 R 又为正实常数，因此 P_R 恒为正值。在第一个计算式中，我们曾规定当 U_R 与 I_R 参考方向一致时，取正号；参考方向相反时，取负号。因此计算出来的电阻功率恒为正值，即电阻总是吸收功率，电阻是耗能元件。

4. 功率平衡

能量转换和守恒定律是自然界基本规律之一。在一个完整的电路中，能量转换当然要遵循这一规律。因此，在一个完整电路中，任一瞬间，吸取电能的各元件功率总和等于发出电能的各元件功率总和，称为“功率平衡”。

5. 电能

电能与功率是两个完全不同的概念。电能是一种能量，单位是焦耳；电功率是能量消耗或传递的速率，单位是瓦特。$W=pt$，反映了它们之间的关系。在实际应用中，电能的单位为千瓦小时（kW·h），1kW·h 的电能称为一度电。一度电为 $1\text{kW}\cdot\text{h}=1000\text{W}\times3600\text{s}=3.6\times10^6\text{J}$。

6. 额定值

电气设备的额定值是指设备安全和经济运行的使用值，通常由制造厂商规定，在一定工作条件下的额定电压、额定电流和额定功率。电气设备只有在额定值运行情况下，才能保证它的使用寿命和使用质量。低于额定值，则一般达不到电气设备的性能指标；高于额定值，轻则影响使用寿命，重则有可能造成设备损坏。例如，某灯泡额定电压为 220V，额定功率为 40W 等。若接到 110V 电压上，则灯泡昏暗，达不到既定的亮度；若接到 380V 电压上，则灯泡过亮且很快损坏。

【复习思考题】

1.1 叙述电流分类概况。

1.2 电流实际方向、参考方向与电流值的正负有何关系?

1.3 电压与电位有什么区别?

1.4 定性画出实际电压源的伏安特性，电压源内电阻对伏安特性有什么影响?

1.5 定性画出实际电流源的伏安特性，电流源内电阻对伏安特性有什么影响?

1.6 为什么电阻元件的功率恒为正值?

1.7 什么叫“功率平衡”?

1.2 电路基本定律

电路基本定律有欧姆定律和基尔霍夫定律。

1.2.1 欧姆定律

1. 欧姆定律

欧姆定律早在初中物理中就已学过，但在电路分析中，由于引入电流电压的参考方向和负电流负电压概念，欧姆定律的内涵扩展了，应用下式表示:

$$u = \pm iR \tag{1-1}$$

正负号取法：当 u 和 i 的参考方向相同时取正号；相反时取负号。当电流电压均为直流时，可用下式表示:

$$U = \pm IR \tag{1-1a}$$

【例 1-8】 已知电路如图 1-13 所示，$R_1=5\Omega$，$R_2=10\Omega$，$I_1=2A$，$I_2=3A$，试求电压 U_1、U_2值；若 $I_1=-2A$，$I_2=-3A$，试再求电压 U_1、U_2值。

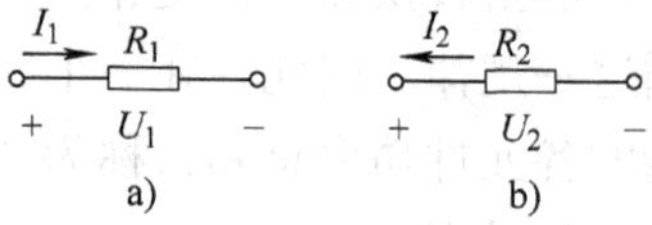

图 1-13 例 1-8 电路

解：图 1-13a 电路中，I_1与 U_1参考方向相同，因此:

$$U_1 = +I_1R_1 = 2\times5V = 10V$$

若 $I_1=-2A$ 时，负号与式（1-1a）中正负号取法无关，仅用负值代入既可。因此:

$$U_1 = +I_1R_1 = (-2)\times5V = -10V$$

图 1-13b 电路中，I_2与 U_2参考方反相同，因此:

$$U_2 = -I_2R_2 = -3\times10V = -30V$$

若 $I_2=-3A$，则 $U_2 = -I_2R_2 = -(-3)\times10V = 30V$

【例 1-9】 已知电路同上例，$U_1=4V$，$U_2=-9V$，试求 I_1、I_2。

解：图 1-13a，$I_1=\dfrac{U_1}{R_1}=\dfrac{4}{2}A=2A$

图 1-13b，$I_2=-\dfrac{U_2}{R_2}=-\dfrac{-9}{3}A=3A$

2. 电阻串联电路的分压概念

电阻串联电路如图 1-14 所示。串联后的等效电阻（总电阻）等于每个串联电阻之和：$R = R_1 + R_2 + \cdots + R_n$。

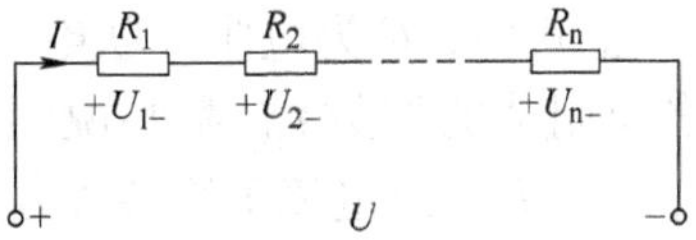

图 1-14 电阻串联电路

若在电阻串联电路两端施加电压，则每个串联电阻上的电压按电阻大小进行分配。电阻值大，分得电压大；电阻值小，分得电压小。即按比例线性分配电压，称为分压。即：

$$U_1 = \frac{R_1 U}{R}、U_2 = \frac{R_2 U}{R}, \cdots, U_n = \frac{R_n U}{R} \tag{1-2}$$

$$U_1 : U_2 : \cdots : U_n = R_1 : R_2 : \cdots : R_n \tag{1-2a}$$

需要说明的是，应用上式计算每个电阻上电压时，也有正负号取值问题，当 U_1，U_2，…，U_n与总电压 U 的电压参考方向相同时取正值，相反时取负值。

【例 1-10】 已知电阻串联电路如图 1-15 所示，$R_1 = 60\Omega$，$R_2 = 40\Omega$，$U = 10V$，试求电路等效电阻 R 和 U_1、U_2值。

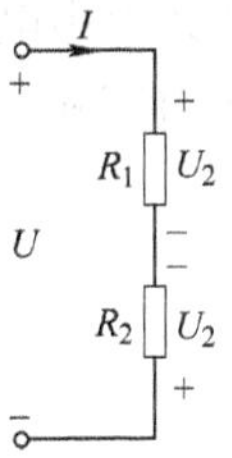

图 1-15 例 1-10 电路

解：$R = R_1 + R_2 = (60 + 40)\Omega = 100\Omega$

求 U_1、U_2值可有两种方法。一种方法是先求出电流 I，再求出分电压 U_1、U_2；另一种方法是直接利用分压公式求出电压 U_1、U_2。我们要求用后一种方法，在本书后续内容和后续课程中，熟练应用分压公式将会带来很大方便。

$$U_1 = \frac{R_1 U}{R_1 + R_2} = \frac{60 \times 10}{60 + 40} V = 6V$$

$$U_2 = \frac{-R_2 U}{R_1 + R_2} = \frac{-40 \times 10}{60 + 40} V = -4V$$

计算 U_2时，取负号的原因是 U_2与 U 的参考方向相反。

【例 1-11】 电路同上例，已知 $R_1 = 160\Omega$，$R_2 = 40\Omega$，$U_1 = 16V$，试求 U、U_2值。

解：

$$U = \frac{U_1(R_1 + R_2)}{R_1} = \frac{16(160 + 40)}{160} V = 20V$$

$$U_2 = \frac{-R_2 U}{R_1 + R_2} = \frac{-40 \times 20}{160 + 40} V = -4V$$

3. 电阻并联电路的分流概念

电阻并联电路如图 1-16 所示。并联后的等效电阻（总电阻）的倒数等于并联各电阻倒数之和：$\frac{1}{R} = \frac{1}{R_1} + \frac{1}{R_2} + \cdots + \frac{1}{R_n}$。两个电阻并联时，有：$R = \frac{R_1 R_2}{R_1 + R_2}$。

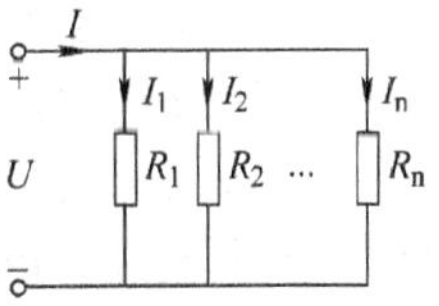

图 1-16 电阻并联电路

若流入电阻并联电路的总电流为 I，则每个并联电阻中的电流按电导（电阻倒数：$G = 1/R$）大小进行分配，电导大（电阻值小），分得电流多；电导小（电阻值大），分得电流少。即按电阻大小反比例分配，称为分流。

$$I_1 = \frac{G_1 I}{G}, I_2 = \frac{G_2 I}{G}, \cdots, I_n = \frac{G_n I}{G} \tag{1-3}$$

$$I_1 : I_2 : \cdots : I_n = G_1 : G_2 : \cdots : G_n \tag{1-3a}$$

上式中，G 为电阻并联电路总电导（总电阻值的倒数），G_1，G_2，…，G_n为各并联电导（各电阻值的倒数）。需要说明的是，应用上式计算分流时，也有正负号取值问题，当I_1，I_2，…，I_n与总电流 I 的参考方向相同（顺向）时取正值，反向（逆向）时取负值。

两个电阻并联时，有：$I_1 = \dfrac{R_2 I}{R_1 + R_2}$，$I_2 = \dfrac{R_1 I}{R_1 + R_2}$。

【例 1-12】 已知电阻并联电路如图 1-17 所示，$R_1 = 30\Omega$，$R_2 = 60\Omega$，$I = 3\text{A}$，试求电路等效电阻 R 和 I_1、I_2值。

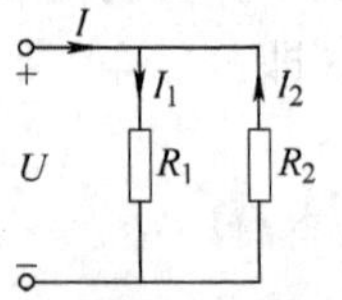

图 1-17 例 1-12 电路

解：$R = \dfrac{R_1 R_2}{R_1 + R_2} = \dfrac{30 \times 60}{30 + 60}\Omega = 20\Omega$

求 I_1、I_2值可有两种方法：一种方法是先求出总电阻 R 和端电压 U，然后再应用欧姆定律求每个电阻中的电流；另一种方法是直接利用分流公式求出电流 I_1、I_2。我们要求：求两个电阻并联时的分电流，应用后一种方法。在本书后续内容和后续课程中，熟练应用分流公式将会带来很大方便。

$$I_1 = \frac{R_2 I}{R_1 + R_2} = \frac{60 \times 3}{30 + 60}\text{A} = 2\text{A}$$

$$I_2 = \frac{-R_1 I}{R_1 + R_2} = \frac{-30 \times 3}{30 + 60}\text{A} = -1\text{A}$$

计算 I_2时，取负号的原因是 I_2与 I 的参考方向相反（逆向）。

【例 1-13】 电路同上例，已知 $R_1 = 6\Omega$，$R_2 = 4\Omega$，$I_1 = 1.44\text{A}$，试求 I、I_2值。

解：

$$I = \frac{I_1(R_1 + R_2)}{R_2} = \frac{1.44(6 + 4)}{4}\text{A} = 3.6\text{A}$$

$$I_2 = \frac{-R_1 I}{R_1 + R_2} = \frac{-6 \times 3.6}{6 + 4}\text{A} = 2.16\text{A}$$

1.2.2 基尔霍夫定律

基尔霍夫定律包括基尔霍夫电流定律（Kirchhoff's Current Law，KCL）和基尔霍夫电压定律（Kirchhoff's Voltage Law，KVL）。在叙述 KCL 和 KVL 之前先介绍电路中几个名称概念。

1）支路。电路中具有两个端钮（称为二端元件）且通过同一电流的每个分支（至少包含一个元件），称为支路。图 1-18中，*acb*、*ab*、*adb* 均为支路。其中 *acb*、*adb* 支路中有电源称为含源支路，*ab* 支路中无电源称为无源支路。

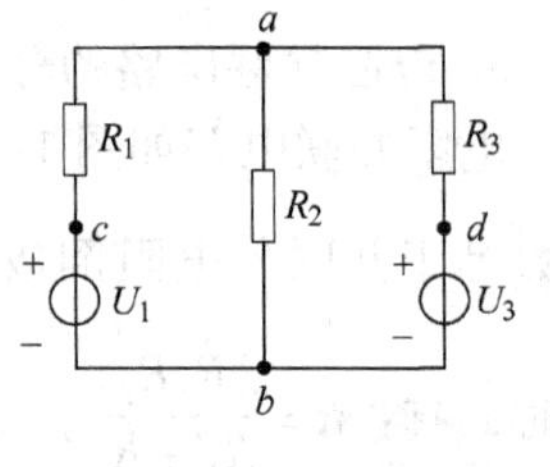

图 1-18 支路、节点和回路

2）节点。三条或三条以上支路的连接点，称为节点。图 1-18中，*a*、*b* 均为节点。

3）回路和网孔。电路中任一闭合路径，称为回路。图 1-18中，*abca*、*adba*、*adbca* 均为回路。其中 *abca* 和 *adba* 又称为网孔，内部不含有支路的回路称为网孔。

需要说明的是，有些教材将每一个二端元件定义为支路，将每一个二端元件之间的连接点定义为节点，主要是为了便于计算机分析线性电路，本书不予采用。

4）网络。一般把包含较多元件的电路称为网络。实际上，网络就是电路，在本书中，两个名词可以通用。

1. 基尔霍夫电流定律

在任一时刻，任一节点上，所有支路电流的代数和恒为零。即：

$$\sum i=0 \tag{1-4}$$

在直流电路中上式也可写作：

$$\sum I=0 \tag{1-4a}$$

图 1-19 中，若设电流流进节点 a 为正，流出节点 a 为负，则有 $\sum I=I_1+I_4+I_5-I_2-I_3=0$。若全部移项至等式右边，则 $\sum I=-I_1-I_4-I_5+I_2+I_3=0$，此时，变为电流流出节点 a 为负，流进节点 a 为正。即上式中电流正负号的取法取决于节点电流的参考方向。若该节点电流参考方向为流进节点，则流进电流取正号，流出电流取负号；若该节点电流方向为流出节点，则流出电流取正号，流进电流取负号。

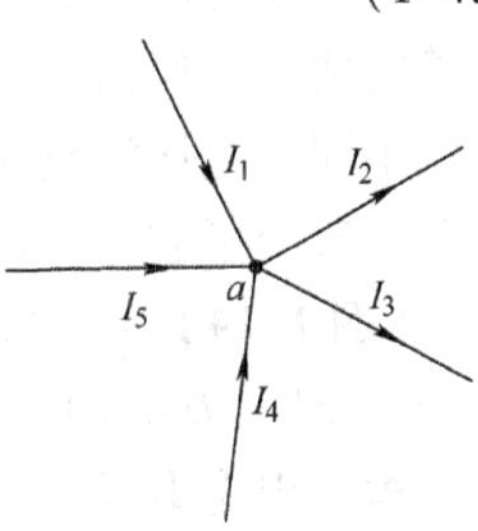

图 1-19　KCL 示意图

若将 $\sum I$ 中流进流出节点的电流分置等号两边，则有：

$$\sum I_{入}=\sum I_{出} \tag{1-4b}$$

上式表示，在任一时刻，流入一个节点的电流之和等于流出该节点的电流之和。

从基尔霍夫电流定律可以得出两个推论：

1）任一时刻，穿过任一假设闭合面的电流代数和恒为零。

如图 1-20a 所示，虚线框内为假设闭合面，该假设闭合面可视作一个大节点，则 $I_1+I_2-I_3=0$。即 KCL 可推广应用于任一假设闭合面。

2）若两个电网络之间只有一根导线连接，则该连接导线中电流为 0。

如图 1-20b 所示，网络Ⅰ与网络Ⅱ之间只有一根导线连接，设网络Ⅰ流进网络Ⅱ的电流为 I，但无网络Ⅱ流进网络Ⅰ的电流，根据 KCL，则 $I=0$。

2. 基尔霍夫电压定律

在任一时刻，沿任一回路，所有支路电压的代数和恒等于零。即：

$$\sum u=0 \tag{1-5}$$

在直流电路中，上式也可写作：

$$\sum U=0 \tag{1-5a}$$

KVL 示意图如图 1-21 所示，按绕行方向，根据 KVL 可得：

$$\sum U=U_{AB}+U_{BC}+U_{CD}+U_{DE}+U_{EF}+U_{FA}=-I_1R_1-U_{S1}+I_2R_2-I_3R_3+U_{S2}+I_4R_4=0$$

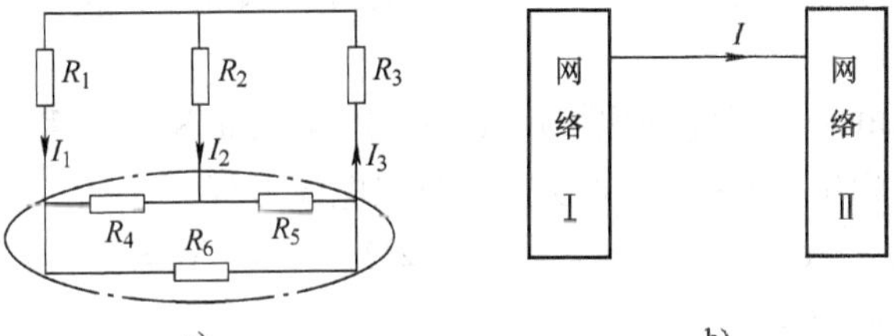

a)　　b)

图 1-20　KCL 推论

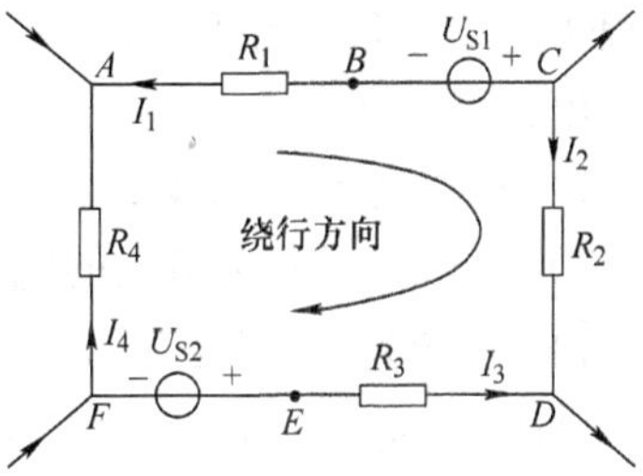

图 1-21　KVL 示意图

式中每一段电压为：$U_{AB}=-I_1R_1$，$U_{BC}=-U_{S1}$，$U_{CD}=I_2R_2$，$U_{DE}=-I_3R_3$，$U_{EF}=U_{S2}$，$U_{FA}=I_4R_4$。其正负号按下述方法确定：与绕行方向相同，取正号；与绕行方向相反，取负号。移项得：$U_{S1}-U_{S2}=-I_1R_1+I_2R_2-I_3R_3+I_4R_4$。写成一般形式：

$$\sum U_S=\sum IR \tag{1-5b}$$

上式是KVL的另一种表达形式。其含义为：在任一时刻，沿任一回路，所有电压源的电压代数和等于该回路其他元件电压降的代数和。实际上是将上式中的电压分成两部分，一部分为电压源电压的代数和，另一部分为其他元件电压降的代数和，并将这两部分电压分写在等式两边。但需要注意的是，应用上式时，电压源电压正负号与元件电压降正负号的确定方法不同。电压源电压，与绕行方向相同，取负号；与绕行方向相反，取正号。其原因是移项后，改变了它原来的正负号。

【例1-14】 已知电路如图1-21所示，$R_1=5\text{k}\Omega$，$R_2=3\text{k}\Omega$，$R_3=4\text{k}\Omega$，$R_4=2\text{k}\Omega$，$U_{S1}=-3\text{V}$，$U_{S2}=4\text{V}$，$I_1=-3\text{A}$，$I_2=4\text{A}$，$I_3=5\text{A}$，试求I_4。

解：根据KVL可得：

$$\sum U=U_{AB}+U_{BC}+U_{CD}+U_{DE}+U_{EF}+U_{FA}=-I_1R_1-U_{S1}+I_2R_2-I_3R_3+U_{S2}+I_4R_4=0$$

进一步求解，并代入数据，可得：

$$I_4=\frac{I_1R_1+U_{S1}-I_2R_2+I_3R_3-U_{S2}}{R_4}=\frac{(-3)\times5+(-3)-4\times3+5\times4-4}{2}\text{A}=-7\text{A}$$

【例1-15】 已知电路如图1-22所示，$R_1=10\Omega$，$R_2=5\Omega$，$R_3=5\Omega$，$U_{S1}=13\text{ V}$，$U_{S3}=6\text{V}$，试求支路电流I_1、I_2、I_3。

解：设定两回路Ⅰ和回路Ⅱ绕行方向如图1-22所示，列出KVL方程。

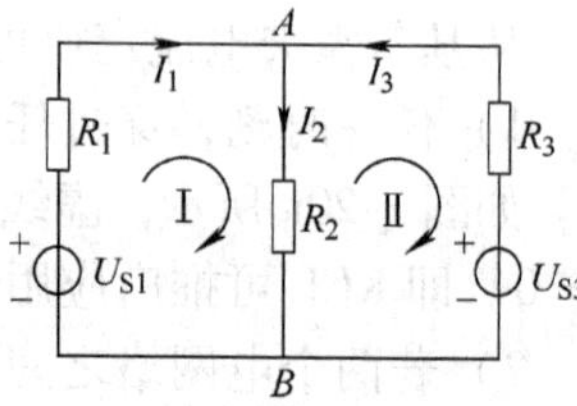

图1-22　例1-15电路

回路Ⅰ：　$I_1R_1+I_2R_2-U_{S1}=0$　①

回路Ⅱ：　$-I_2R_2-I_3R_3+U_{S3}=0$　②

对节点A，列出KCL方程（设流进节点A为正）：

$$I_1-I_2+I_3=0 \quad ③$$

联立求解①、②、③方程得：$I_1=0.8\text{A}$，$I_2=1\text{A}$，$I_3=0.2\text{A}$

上例中，以支路电流I_1、I_2、I_3为未知数，列出KCL、KVL方程的求解方法，称为支路电流法。支路电流法是求解电路的基本方法。

需要说明的是：根据KCL，上例还可列出节点B的KCL方程：$-I_1+I_2-I_3=0$，但该方程与方程③关联，可由方程③移项而得，不是独立方程。同时，根据KVL，还可列出由元器件U_{S1}、R_1、R_3、U_{S3}组成的回路的KVL方程：$I_1R_1-I_3R_3+U_{S3}-U_{S1}=0$，但该方程与方程①、②关联，可由方程①、②相加而得，不是独立于①、②的方程。因此，经进一步分析得出：

1）对于具有m条支路、n个节点的电路，只能列出$[m-(n-1)]$个独立KVL方程。

2）对于具有n个节点的电路，只能列出（$n-1$）个独立的节点电流方程。

【例1-16】 已知电路如图1-23所示，$R_1=R_3=R_4=R_6=2\Omega$，$R_2=R_5=R_7=1\Omega$，$U_{S1}=12\text{V}$，$U_{S2}=8\text{V}$，$U_{S3}=6\text{V}$，试求U_{AB}、U_{AC}。

解：首先确定KVL绕行方向，设如图中顺时针虚线方向，且同时设定其为电流I参考方向。则可列出KVL方程：$-U_{S1}+U_{S2}=I(R_1+R_2+R_3+R_4+R_5+R_6)$

$$I=\frac{-U_{S1}+U_{S2}}{R_1+R_2+R_3+R_4+R_5+R_6}=\frac{-12+8}{2+1+2+2+1+2}A=-0.4A$$

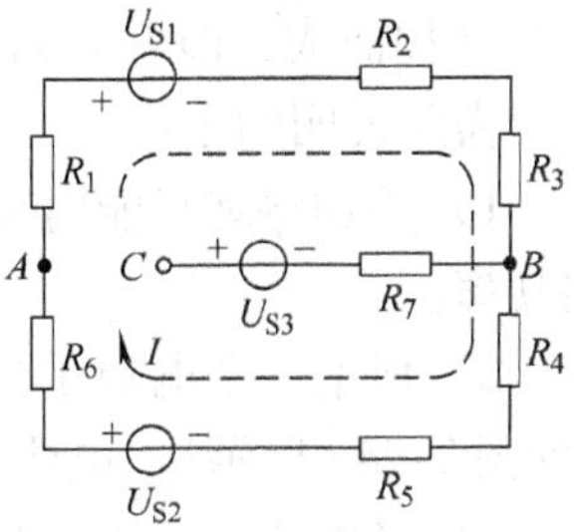

图 1-23　例 1-16 电路

则：$U_{AB}=I(R_1+R_2+R_3)+U_{S1}=[(-0.4)\times(2+1+2)+12]V=10V$

另解：$U_{AB}=-I(R_6+R_5+R_4)+U_{S2}=[-(-0.4)\times(2+1+2)+8]V=10V$

由于 C 端开路，BC 支路中电流 I_{BC} 为 0，因此：

$$U_{AC}=U_{AB}+U_{BC}=U_{AB}-U_{S3}=(10-6)V=4V。$$

从上例中还可得出基尔霍夫电压定律的两个推论：

1）两点间电压是定值，与计算时所沿路径无关。

例如，图 1-23 中，计算 U_{AB} 可按 R_1、U_{S1}、R_2、R_3 路径，也可按 R_6、U_{S2}、R_5、R_4 路径，均等于 10V。

2）KVL 可推广应用于任一不闭合电路。即任一时刻，电路中任意两点间电压等于由起点至终点沿某一路径各支路电压的代数和。

例如，图 1-23 中不闭合回路 ABC，$U_{AC}=U_{AB}+U_{BC}=IR_1+U_{S1}+IR_2+IR_3+I_{BC}R_7-U_{S3}$。

【复习思考题】

1.8　用欧姆定律计算电流电压时，正负号如何确定？

1.9　KCL、KVL 各有哪两个推论？

1.10　$\sum U=0$ 和 $\sum U_S=\sum IR$ 中电压源 U_S 的正负号取法有何不同？

1.11　对于具有 m 条支路、n 个节点的电路，能列出几个独立 KVL 方程？对于具有 n 个节点的电路，能列出几个独立的节点电流方程？

1.3　电路基本分析方法

电路基本分析方法主要有叠加定理和戴维南定理。

1.3.1　叠加定理

叠加定理是线性电路的一个重要定理，是分析线性电路的基础和重要方法。

有多个独立电源共同作用的线性电路，任一支路电流（或电压）等于每个电源单独作用时在该支路产生的电流（或电压）的代数和（叠加）。

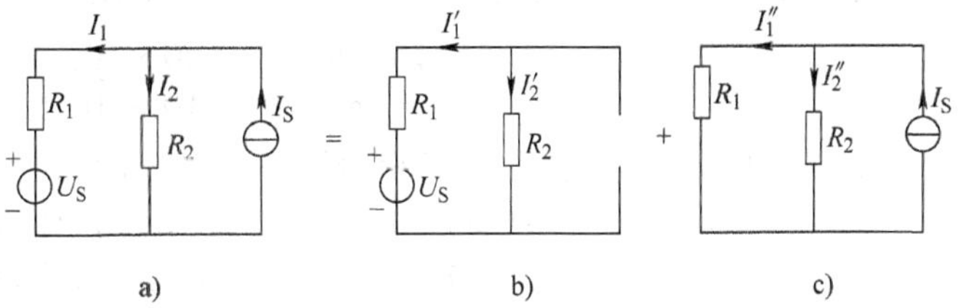

图 1-24　叠加定理示意图

现以图 1-24 为例加以说明。图 1-24a 电路中，有两个电源 U_S 和 I_S 共同作用，支路电流 I_1 和 I_2 可分别由电压源 U_S 单独作用时产生的 I_1'、I_2'（如图 1-24b 所示）和由电流源 I_S 单独作用时产生的 I''_1、I''_2（如图 1-24c 所示）叠加而成，即 $I_1 = I'_1 + I''_1$，$I_2 = I'_2 + I''_2$。

需要说明的是：

1）叠加定理只能用来计算线性电路的电流和电压，不适用于非线性电路或计算线性电路功率。

2）所谓一个电源单独作用，其他电源不作用是指不作用的电源置零，即电压源短路（如图 2-24c 所示），电流源开路（如图 2-24b 所示）。

3）求电流（或电压）代数和（叠加）时，一个电源单独作用时的电流（或电压）参考方向与多个电源共同作用时的电流（或电压）参考方向相同时取“+”号，相反时取“-”号。

4）应用叠加定理时，为便于求解，宜画出叠加定理求解电路，且电路格式、元件位置以不变为宜，如图 1-24b、c 所示。而且一个电源单独作用时的电流（或电压）参考方向宜与多个电源共同作用时的电流（或电压）参考方向一致，此时求代数和（叠加）时，均取“+”号，不易出错。

【例 1-17】 已知电路如图 1-24a 所示，$R_1 = 200\Omega$，$R_2 = 100\Omega$，$U_S = 24V$，$I_S = 1.5A$，试求支路电流 I_1 和 I_2。

解：画出叠加定理求解电路如图 1-24b、c 所示。

对于图 1-24b 电路，有：$-I'_1 = I'_2 = \dfrac{U_S}{R_1 + R_2} = \dfrac{24}{200+100}A = 0.08A$

对于图 1-24c 电路，有：$I''_1 = \dfrac{I_S R_2}{R_1 + R_2} = \dfrac{1.5\times100}{200+100}A = 0.5A$，$I''_2 = \dfrac{I_S R_1}{R_1 + R_2} = \dfrac{1.5\times200}{200+100}A = 1A$

因此，$I_1 = I'_1 + I''_1 = (0.5 - 0.08)A = 0.42A$，$I_2 = I'_2 + I''_2 = (0.08 + 1)A = 1.08A$。

【例 1-18】 已知电路如图 1-25a 所示，$R_1 = 20\Omega$，$R_2 = R_4 = 10\Omega$，$R_3 = 30\Omega$，$U_S = 20V$，$I_S = 3A$，试用叠加定理求电阻 R_4 两端电压 U。

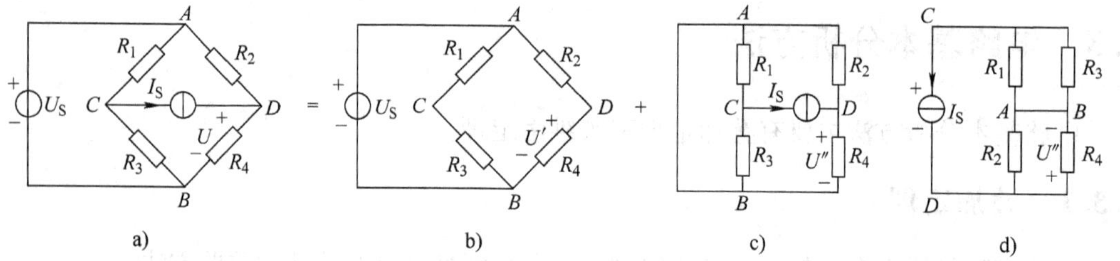

图 1-25　例 1-18 电路

解：画出叠加定理求解电路如图 1-25b、c 所示。

$$U' = \frac{U_S R_4}{R_2 + R_4} = \frac{20\times10}{10+10}V = 10V$$

求解 U'' 时，若看不清图 1-25c 电路，可将其改画为图 1-25d 形式的电路。

$$U'' = I_S(R_2 // R_4) = 3\times(10//10)V = 15V$$

$$U = U' + U'' = (10+15)V = 25V$$

1.3.2 戴维南定理

戴维南定理是线性含源二端电路的一个重要定理和特性。

1. 戴维南定理（Thevenin）

任何一个线性含源二端电阻网络 N_S（如图 1-26a 所示），对外电路来讲，都可以用一个电压源和一个电阻相串联的模型（如图 1-26b 所示）等效替代。电压源的电压等于该网络 N_S 的开路电压 u_{OC}（如图 1-26c 所示）；串联电阻等于该网络内所有独立源置零（独立电压源短路，独立电流源开路）后所得无源二端网络的等效电阻（或称为入端电阻、输出电阻）R_O（如图 1-26d 所示）。

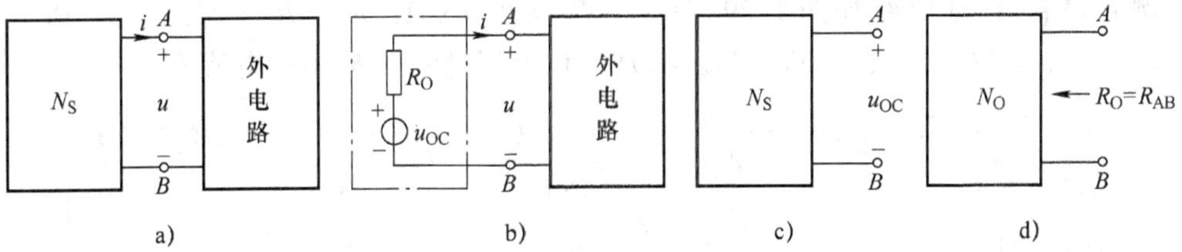

图 1-26 戴维南定理示意图

按戴维南定理求出的等效电路称为戴维南等效电路。为便于叙述，后续内容均以直流为例。

【例 1-19】 已知电路如图 1-27a 所示，$R_1=3\Omega$，$R_2=6\Omega$，$U_1=12V$，试求 AB 端戴维南等效电路。

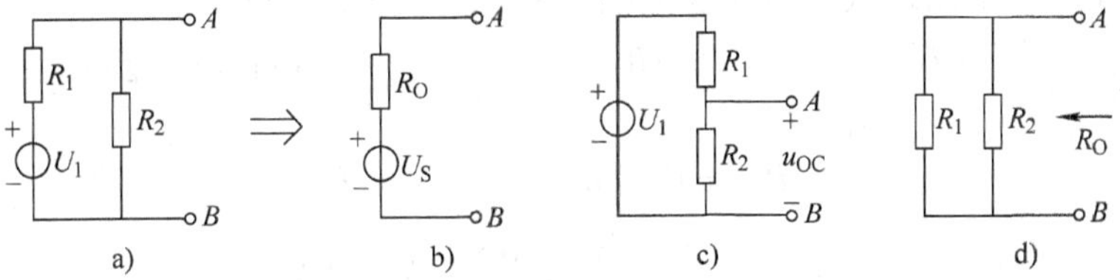

图 1-27 例 1-19 电路

解：所求戴维南等效电路如图 1-27b 所示。

U_{OC} 即电阻 R_2 上分压得到的电压，如图 1-27c 所示，$U_S=U_{OC}=\dfrac{U_1R_2}{R_1+R_2}=\dfrac{12\times6}{3+6}V=8V$

求 R_O 时，U_1 短路，如图 1-27d 所示，$R_O=R_1//R_2=3//6\Omega=2\Omega$

【例 1-20】 已知电路如图 1-28a 所示，$R_1=6\Omega$，$R_2=3\Omega$，$U_{S1}=3V$，$U_{S2}=6V$，试求 AB 端戴维南等效电路。

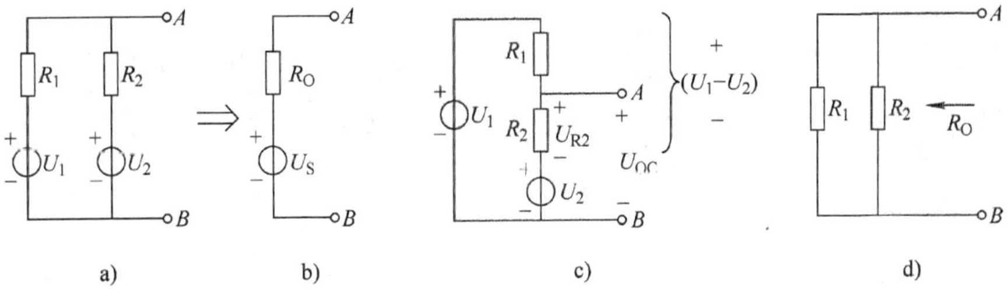

图 1-28 例 1-20 电路

解：所求戴维南等效电路如图 1-28b 所示。

求 U_{OC} 电路如图 1-28c 所示。$U_{OC}=U_{R2}+U_2$，而 U_{R2} 可看作（U_1-U_2）的电压在电阻 R_2 上的分压，即 $U_{R2}=\dfrac{(U_1-U_2)R_2}{R_1+R_2}$。

因此：$U_S=U_{OC}=\dfrac{(U_1-U_2)R_2}{R_1+R_2}+U_2=\left[\dfrac{(3-6)\times 3}{6+3}+6\right]V=5V$。

R_O 的求法与上例相同，$R_O=R_1//R_2=3//6\Omega=2\Omega$

上两例形式的电路在电路分析中经常出现，求解 U_{OC} 和 R_O 的表达式可作为模块公式，在理解的基础上，熟记并直接应用其结论。

【例 1-21】 已知电路如图 1-29a 所示，$R_1=R_6=6\Omega$，$R_2=R_3=3\Omega$，$R_4=R_5=10\Omega$，$U_{S1}=40V$，$U_{S2}=22V$，$U_{S3}=26V$，$U_{S4}=20V$，试求流过电阻 R_6 中的电流 I。

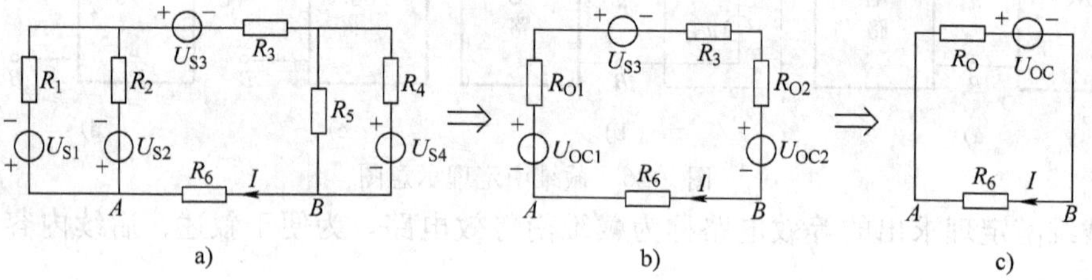

图 1-29 例 1-21 电路

解：将图 1-29a 电路逐次等效转换为图 1-29b、c 电路。其中：

$$U_{OC1}=-U_{S2}+\frac{[(-U_{S1})-(-U_{S2})]R_2}{R_1+R_2}=(-22)+\frac{[(-40)-(-22)]\times 3}{6+3}V=-28V$$

$$R_{O1}=R_1//R_2=6//3\Omega=2\Omega$$

$$U_{OC2}=\frac{U_{S4}R_5}{R_4+R_5}=\frac{20\times 10}{10+10}V=10V$$

$$R_{O2}=R_4//R_5=10//10\Omega=5\Omega$$

$$U_{OC}=-U_{OC1}+U_{S3}+U_{OC2}=[-(-28)+26+10]V=64V$$

$$R_O=R_{O1}+R_3+R_{O2}=(2+3+5)\Omega=10\Omega$$

$$I=-\frac{U_{OC}}{R_O+R_6}=-\frac{64}{10+6}A=-4A$$

【例 1-22】 已知电路如图 1-30a 所示，$R_1=1\Omega$，$R_2=2\Omega$，$R_3=3\Omega$，$R_4=4\Omega$，$R_L=5\Omega$，$U_S=6V$，试用戴维南定理求电阻 R_L 中的电流 I。

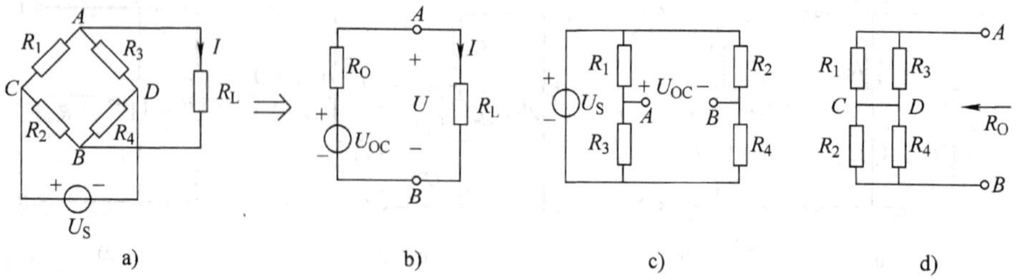

图 1-30 例 1-22 电路

解：若先求出图 1-30a 电路 *AB* 端的戴维南等效电路，如图 1-30b 所示，则 I 不难求出。

求 U_{OC} 时，按戴维南定理，将 *AB* 端外电路开路，并改画电路如图 1-30c 所示。

$$U_{OC}=U_{AB}=U_A-U_B=\frac{U_SR_3}{R_1+R_3}-\frac{U_SR_4}{R_2+R_4}=U_S\left(\frac{R_3}{R_1+R_3}-\frac{R_4}{R_2+R_4}\right)=6\times\left(\frac{3}{1+3}-\frac{4}{2+4}\right)\text{V}=0.5\text{V}$$

求 R_0 时，按戴维南定理，将 U_S 短路，并改画电路如图 1-30d 所示。

$$R_0=(R_1//R_3)+(R_2//R_4)=[(1//3)+(2//4)]\Omega=2.08\Omega$$

因此，$I=\dfrac{U_{OC}}{R_0+R_L}=\dfrac{0.5}{2.08+5}\text{A}=0.070\ 6\text{A}$

2. 戴维南等效电路参数的测定

戴维南定理的一个突出优点，是其参数便于测定。不需要了解其内部电路结构和参数，便可测定戴维南等效电路参数。

（1）测定 U_{OC}

测定 U_{OC} 电路如图 1-31a 所示，用电压表测量 *AB* 端开路电压即为 U_{OC}。

需要注意的是，用于测量的电压表表头内阻 R_V 会影响测量准确度，R_V 越大，测量准确度越高，一般宜用电子式数字电压表。

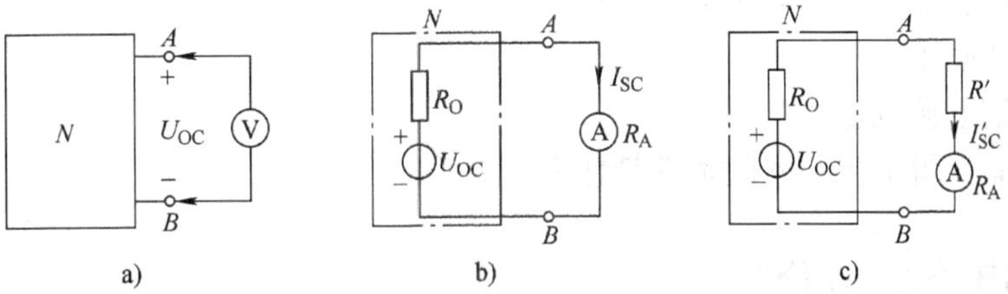

图 1-31　戴维南等效电路参数测定

（2）测定戴维南等效电阻 R_0

测定戴维南等效电阻 R，电路如图 1-31b 所示。用一个电流表直接测量短路电流 I_{SC}，则 $R_0=\dfrac{U_{OC}}{I_{SC}}$。若 I_{SC} 过大或某些被测电路不宜短路（以防损坏），则可按图 1-31c 所示电路，串入已知电阻 R' 后再测电流 I'_{SC}。此时 $R_0=\dfrac{U_{OC}}{I'_{SC}}-R'$。

需要注意的是，用于测量的电流表表头内阻 R_A 会影响测量准确度，但一般电流表内阻很小，可忽略不计。在估计 R_0 较小或要求精度较高时，可将测量值减去 R_A。

3. 最大功率传输

在电子电路中，常需要分析负载在什么条件下获得最大功率。电子电路虽较为复杂，但其输出端一般引出两个端钮，可以看作为一个有源二端网络，可应用戴维南定理解决这一问题。

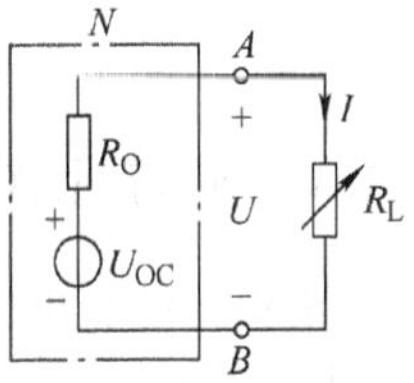

图 1-32　最大功率传输示意图

分析最大功率传输问题的电路可按图 1-32 连接。若 $R_L\to0$，则 $U\to0$，$P_L\to0$；若 $R_L\to\infty$，则 $I\to0$，$P_L\to0$。因此，必然存在某个 R_L 数值，其功率为最大值。

负载 R_L 上的功率：$P_L=I^2R_L=\left(\dfrac{U_{OC}}{R_0+R_L}\right)^2R_L$

求导得：$\dfrac{dP_L}{dR_L}=\dfrac{U_{OC}^2}{(R_O+R_L)^2}(R_O-R_L)=0$

解得：$R_L=R_O$

上式表明，当负载电阻等于戴维南等效电阻时，负载能获得最大功率 $P_{Lmax}=\dfrac{U_{OC}^2}{4R_L}$，这种状态称为负载与信号源阻抗匹配。

【例 1-23】 已知某电路为有源二端线性电阻网络，未知其内部电路结构，测得其开路电压 $U_{OC}=12V$，短路电流 $I_{SC}=0.3A$。试求其戴维南等效电路，并求其能输出最大功率的条件和数值。

解：画出所求戴维南等效电路，如图 1-32 所示。其中，$R_O=\dfrac{U_{OC}}{I_{SC}}=\dfrac{12}{0.3}\Omega=40\Omega$

输出最大功率时，应接负载 $R_L=R_O=40\Omega$，最大功率 $P_{Lmax}=\dfrac{U_{OC}^2}{4R_L}=\dfrac{12^2}{4\times40}\Omega=0.9W$

【复习思考题】

1.12　叙述叠加定理及应用注意事项。

1.13　叙述戴维南定理。

1.14　何谓电源置零？

1.15　负载获得最大功率的条件是什么？

1.4　线性电路暂态分析

电路从一种稳定状态（稳态）变化到另一种稳定状态的中间过程称为电路过渡过程或暂态过程，简称为暂态。

过渡过程在自然界普遍存在，例如车辆的起动和制动，需要有个过程，最后达到稳速或停止运行。在电路中，电容、电感的充、放电也存在上述物理现象。

引起电路过渡过程原因如下。

1）外因：电路换路。如电路的接通或断开、电源的变化、电路参数的变化、电路结构的改变等。

2）内因：电路中含有储能元件。储能元件即电容 C 和电感 L，纯电阻电路不存在过渡过程。

1.4.1　储能元件

储能元件有电容 C 和电感 L。

1. 电容

电容元件简称为电容。实际上“电容”这个名词代表双重含义，既代表电容元件，又表示电容参数。

（1）定义

一个二端元件其存储的电荷 q 与其端电压 u 的比值称为电容，$C=\dfrac{q}{u}$。

若 q 与 u 呈线性关系，则电容 C 称为线性电容。线性电容的电容量为一常量，与其两端电压大小无关。非线性电容如电子技术中 PN 结结电容。

电容的单位为法拉，用字母 F 表示。1F 表示电容存储电荷 1 库仑（C），两端电压为 1 伏特（V）。法拉单位偏大，通常用微法（μF）、纳法（nF）和皮法（pF）表示。

$$1\mathrm{F}=10^{6}\mu\mathrm{F}=10^{9}\mathrm{nF}=10^{12}\mathrm{pF}$$

（2）电容元件的伏安关系

设电容 C 两端电压为 u_C，流过的电流为 i_C，如图 1-33 所示，则有：

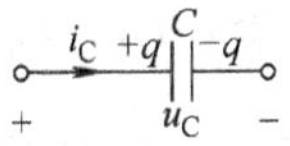

图 1-33　电容元件

$$i_C(t)=\frac{\mathrm{d}q}{\mathrm{d}t}=\frac{\mathrm{d}(Cu_C)}{\mathrm{d}t}=\pm C\frac{\mathrm{d}u_C(t)}{\mathrm{d}t} \tag{1-6}$$

式（1-6）中正负号取法：若 i_C 和 u_C 参考方向一致，取“+”号；若相反，取“−”号。上式表明任一时刻电容中的电流 $i_C(t)$ 与该时刻电容两端电压 $u_C(t)$ 的变化率 $\mathrm{d}u_C(t)/\mathrm{d}t$ 成正比，而与该时刻电容两端电压无关。若电压恒定不变（即直流电压），则 $\mathrm{d}u_C(t)/\mathrm{d}t=0$，其电流为 0。即电容对直流相当于开路。式（1-6）也可变换为积分形式：

$$u_C(t)=\pm\frac{1}{C}\int i_C(t)\mathrm{d}t \tag{1-7}$$

由于电容是储能元件，电容电压的变化是个充电或放电过程，因此应用式（1-7）计算 u_C 时，与电容初始电压值有关，写成定积分形式：

$$u_C(t)=u_C(t_0)\pm\frac{1}{C}\int_{t_0}^{t}i_C(t)\mathrm{d}t \tag{1-7a}$$

其中，$u_C(t_0)$ 为 t_0 时刻电容的初始电压，$u_C(t)$ 为电容 C 从时刻 t_0 开始充电（此时 i_C 与 u_C 参考方向一致，取“+”号）或放电（此时 i_C 与 u_C 参考方向相反，取“−”号）至 t 时刻的电压。

（3）电容储能

$W_C(t)=\frac{1}{2}Cu_C^2(t)$，电容储能与电容 C 和电容电压的平方成正比。

（4）电容并联

如图 1-34a 所示，其等效电容（总电容）等于各个电容之和。

$$C=C_1+C_2+\cdots+C_n \tag{1-8}$$

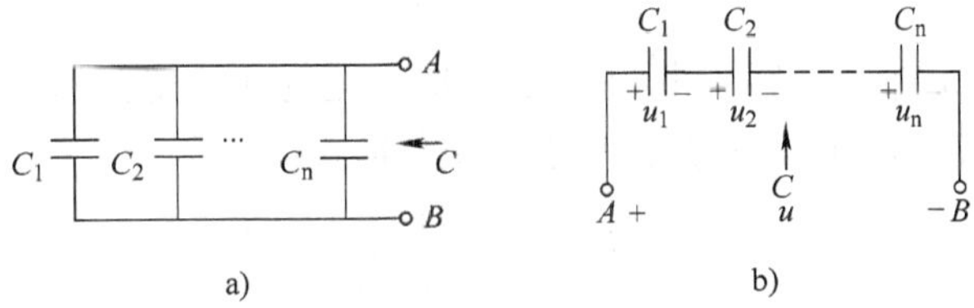

图 1-34　电容串并联

a）电容并联　b）电容串联

（5）电容串联

如图 1-34b 所示，其等效电容的倒数等于各电容倒数之和。

$$\frac{1}{C}=\frac{1}{C_1}+\frac{1}{C_2}+\cdots+\frac{1}{C_n} \tag{1-9}$$

两个电容串联时，等效电容 $C=\dfrac{C_1C_2}{C_1+C_2}$，类似于两个电阻并联上乘下加，但需要注意的是，该计算公式仅适用于两个电容串联，而不适用于3个或3个以上电容串联。

【例1-24】 已知电容电路如图1-35所示，$C_1=60\mu F$，$C_2=20\mu F$，$C_3=10\mu F$，试求等效电容。

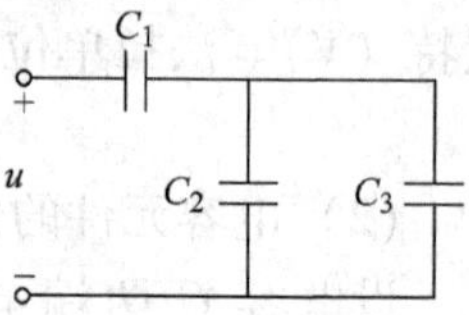

图1-35 例1-24电路

解：C_2、C_3并联后等效电容为：$C_{23}=C_2+C_3=(20+10)\mu F=30\mu F$，$C_{23}$与$C_1$串联后，等效电容：$C=\dfrac{C_1C_{23}}{C_1+C_{23}}=\dfrac{60\times30}{60+30}\mu F=20\mu F$

2. 电感

电感元件简称为电感。实际上“电感”这个名词代表双重含义，既代表电感元件，又表示电感参数。

（1）定义

一个二端元件，其交链的磁通链 ψ 与其电流 i 的比值称为电感，$L=\dfrac{\psi}{i}$。

若磁通链 ψ 与 i 呈线性关系，则电感 L 称为线性电感。线性电感的电感量为一常量，与其流过的电流大小无关。电感线圈中的介质为铁磁性物质时，属非线性电感。

电感的单位为亨利，用字母H表示。1H表示磁链为1韦伯的电感中的电流为1安培。亨利单位有时偏大，通常用毫亨（mH）和微亨（μH）表示。

$1H=10^3mH=10^6\mu H$

（2）电感元件的伏安关系

设电感 L 两端的电压为 u_L，流过的电流为 i_L，如图1-36所示，则有：

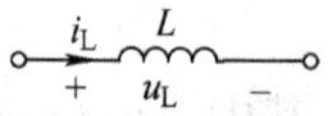

图1-36 电感元件

$$u_L(t)=\frac{d\psi}{dt}=\frac{d(Li_L)}{dt}=\pm L\frac{di_L(t)}{dt} \tag{1-10}$$

式中正负号取法：若 i_L 与 u_L 参考方向一致，取“+”号；若相反，取“−”号。式（3-12）表明任一时刻电感两端电压 $u_L(t)$ 与该时刻电感中电流的变化率 $di_L(t)/dt$ 成正比，而与该时刻电感中的电流无关。若电感中电流恒定不变（即稳恒直流电流），则 $di_L(t)/dt=0$，其两端电压为0，即电感对直流相当于短路。式（1-10）也可变换为积分形式：

$$i_L(t)=\pm\frac{1}{L}\int u_L(t)dt \tag{1-11}$$

由于电感是储能元件，电感中电流的变化是个充电或放电过程。因此应用式（1-11）计算 i_L 时，与电感中初始电流值有关，写成定积分形式：

$$i_L(t)=i_L(t_0)\pm\frac{1}{L}\int_{t_0}^{t}u_L(t)dt \tag{1-11a}$$

其中 $i_L(t_0)$ 为 t_0 时刻电感的初始电流，$i_L(t)$ 为电感从时刻 t_0 开始充电（此时 i_L 和 u_L 参考方向一致，取“+”号）或放电（此时 i_L 和 u_L 参考方向相反，取“−”号）至 t 时刻的电流。

（3）电感储能

$W_L(t)=\dfrac{1}{2}Li_L^2(t)$，电感储能与电感 L 和电感中电流的平方成正比。

1.4.2 换路定律

换路定律是描述电路换路的瞬间，储能元件电压或电流的变化规律。

1. 换路定律数学表达式

$$u_C(0_+)=u_C(0_-) \tag{1-12}$$

$$i_L(0_+)=i_L(0_-) \tag{1-13}$$

其中，$u_C(0_+)$、$i_L(0_+)$分别为换路后瞬间零时刻电容两端电压和电感中的电流；$u_C(0_-)$、$i_L(0_-)$ 分别为换路前瞬间零时刻电容两端电压和电感中的电流。

需要说明的是（0_+）、（0_-）均为0。从数学意义上说，（0_-）是在时间坐标0时刻负向无限趋近于0；（0_+）是在时间坐标0时刻正向无限趋近于0。

2. 换路定律文字表述

式（1-12）的文字表述：在换路瞬间，电容两端电压不能跃变。

式（1-13）的文字表述：在换路瞬间，电感中电流不能跃变。

3. 产生换路定律结论的原因和条件

产生换路定律结论的原因是激励电源的功率不可能为∞。电容储能为 $W_C(t)=\frac{1}{2}Cu_C^2(t)$，电感储能为 $W_L(t)=\frac{1}{2}Li_L^2(t)$。在激励电源功率为有限值前提下，换路时电容储能和电感储能不能跃变，电容两端电压 $u_C(t)$和电感中电流 $i_L(t)$必定为时间 t 的连续函数，即 $u_C(t)$和 $i_L(t)$ 不能跃变。

因此，产生换路定律结论的原因也是条件：激励电源的功率不可能为∞。实际上，这个条件总是满足的。

4. 换路定律推论

1）从式（1-12）中可以推出：若电路换路前，电容两端电压为0［未储能，即 $u_C(0_-)=0$］，则换路瞬间，电容相当于短路［即 $u_C(0_+)=u_C(0_-)=0$］。

需要说明的是，我们曾得出“电容对直流相当于开路”，这两种表述有矛盾吗？答：没有矛盾。“电容对直流相当于开路”是指电路达到稳态后，此时电容已充放电完毕；而“电容两端电压为0，换路瞬间相当于短路”是在暂态过程初始瞬间，即仅在（0_+）时刻相当于短路，而且条件是电容未储能。

2）从式（1-13）中可以推出：若电路换路前，电感中电流为0［未储能，即 $i_L(0_-)=0$］，则换路瞬间，电感相当于开路［即 $i_L(0_+)=i_L(0_-)=0$］。

需要说明的是，我们曾得出“电感对直流相当于短路”是指电路达到稳态后；而上述推论是指暂态初始瞬间，即仅在（0_+）时刻相当于开路，而且条件是电感未储能。

5. 注意事项

除 $u_C(0_+)=u_C(0_-)$、$i_L(0_+)=i_L(0_-)$外，电路中其余电流电压参数均不存在$f(0_+)=f(0_-)$。

6. 电压电流初始值计算

求解电路暂态过程的钥匙是换路定律，而应用换路定律的关键是求出 $u_C(0_-)$和 $i_L(0_-)$。

$u_C(0_-)$和$i_L(0_-)$是电路换路前u_C和i_L的数值，此时电路保持原始稳定状态（稳态），可按照和应用欧姆定律、KCL、KVL 和其他已经学过的电路定律或解题方法求解。

【例 1-25】 已知电路如图 1-37a 所示，$R_1=10\Omega$，$R_2=20\Omega$，$U_S=10V$，且换路前电路已达稳态，试求：1）$t=0$ 时刻，S 开关从位置 1 合到位置 2，求$u_C(0_+)$、$i_C(0_+)$。2）设 S 开关换路前合在位置 2，且已达到稳态。$t=0$ 时刻，S 开关从位置 2 合到位置 1，再求$u_C(0_+)$、$i_C(0_+)$。

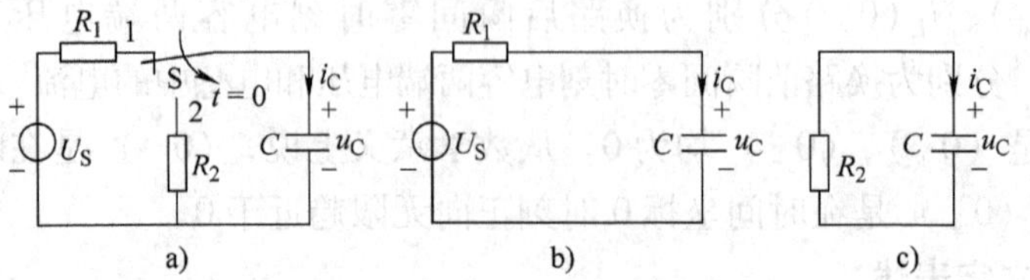

图 1-37　例 1-25 电路

解：1）换路前，S 在位置 1 且已达到稳态时，电容已充电完毕，如图 1-37b 所示，此时电容充电电流 $i_C(0_-)=0$。

$$u_C(0_-)=U_S-i_C(0_-)R_1=U_S=10V$$

换路后，如图 1-37c 所示，按换路定律：$u_C(0_+)=u_C(0_-)=U_S=10V$

$$i_C(0_+)=-\frac{u_C(0_+)}{R_2}=-\frac{U_S}{R_2}=-\frac{10}{20}A=-0.5A$$

2）换路前，S 在位置 2 上且已达到稳态时，电容已放电完毕，如图 1-37c 所示，此时 $i_C(0_-)=0$，$u_C(0_-)=0$。

换路后，如图 1-37b 所示，按换路定律：$u_C(0_+)=u_C(0_-)=0$，电容相当于短路。

$$i_C(0_+)=\frac{U_S-u_C(0_+)}{R_1}=\frac{10-0}{10}A=1A$$

【例 1-26】 已知电路如图 1-38 所示，$R_1=10\Omega$，$R_2=20\Omega$，$U_S=10V$，且换路前电路已达稳态，试求：1）$t=0$ 时刻，S 开关从位置 1 合到位置 2，求$i_L(0_+)$和$u_L(0_+)$。2）设 S 开关换路前合在位置 2，且以达到稳态。$t=0$ 时刻，S 开关从位置 2 合到位置 1，再求$i_L(0_+)$和$u_L(0_+)$。

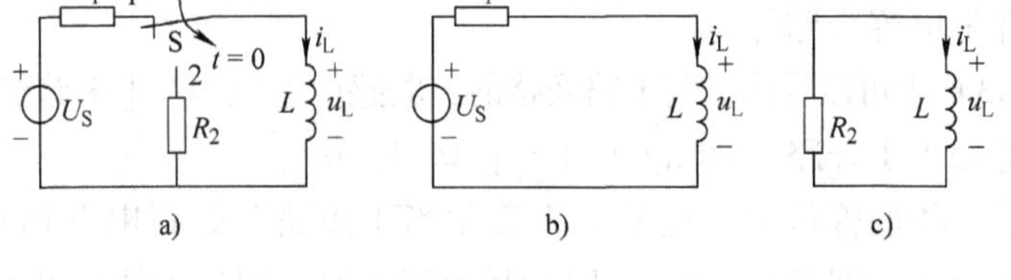

图 1-38　例 1-26 电路

解：1）换路前，如图 1-38b 所示，电感已充电完毕，达到稳态，对直流相当于短路，$u_L(0_-)=0$。

$$i_L(0_-)=\frac{U'_S-u_L(0_-)}{R_1}=\frac{U_S}{R_1}=\frac{10}{10}A=1A$$

换路后，如图 1-38c 所示，按换路定律：$i_L(0_+)=i_L(0_-)=1A$

$$u_L(0_+)=-i_L(0_+)R_2=-1\times20V=-20V$$

2）换路前，如图 1-38c 所示，电感已放电完毕，$i_L(0_-)=0$，$u_L(0_-)=0$。换路后，如图 1-38b 所示，$i_L(0_+)=i_L(0_-)=0$，电感相当于开路。

$$u_L(0_+)=-i_L(0_+)R_1+U_S=(-0\times10+10)V=10V$$

从上述两例中，可以得出，电路达到稳态后，电压电流初始值计算有如下规律：

① 无论有源无源，恒有：$i_C=0$（电容对直流相当于开路），$u_L=0$（电感对直流相当于短路）。

② *RC* 有源电路电容电压 u_C充至最大值（按 $i_C=0$ 计算）。例如图 1-37b 电路中，$u_C=U_S$。

③ *RL* 有源电路电感电流 i_L达到最大值（按 $u_L=0$ 计算）。例如图 1-38b 电路中，$i_L=\frac{U_S}{R_1}$。

另外，求解换路后的初始值：*RC* 电路，应从 $u_C(0_+)=u_C(0_-)$入手；*RL* 电路，应从 $i_L(0_+)=i_L(0_-)$入手。

【例 1-27】 已知电路分别如图 1-39a、b 所示，电路已达稳态。$t=0$ 时，S 开关断开。试求 $u_C(0_+)$和 $i_L(0_+)$表达式。

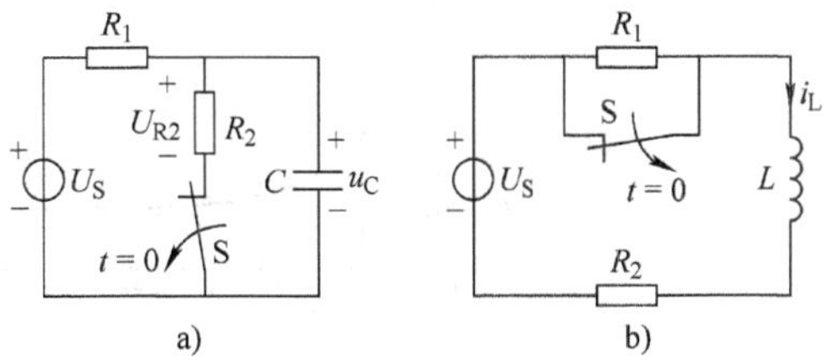

图 1-39　例 1-27 电路

解：图 1-39a 电路：$u_C(0_-)=U_{R2}(0_-)=\frac{U_SR_2}{R_1+R_2}$

$$u_C(0_+)=u_C(0_-)=\frac{U_SR_2}{R_1+R_2}$$

图 1-39b 电路：$i_L(0_-)=\frac{U_S}{R_2}$

$$i_L(0_+)=i_L(0_-)=\frac{U_S}{R_2}$$

1.4.3　一阶电路暂态响应（三要素法）

只含有一个动态元件（即储能元件 *L* 或 *C*）的电路可用一阶微分方程描述和求解，这种电路称为一阶电路。

据理论分析和数学推导，一阶电路的暂态响应只要求得初始值［用 $f(0_+)$表示］、新的稳态值［用 $f(\infty)$表示］和时间常数 τ，就可以直接写出其全响应表达式，称为一阶电路三要素法。

1. 一般形式

$$f(t)=\underbrace{f(\infty)}_{\text{稳态分量}}+\underbrace{[f(0_+)-f(\infty)]e^{-\frac{t}{\tau}}}_{\text{暂态分量}}=\underbrace{f(0_+)e^{-\frac{t}{\tau}}}_{\text{零输入响应}}+\underbrace{f(\infty)(1-e^{-\frac{t}{\tau}})}_{\text{零状态响应}}\qquad(1\text{-}14)$$

2. 初始值 $f(0_+)$

求解 $f(0_+)$应充分利用换路定律，并从换路定律入手。*RC* 电路，先求 $u_C(0_-)$，

$u_C(0_+)=u_C(0_-)$；*RL* 电路，先求 $i_L(0_-)$，$i_L(0_+)=i_L(0_-)$。若采用其他方法，虽然也可求解，但相对麻烦。

3. 稳态值 $f(\infty)$

电路达到稳态后，充电电路，电容电压和电感电流已达最大值；放电电路，电容电压和电感电流已达最小值。电容相当于开路，电感相当于短路，然后按前几节中直流电路的分析方法求解 $f(\infty)$。

4. 时间常数 τ

时间常数 τ 反映了电路过渡过程的快慢，即储能元件充、放电速度的快慢。放电电路，τ 表示储能元件储能量从初始值 $f(0_+)$ 按指数曲线放电下降到 $0.368[f(0_+)-f(\infty)]$ 时所需的时间；充电电路，τ 表示储能元件储能量从初始值 $f(0_+)$ 按指数曲线充电上升到 $0.632[f(\infty)-f(0_+)]$ 时所需的时间，如图 1-40 所示。τ 越小，放电时下降速率越快；充电时上升速率越快。表 1-1 为时间常数 τ 整数倍时充、放电值。从理论上讲，过渡过程要到 $t\to\infty$ 时结束。但实际上经过 $3\tau\sim5\tau$，就可以认为过渡过程基本上结束了。

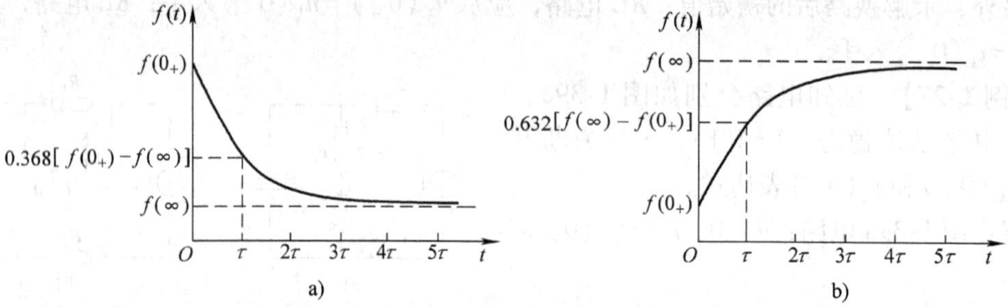

图 1-40　充、放电指数曲线和时间常数 τ 的关系

a）放电　b）充电

表 1-1　时间常数 τ 整数倍时的充、放电值

充、放电时间	0	τ	2τ	3τ	4τ	5τ	…	∞
充电 $f(t)$	$f(0_+)$	$0.632[f(\infty)-f(0_+)]$	$0.865[f(\infty)-f(0_+)]$	$0.950[f(\infty)-f(0_+)]$	$0.982[f(\infty)-f(0_+)]$	$0.993[f(\infty)-f(0_+)]$	…	$f(\infty)$
放电 $f(t)$	$f(0_+)$	$0.368[f(0_+)-f(\infty)]$	$0.135[f(0_+)-f(\infty)]$	$0.050[f(0_+)-f(\infty)]$	$0.018[f(0_+)-f(\infty)]$	$0.007[f(0_+)-f(\infty)]$	…	$f(\infty)$

RC 电路，$\tau=RC$；*RL* 电路，$\tau=\dfrac{L}{R}$。*R* 以欧姆代入，*C* 以法拉代入，*L* 以亨利代入，按上述两式计算后 τ 的量纲为秒。关键是如何理解和求解上述表达式中的“*R*”。该“*R*”应理解为换路后从动态元件（*C* 或 *L*）两端看进去的戴维南电路等效电阻。

【例 1-28】 已知电路如图 1-41a 所示，$R_1=4\text{k}\Omega$，$R_2=8\text{k}\Omega$，$U_S=12\text{V}$，$C=1\mu\text{F}$，电路已达稳态。1）$t=0$ 时，S 开关断开，试求 $u_C(t)$、$i_C(t)$，并定性画出其波形。2）若 S 开关原断开，且电路已处于稳态。$t=0$ 时合上，试再求图中各电路 $u_C(t)$、$i_C(t)$ 和波形。

解：1）S 开关原合上，后断开：$u_C(0_+)=u_C(0_-)=\dfrac{U_SR_2}{R_1+R_2}=\dfrac{12\times8}{4+8}\text{V}=8\text{V}$。

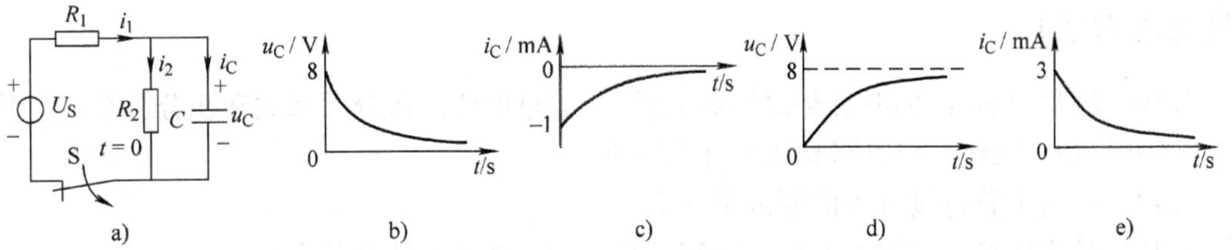

图 1-41　例 1-28 电路和波形

$$u_C(\infty)=0$$

$$\tau=R_2C=8\text{k}\Omega\times1\mu\text{F}=8\text{ms}=0.008\text{s}$$

$$u_C(t)=u_C(\infty)+[u_C(0_+)-u_C(\infty)]e^{-\frac{t}{\tau}}=[0+(8-0)e^{-\frac{t}{0.008}}]\text{V}=8e^{-125t}\text{V}$$

$$i_C(t)=-\frac{u_C(t)}{R_2}=-\frac{8e^{-125t}}{8\text{k}\Omega}=-e^{-125t}\text{mA}$$

$$\text{或 } i_C(t)=C\frac{\text{d}u_C}{\text{d}t}=1\mu\text{F}\times\frac{\text{d}(8e^{-125t})}{\text{d}t}=-e^{-125t}\text{mA}$$

定性画出 $u_C(t)$、$i_C(t)$波形图如图 1-41b、c 所示。

2）S 开关原断开，后合上：$u_C(0_+)=u_C(0_-)=0$。

$$u_C(\infty)=\frac{U_SR_2}{R_1+R_2}=\frac{12\times8}{4+8}\text{V}=8\text{V}$$

$$\tau=(R_1//R_2)C=(8//4)\text{k}\Omega\times1\mu\text{F}=2.67\text{ms}=0.00267\text{s}$$

$$u_C(t)=u_C(\infty)+[u_C(0_+)-u_C(\infty)]e^{-\frac{t}{\tau}}=[8+(0-8)e^{-\frac{t}{0.00267}}]\text{V}=8(1-e^{-375t})\text{V}$$

$$i_C(t)=i_1(t)-i_2(t)=\frac{U_S-u_C(t)}{R_1}-\frac{u_C(t)}{R_2}=\frac{12-8(1-e^{-375t})}{4\text{k}\Omega}-\frac{8(1-e^{-375t})}{8\text{k}\Omega}=3e^{-375t}\text{mA}$$

定性画出 $u_C(t)$、$i_C(t)$ 波形图如图1-41d、e 所示。

【例 1-29】 已知电路如图 1-42a 所示，$R_1=15\Omega$，$R_2=R_3=10\Omega$，$U_S=10\text{V}$，$L=16\text{mH}$，电路已达稳态。$t=0$ 时，S 开关闭合。试用三要素法求 $i_L(t)$，并画出波形图。

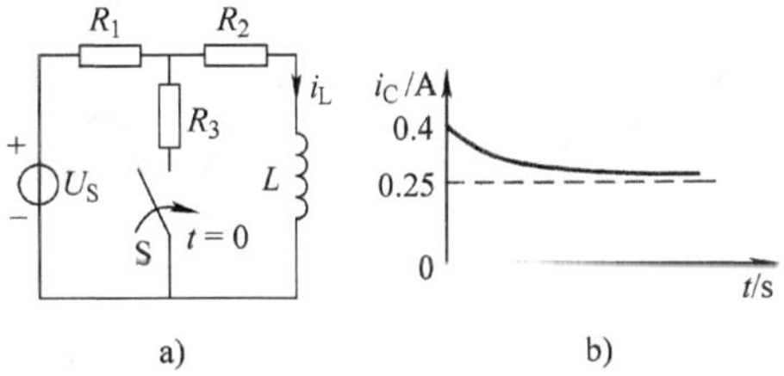

图 1-42　例 1-29 电路和波形

解：

$$i_L(0_+)=i_L(0_-)=\frac{U_S}{R_1+R_2}=\frac{10}{10+15}\text{A}=0.4\text{A}$$

$$i_L(\infty)=\frac{U_S}{R_1+(R_2//R_3)}\times\frac{R_3}{R_2+R_3}$$

$$=\frac{10}{15+(10//10)}\times\frac{10}{10+10}\text{A}=0.25\text{A}$$

$$\tau=\frac{L}{(R_1//R_3)+R_2}=\frac{16}{(15//10)+10}\text{s}=1\text{ms}$$

$$i_L=i_L(\infty)+[i_L(0_+)-i_L(\infty)]e^{-\frac{t}{\tau}}=0.25+(0.4-0.25)e^{-1000t}=0.25+0.15e^{-1000t}\text{A}$$

画出 i_L波形图如图 1-42b 所示。

【复习思考题】

1.16　写出电容元件和电感元件两端电压与流过电流的微分关系式和积分关系式，其中“+”“-”如何取法？与电阻相比有什么区别？

1.17　引起电路过渡过程的原因是什么？

1.18　什么叫换路定律？产生换路定律结论的原因和条件是什么？

1.19　“电容对直流相当于开路”与“储能为零的电容在换路瞬间相当于短路”有否矛盾？

1.20　如何理解“电感对直流相当于短路”与“储能为零的电感在换路瞬间相当于开路”？

1.21　时间常数 τ 的含义是什么？

1.22　为什么说过渡过程经过 $3\tau \sim 5\tau$ 就可以认为基本上结束？

1.23　如何求解时间常数 τ？表达式中的 R 应如何理解？

1.5　习题

1.5.1　选择题

1.1　图1-43所示电流波形中（多选），属于直流电流的有________；属于交流电流的有________。

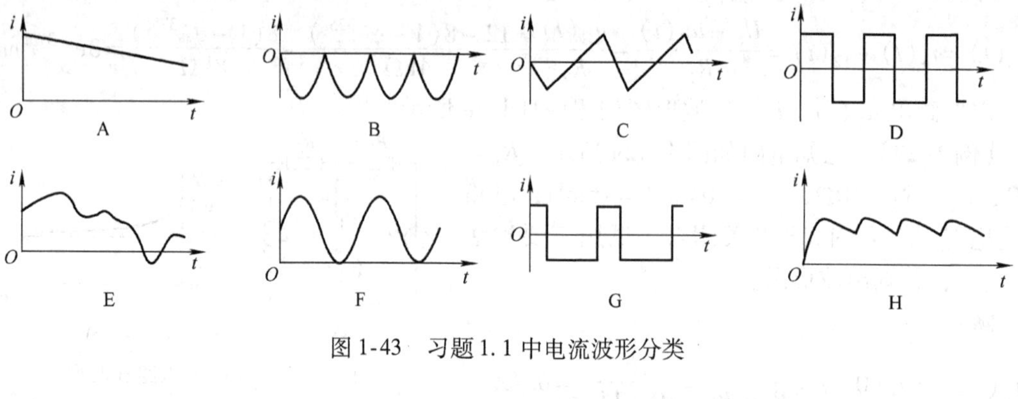

图1-43　习题1.1中电流波形分类

1.2　当内电阻________时，实际电压源伏安特性与理想电压源相同；当内电阻________时，实际电压源伏安特性斜率较大。当内电阻________时，实际电流源伏安特性与理想电流源相同；当内电阻________时，实际电流源伏安特性随输出电压增大而减小较快。（A. $R_S=0$；B. $R_S\to\infty$；C. R_S较大；D. R_S较小）

1.3　下列电路基本物理量中，不可以用叠加定理来计算的是________。（A. 电流；B. 电压；C. 电功率；D. 以上都可以）

1.4　下列有关描述戴维南定理的说法中，错误（多选）的是________。（A. 任何一个二端网络都可以用一个电压源和一个电阻相串联的模型等效替代；B. 电压源的总电压等于该网络内所有电压源的代数和；C. 戴维南等效电阻等于该网络内所有电阻串并联的总电阻；

D. 任何一个线性含源二端电阻网络都可以用戴维南电路等效替代）

1.5　下列有关电容中电流大小的说法，正确的是________。（A. 电容两端电压越高，电容中电流就越大；B. 电容两端电压变化量越大，电容中电流就越大；C. 电容两端电压变化率越大，电容中电流就越大；D. 电容器极板存储的电荷越多，电容中电流就越大）

1.6　下列有关电感两端电压大小的说法，正确的是________。（A. 电感电流越大，电感两端电压越大；B. 电感电流变化率越大，电感两端电压越大；C. 电感储能越大，电感两端电压越大；D. 电感线圈匝数越多，电感两端电压越大）

1.7　下列有关换路定律的说法，正确（多选）的是________。（A. 在换路瞬间，电容元件两端电压不能跃变；B. 在换路瞬间，电容元件中电流不能跃变；C. 在换路瞬间，电感元件中电流不能跃变；D. 在换路瞬间，电感元件两端电压不能跃变；E. 在换路瞬间，电路元件两端电压不能跃变；F. 在换路瞬间，电路元件中电流不能跃变）

1.8　下列有关电容与直流电流电压关系的说法，正确（多选）的是________。（A. 电容对直流相当于开路；B. 电路达到稳态后，电容对直流相当于开路；C. 在过渡过程中，电容对直流相当于开路；D. 在换路瞬间，电容对直流相当于短路；E. $u_C(0_-)=0$，在换路瞬间，电容对直流相当于短路；F. 在过渡过程中，电容对直流相当于短路）

1.9　下列有关电感与直流电流电压关系的说法，正确（多选）的是________。（A. 电感对直流相当于短路；B. 电路达到稳态后，电感对直流相当于短路；C. 在过渡过程中，电感对直流相当于短路；D. 在换路瞬间，电感对直流相当于开路；E. $i_L(0_-)=0$，在换路瞬间，电感对直流相当于开路；F. 在过渡过程中，电感对直流相当于开路）

1.10　已知电路如图 1-44 所示，当 S 合上时，下列说法中，________是正确的。（A. 灯泡 H_1、H_2 同时亮，并且这种状态维持下去；B. H_1 先亮，H_2 后亮，接着这种状态维持不变；C. H_2 先亮，H_1 后亮，接着这种状态维持不变；D. H_1 先亮，H_2 后亮，接着 H_1 又熄灭，而 H_2 维持状态不变。）

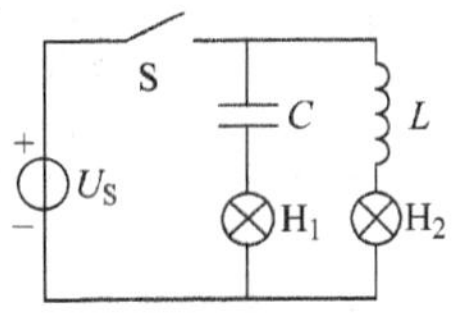

图 1-44　习题 1.10 电路

1.5.2　分析计算题

1.11　已知电路如图 1-45 所示，$R_1=R_2=2\Omega$，$R_3=R_4=1\Omega$，$U_{S1}=5V$，$U_{S2}=10V$，试求 φ_A、φ_B、φ_C。

1.12　已知电路如图 1-46 所示，$R_1\sim R_6$ 均为 1Ω，$U_{S1}=3V$，$U_{S2}=2V$，试求分别以 d 点和 e 点为零电位参考点时 φ_a、φ_b 和 φ_c。

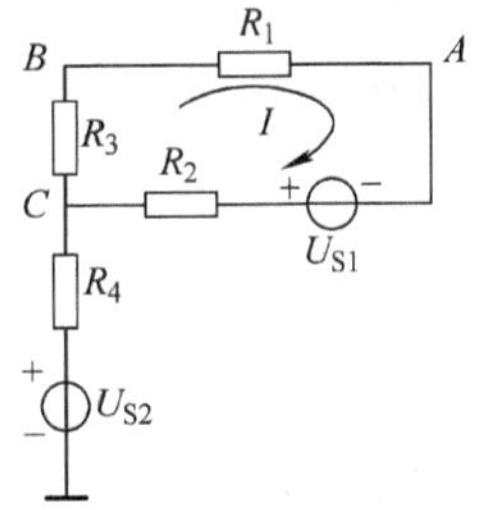

图 1-45　习题 1.11 电路

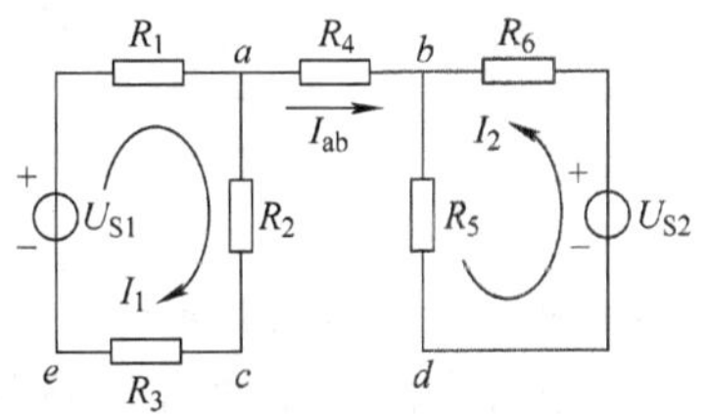

图 1-46　习题 1.12 电路

1.13　求图 1-47 中各 I、U_A、U_B 和 U_{AB}。

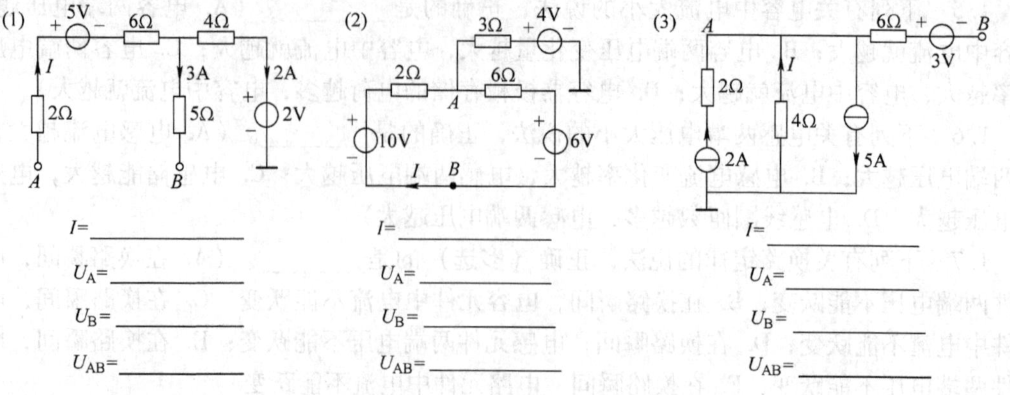

图 1-47　习题 1.13 电路

1.14　试应用电源等效变换化简图 1-48 所示电路。

1.15　已知电路如图 1-49 所示，$R_1 = R_2 = 100\Omega$，$R_3 = 50\Omega$，$U_{S1} = 100V$，$I_{S2} = 0.5A$，试利用电源等效变换求电阻 R_3 中的电流 I。

1.16　已知电路如图 1-50 所示，$R_1 = 1\Omega$，$R_2 = 3\Omega$，$R_3 = 10\Omega$，$R = 5\Omega$，$U_{S1} = 10V$，$U_{S2} = 6V$，$I_S = 0.5A$，试求 R 中的电流 I。

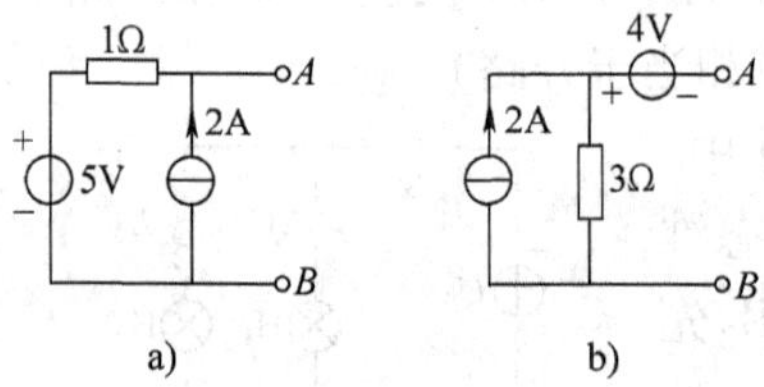

图 1-48　习题 1.14 电路

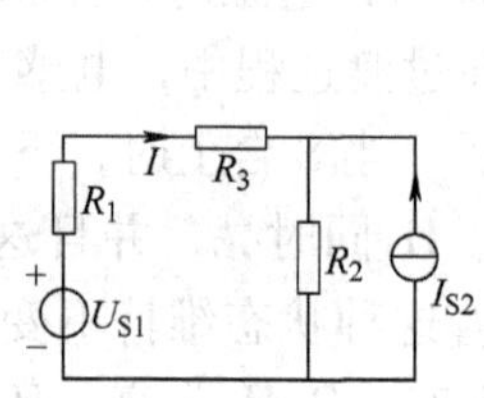

图 1-49　习题 1.15 电路

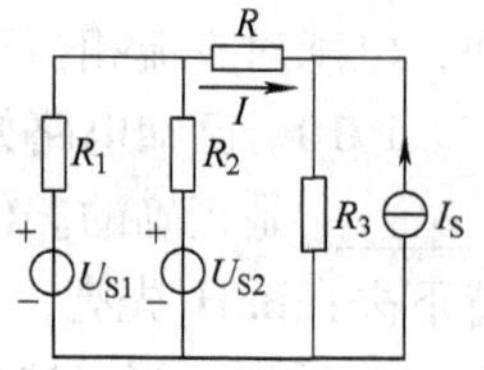

图 1-50　习题 1.16 电路

1.17　试应用分压公式求图 1-51 所示电路未知电压。

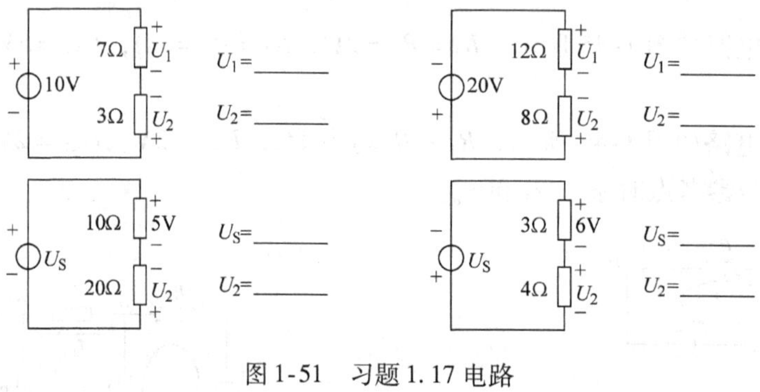

图 1-51　习题 1.17 电路

1.18　试应用分流公式求图 1-52 所示电路未知电流。

1.19　已知电阻电路如图 1-53 所示，试求各电路的 ab 端等效电阻。

1.20　已知电路如图 1-54 所示。

图 1-54a 中，若 $R_1 \to \infty$，则 $U_1 =$ ________；

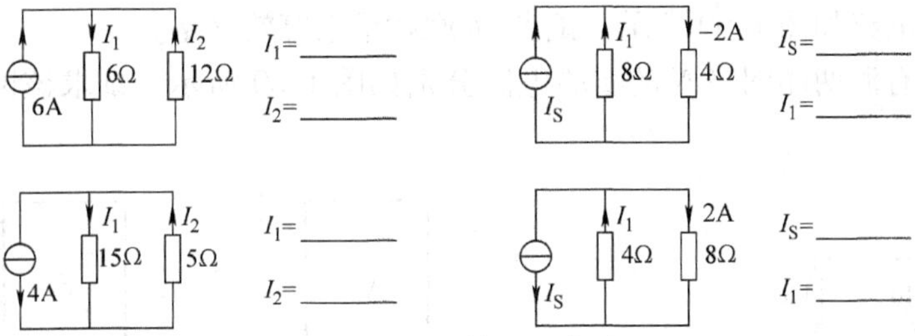

图 1-52　习题 1.18 电路

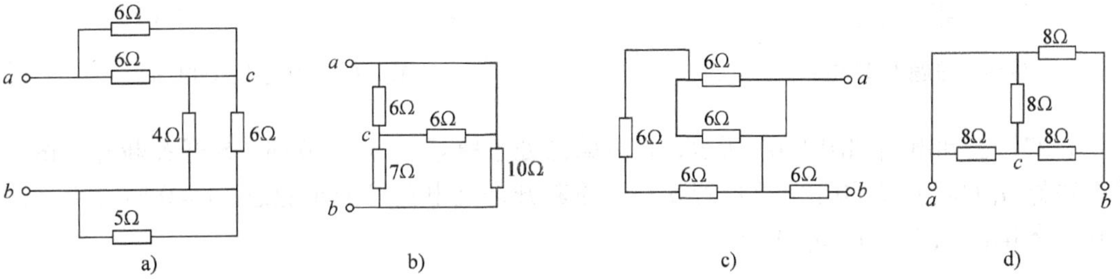

图 1-53　习题 1.19 电路

若 $R_2 \to \infty$，则 U_1 = ________。

图 1-54b 中，若 $R_1 \to \infty$，则 I_1 = ________；

若 $R_2 \to \infty$，则 I_1 = ________。

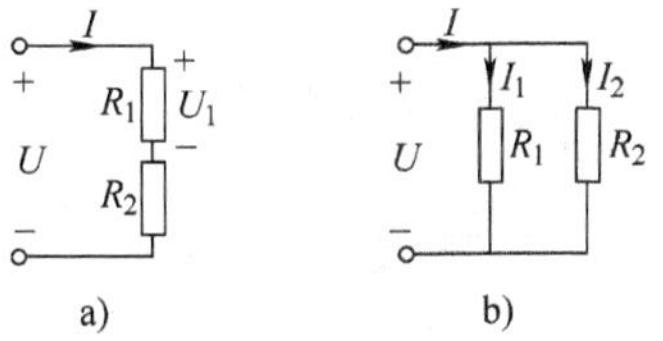

图 1-54　习题 1.20 电路

1.21　已知电阻混联电路如图 1-55 所示，$R_1 = 3\Omega$，$R_2 = R_3 = R_7 = 2\Omega$，$R_4 = R_5 = R_6 = 4\Omega$，试求电路等效电阻 R。

1.22　已知电路如图 1-56 所示，$R_1 = 2\Omega$，$R_2 = 6\Omega$，$R_3 = 4\Omega$，$U_{S1} = 20$ V，$U_{S3} = 26$ V，试求支路电流 I_1、I_2、I_3。

1.23　已知电路如图 1-57 所示，试用叠加定理求解 6Ω 电阻中电流 I。

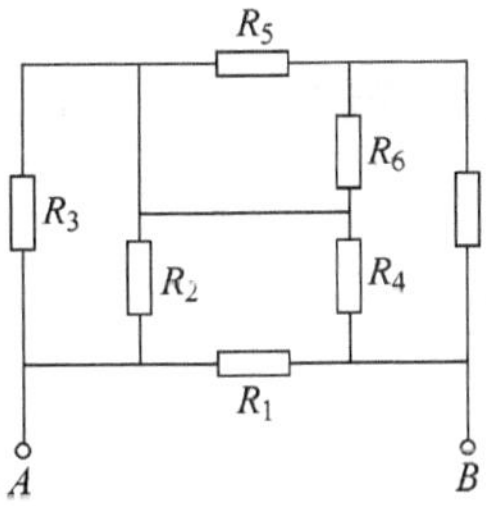

图 1-55　习题 1.21 电路

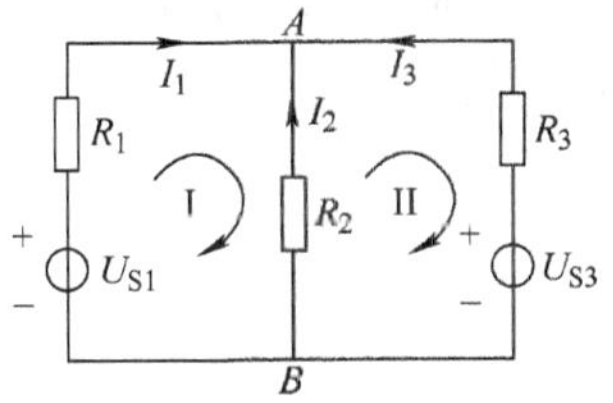

图 1-56　习题 1.22 电路

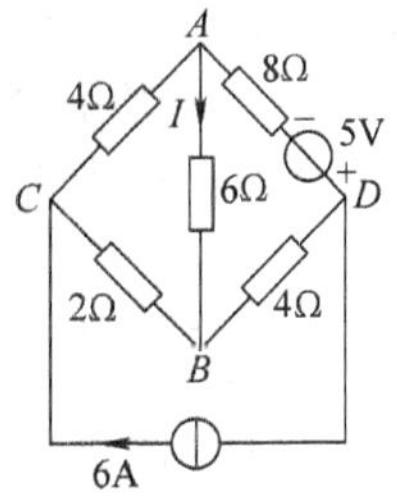

图 1-57　习题 1.23 电路

1.24　已知电路如图 1-58 所示，试求其 AB 端戴维南等效电路。

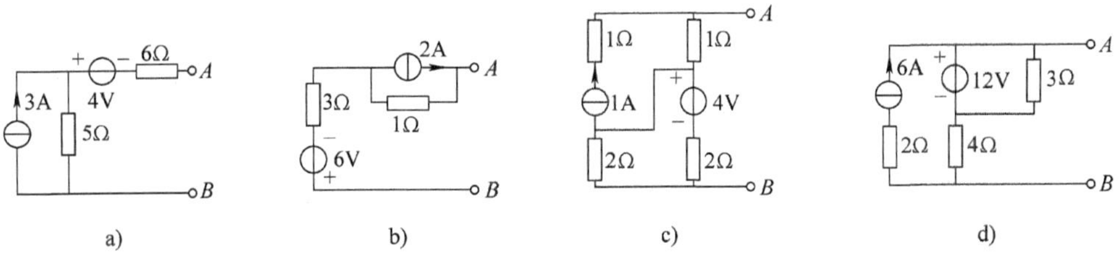

图 1-58　习题 1.24 电路

1.25　已知电路如图 1-59 所示，试求 ab 端戴维南等效电路。

1.26　已知有源两端网络 N 的实验电路分别如图 1-60 所示，试求该网络 AB 端戴维南等效电路。

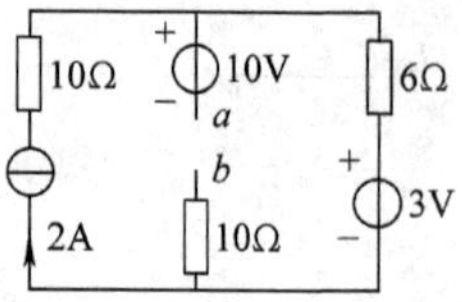

图 1-59　习题 1.25 电路

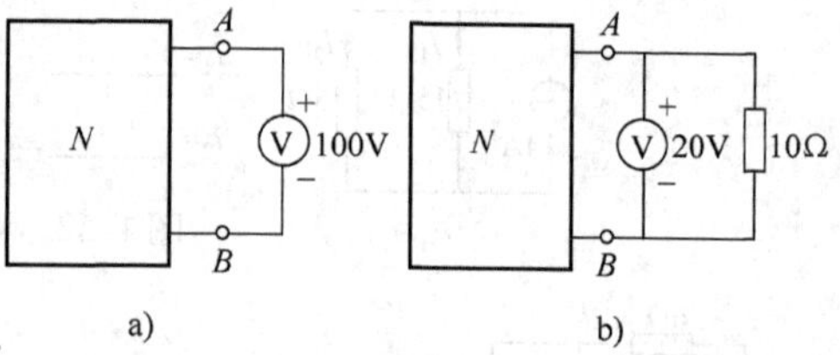

图 1-60　习题 1.26 电路

1.27　已知电路如图 1-61 所示，且电路已处于稳态。1）$t=0$ 时，S 开关断开，试求图中各电路 $u_C(0_+)$、$i_L(0_+)$。2）若 S 开关原断开，且电路已处于稳态。$t=0$ 时合上，试再求图中各电路 $u_C(0_+)$、$i_L(0_+)$。

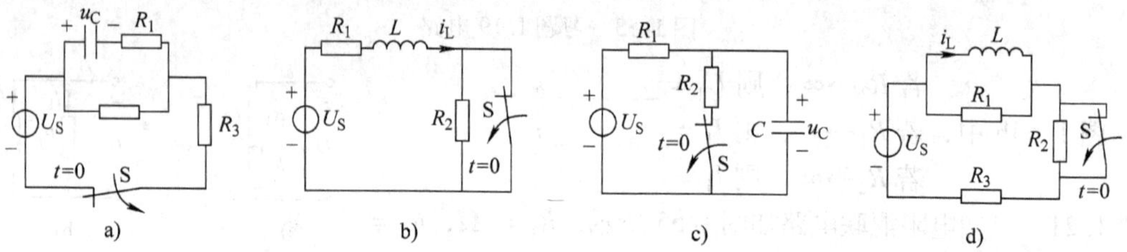

图 1-61　习题 1.27 电路

1.28　电路同上题，试分别求出上题 1）、2）中各电路 τ 和 $u_C(\infty)$、$i_L(\infty)$。

1.29　已知电路如图 1-62 所示，$U_S=6V$，$R_1=3k\Omega$，$R_2=2k\Omega$，$C=5\mu F$，换路前，电路已处于稳态。$t=0$ 时，S 开关闭合，试求 u_C、i_C。

1.30　已知电路如图 1-63 所示，$R=50\Omega$，$L=10H$，$U_S=100V$，电感未储能。$t=0$ 时，S 开关合上，试求 i_L、u_L、u_R，并画出其波形。

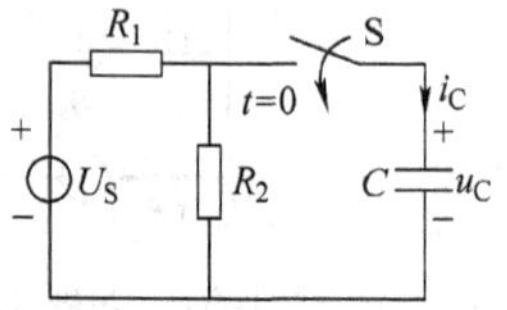

图 1-62　习题 1.29 电路

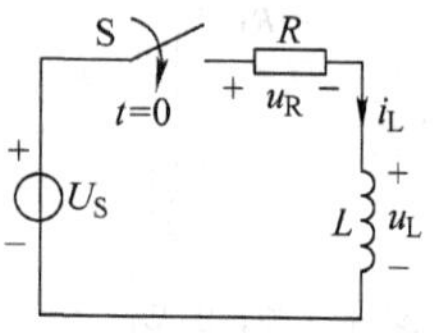

图 1-63　习题 1.30 电路

第 2 章　正弦交流电路

大小和方向均变化的电流称为交流电，而按正弦规律变化的交流电称为正弦交流电。我们平日使用的电能主要是正弦交流电，而发电厂发出的电能一般也是正弦交流电，因此，正弦交流电在理论和实践中均占有十分重要的地位。

2.1　正弦交流电路基本概念

2.1.1　正弦量三要素

正弦量有正弦交流电压和正弦交流电流，现以正弦交流电流为例分析。设某一正弦交流电流 i，流过一个二端元件，如图 2-1a 所示，箭头所指为其电流参考方向。由于正弦交流电流是正负交变的，因此，若实际方向与参考方向一致，则电流为正值；若实际方向与参考方向相反，则电流为负值。其电流波形如图 2-1b 所示。该电流可用下式表示：

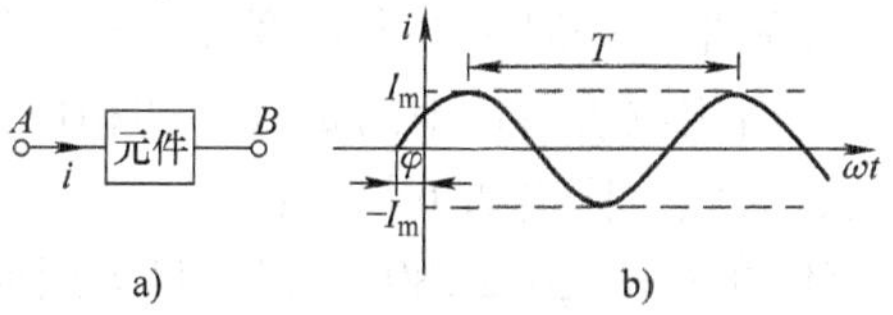

图 2-1　正弦交流电流

$$i(t) = I_m \sin(\omega t + \varphi) \tag{2-1}$$

$i(t)$是时间 t 的函数，将某一时刻 t 值代入 $i(t)$，就得到 $i(t)$的瞬时值，$i(t)$常用 i 表示。从式（2-1）中可看出，确定一个正弦量必须具备 3 个要素：幅值 I_m、角频率 ω 和初相位 φ。

1. 幅值 I_m 和有效值 I

幅值 I_m 也是正弦交流电流的最大值、振幅值。对于一个确定的正弦交流电流，其振幅值是固定的。因此用大写字母 I_m 表示，下标 m 表示幅值。

对于正弦交流电流，该要素也常用与 I_m 有恒定倍率关系的电流有效值 I 表示。

有效值是根据电流热效应确定的。其定义为：若交流电流 i 通过电阻 R 在一个周期内所产生的热量，与直流电流 I 在同一条件下所产生的热量相等，则这个直流电流 I 的数值称为交流电流 i 的有效值。$Q = I^2RT = \int_0^T i^2R\mathrm{d}t$，即：

$$I = \sqrt{\frac{1}{T}\int_0^T i^2\mathrm{d}t} \tag{2-2}$$

其中，T 为该正弦电流周期。对于正弦交流电流，设 $i = I_m\sin\omega t$，则有：

$$I = \sqrt{\frac{1}{T}\int_0^T (I_m\sin\omega t)^2\mathrm{d}t} = \frac{I_m}{\sqrt{2}} = 0.707I_m \tag{2-3}$$

式（2-3）表明，对于正弦交流电流，其幅值与有效值之间有着固定的倍率关系，即：$I_m = \sqrt{2}I$。对于我国民用正弦交流电，220V 是该正弦交流电压有效值，$220\sqrt{2}\text{V} \approx 311\text{V}$ 是其幅值，这两个数值应予记忆。但是，特别需要指出的是，幅值与有效值之间$\sqrt{2}$倍的关系仅适用于正弦交流电流电压（注：还有一种在电子技术中出现的全波整流电流电压也适用），除此外，其余交流电流电压幅值与有效值之间均无$\sqrt{2}$倍的关系，求有效值需按定义根据式（2-2）计算。

2. 角频率 ω、频率 f 和周期 T

角频率 ω 表示在单位时间内正弦量所经历的电角度，$\omega=\frac{\alpha}{t}$。ω 的单位为弧度/秒，用符号 rad/s 表示。由于正弦量在一个周期内经历的电角度为 2π，因此有：

$$\omega=\frac{2\pi}{T}=2\pi f \tag{2-4}$$

其中 T 为正弦电流的周期，是周期性交变量循环一周所需的时间，如图 2-1b 所示。f 是频率，$f=1/T$，单位为赫［兹］，用 Hz 表示。我国电厂发出的正弦交流电频率，称为“工频”。$f=50\text{Hz}$，$T=0.02\text{s}$，$\omega=2\pi f=2\pi\times50\text{rad/s}=100\pi\text{rad/s}\approx314\text{rad/s}$。

3. 相位和初相位 φ

正弦量某一时刻的电角度称为相位角，简称为相位，相位是时间 t 的函数，用$(\omega t+\varphi)$表示。而相位表达式中的 φ 称为初相位，是 $t=0$ 时刻的相位。相位和初相位均与计时起点有关，为此，作出如下规定：

① 初相位$|\varphi|\leqslant180°$。正弦量为周期性函数，有无数个零点，这条规定使无数个零点只剩下 $t=0$（坐标原点）左右两个最近的过零点 A 和 B，如图 2-2b、c 所示。

② 以正弦值由负变正时的一个零点作为确定初相位的零点。这条规定选择两个零点 A 和 B 中的一个作为确定初相位的零点。在图 2-2b 中是 A，在图 2-2c 中是 B。

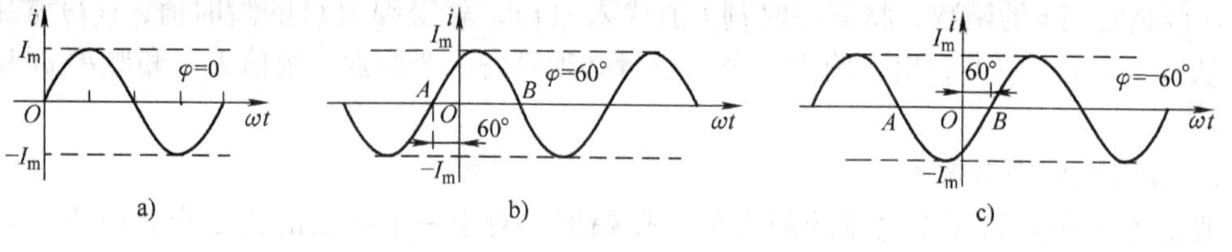

图 2-2 确定正弦量初相位示意图

需要说明的是，正弦量的初相位有正有负，正负取决于 $t=0$ 的正弦值。若 $t=0$ 时，正弦函数值为正，则 $\varphi>0$，如图 2-2b 所示，$i=I_m\sin(\omega t+60°)$；若 $t=0$ 时，正弦函数值为负，则 $\varphi<0$，如图 2-2c 所示，$i=I_m\sin(\omega t-60°)$。

【例 2-1】 已知下列正弦量表达式，试求其幅值和初相。

1）$u=100\sin(\omega t+240°)\text{V}$；2）$i=-2\sin(\omega t-60°)\text{A}$

解：1）$U_m=100\text{V}$；由于规定$|\varphi|\leqslant180°$，240°显然不符合要求。按照三角函数中正负角度的概念，240°即 −120°，如图 2-3 所示，因此，$\varphi=-120°$。

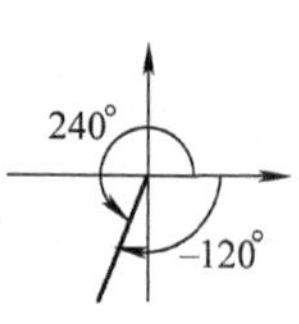

图 2-3 初相位角换算

具体计算方法：可将 $\varphi\pm360°$。φ 为负值时，$\varphi+360°$；φ 为正值时，$\varphi-360°$。

本题 $\varphi=240°$，因此，$\varphi=240°-360°=-120°$。

2）$I_m = 2A$，正弦量幅值定义为正弦量的振幅，振幅恒为正值。至于"－"号，表示反相，即实际初相位比 φ 角越前或滞后 180°。

具体计算方法：可将 $\varphi \pm 180°$。φ 角为负值时，$\varphi + 180°$；φ 角为正值时，$\varphi - 180°$。

本题 $\varphi = -60°$，因此，$\varphi = -60° + 180° = 120°$。

【例 2-2】 正弦电压 $u_{ab} = 311\sin(\omega t + \frac{\pi}{4})V$，$f = 50Hz$，试求：1）$t = 2s$；2）$\omega t = \pi$ 时 u_{ab} 值及其电压实际方向。

解：$f = 50Hz$，$\omega = 2\pi f = 2\pi \times 50rad/s = 100\pi rad/s$

（1）$u_{ab} = 311\sin(\omega t + \frac{\pi}{4}) = \left[311\sin(100\pi \times 2 + \frac{\pi}{4})\right]V = 311\sin\frac{\pi}{4}V = 220V$

u_{ab} 为正值，表明 $t = 2s$ 时，其实际方向与参考方向一致，即 $a \to b$。

（2）$u_{ab} = 311\sin(\omega t + \frac{\pi}{4}) = \left[311\sin(\pi + \frac{\pi}{4})\right]V = -220V$

u_{ab} 为负值，表明 $\omega t = \pi$ 时，其实际方向与参考方向相反，即 $b \to a$。

4. 同频率正弦量之间的相位差

两个同频率正弦量之间的相位之差称为相位差。

设两个同频率正弦量 u 和 i，其表达式分别为 $u = U_m\sin(\omega t + \varphi_u)$、$i = I_m\sin(\omega t + \varphi_i)$，则 u 与 i 相位差：$\varphi = (\omega t + \varphi_u) - (\omega t + \varphi_i) = \varphi_u - \varphi_i$。

上式表明，两个同频率正弦量之间的相位差即为其初相位之差，与 ωt 无关。就像两个人在环形运动场内同向长跑，如果速度相等，那么他们之间的距离始终不变，等于他们之间的初始距离。但若他们的速度不相等，那么他们之间的距离就在不断变化。同理，两个不同频率正弦量之间的相位差也在不断变化，不是一个常数。因此，两个不同频率的正弦量一般不比较相位。

按式（2-5），两个同频率正弦量之间的相位差一般有以下几种情况。

1）越前：若 $\varphi = \varphi_u - \varphi_i > 0$，则称 u 越前 i（或 i 滞后 u），如图 2-4a 所示。

2）滞后：若 $\varphi = \varphi_u - \varphi_i < 0$，则称 u 滞后 i（或 i 越前 u），如图 2-4b 所示。

3）正交：若 $\varphi = \varphi_u - \varphi_i = \pm 90°$，则称 u 与 i 正交，如图 2-4c 所示。

4）同相：若 $\varphi = \varphi_u - \varphi_i = 0$，则称 u 与 i 同相，如图 2-4d 所示。

5）反相：若 $\varphi = \varphi_u - \varphi_i = \pm 180°$，则称 u 与 i 反相，如图 2-4e 所示。

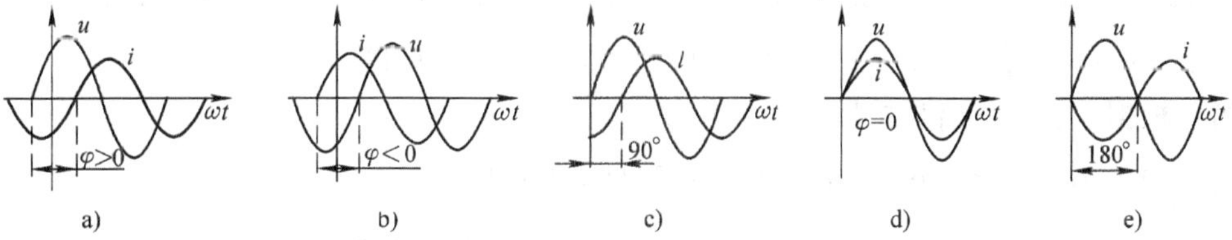

图 2-4　两个同频率正弦量之间的相位关系

a）u 越前 i　b）i 越前 u　c）正交　d）同相　e）反相

2.1.2　正弦量的相量表示法

在数学中，我们已学过正弦量之间的加减乘除运算，但其方法较为烦琐。根据数学中极坐标和复数概念，可用相量和复数表示正弦量，再借助于计算器中极坐标与直角坐标直接转换功能，可以较为方便的解决正弦量之间的加减乘除问题。

1. 相量表达形式

以正弦电压为例，设其正弦表达式为：$u=\sqrt{2}U\sin(\omega t+\varphi)$。用相量表示：$\dot{U}_m=U_m\angle\varphi$或$\dot{U}=U\angle\varphi$。其中，$\dot{U}_m$和$\dot{U}$表示电压相量，加“·”以示与$U_m$和$U$的区别。该式中包含了正弦量三要素中的两个要数：幅值和初相位角。而另一个要素角频率，一般不需考虑，因为正弦量之间的运算一般只在同频率之间进行。

正弦量用相量图表示时如图2-5所示。正弦相量置于复平面上，+1和+j为复平面横轴和纵轴单位长度量，相量$\dot{U}$的长度代表正弦量有效值U（用$\dot{U}_m$表示时，代表幅值U_m），其与横轴之间的夹角φ代表正弦量初相位角。

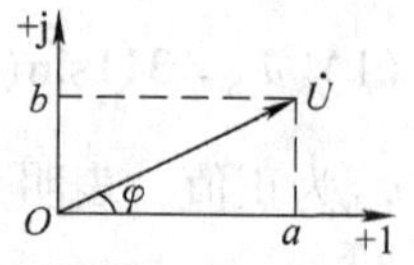

图2-5　正弦量相量图

相量$\dot{U}$的表达形式通常有两种：极坐标形式和直角坐标形式。

（1）极坐标形式：$\dot{U}=U\angle\varphi$

（2）直角坐标形式：$\dot{U}=a+jb$

其中，a、b分别为$\dot{U}$在复平面横轴和纵轴上的投影，其与有效值U、初相位角φ之间的换算关系为：$a=U\cos\varphi$，$b=U\sin\varphi$，$U=\sqrt{a^2+b^2}$，$\varphi=\arctan\dfrac{b}{a}$。

需要说明的是，正弦量用相量表示，仅是“表示”而已。正弦量是时间t的函数，相量未表达出是时间t的函数，且也仅表示了正弦量三要素中的两个要素。而相量的直角坐标形式是一个复数，复数与正弦量是两个完全不同的数学概念，复数是一个数，不是时间t的函数。用相量（极坐标形式和复数形式）表示正弦量，主要是借助其运算方法，便于解决正弦量之间的加减乘除问题。而且，当两个同频率的正弦相量置于同一复平面上时，可一目了然地比较它们的大小（长度）和相位关系（初相位角、越前滞后）。

2. 相量运算

1）相量加减法。相量加（减）法应将其化成直角坐标形式（即复数形式），实部加（减）实部、虚部加（减）虚部，然后再化成极坐标形式。

【例2-3】　已知$i_1=10\sqrt{2}\sin(\omega t+36.9°)$A，$i_2=5\sqrt{2}\sin(\omega t-53.1°)$A。试求：

① $i_3=i_1+i_2$。② $i_4=i_1-i_2$。③ 画出$\dot{I}_1$、$\dot{I}_2$、$\dot{I}_3$、$\dot{I}_4$相量图。

解：根据i_1、i_2写出其相量式：

$\dot{I}_1=10\angle 36.9°=8+j6$ A，$\dot{I}_2=5\angle -53.1°=3-j4$ A

① $\dot{I}_3=\dot{I}_1+\dot{I}_2=[(8+j6)+(3-j4)]\text{A}=(11+j2)\text{A}=11.2\angle 10.3°$ A

因此，$i_3=11.2\sqrt{2}\sin(\omega t+10.3°)$A

② $\dot{I}_4=\dot{I}_1-\dot{I}_2=[(8+j6)-(3-j4)]\text{A}=(5+j10)\text{A}=11.2\angle 63.4°$A

因此，$i_4=11.2\sqrt{2}\sin(\omega t+63.4°)$A

③ 画出$\dot{I}_1\sim\dot{I}_4$相量图如图2-6所示。其中$\dot{I}_4$可认为$\dot{I}_4=\dot{I}_1-\dot{I}_2=\dot{I}_1+(-\dot{I}_2)$，可先

求出 $-\dot{I}_2$，然后再求 $\dot{I}_1+(-\dot{I}_2)$。

2）相量乘除法。相量乘（除）法应将其化成极坐标形式，然后模相乘（除），幅角相加（减）。

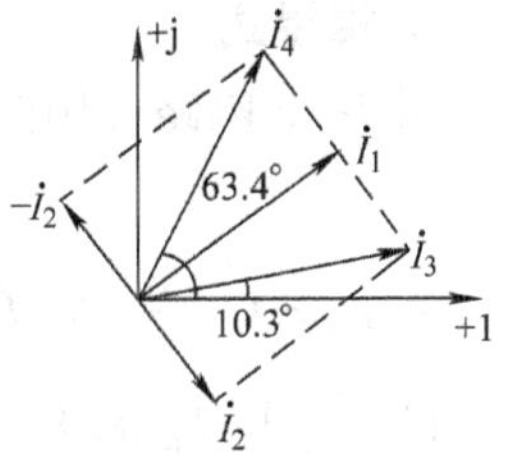

图 2-6　例 2-3 相量图

【例 2-4】　已知相量 $\dot{A}=8-\mathrm{j}6$，$\dot{B}=6+\mathrm{j}8$，试求：$\dot{Y}_1=\dot{A}\dot{B}$ 和 $\dot{Y}_2=\dot{A}/\dot{B}$。

解：将相量 $\dot{A}$、$\dot{B}$ 直角坐标形式化成极坐标形式：

$$\dot{A}=8-\mathrm{j}6=10\angle -36.9°,\ \dot{B}=6+\mathrm{j}8=10\angle 53.1°$$

$$\dot{Y}_1=\dot{A}\dot{B}=10\angle -36.9°\times 10\angle 53.1°=10\times 10\angle -36.9°+53.1°=100\angle 16.2°$$

$$\dot{Y}_2=\frac{\dot{A}}{\dot{B}}=\frac{10\angle -36.9°}{10\angle 53.1°}=\frac{10}{10}\angle -36.9°-53.1°=1\angle -90°$$

需要说明的是，在相量中有四个单位相量：$1\angle 0°=1$、$1\angle 90°=+\mathrm{j}$、$1\angle 180°=1\angle -180°=-1$ 和 $1\angle -90°=-\mathrm{j}$。按照相量乘法规则，一个相量乘以 j 相当于将该量逆时针旋转 90°；乘以“$-\mathrm{j}$”相当于将该量顺时针旋转 90°；乘以“-1”相当于将该量旋转 $+180°$ 或 $-180°$。另外，按正弦量初相位表达要求，相量极坐标形式中的幅角 $|\varphi|\leqslant 180°$，若超出 $\pm180°$，应等效化简。

【复习思考题】

2.1　什么叫角频率 ω？ω 的单位是什么？与频率 f、周期 T 有何关系？“工频”的频率、周期和角频率是多少？

2.2　比较两个正弦量之间的相位差时，什么叫越前、滞后、同相、正交和反相？

2.3　电流有效值是根据什么定义的？写出其表达式。正弦电流有效值与幅值之间有何关系？非正弦电流有效值与幅值之间是否也有此关系？

2.4　为什么要用相量表示正弦量？

2.2　正弦交流电路中的电阻、电感和电容

正弦交流电路中，电阻、电感和电容的伏安关系与直流电路中有所不同。

2.2.1　纯电阻正弦交流电路

1. 伏安关系

纯电阻正弦交流电路如图 2-7a 所示，取 u_{R}、i_{R} 关联参考方向，根据欧姆定律，有：$u_{\mathrm{R}}=i_{\mathrm{R}}R$。

若 $i_{\mathrm{R}}=I_{\mathrm{R}}\sqrt{2}\sin(\omega t+\varphi)$，则 $u_{\mathrm{R}}=I_{\mathrm{R}}R\sqrt{2}\sin(\omega t+\varphi)=U_{\mathrm{R}}\sqrt{2}\sin(\omega t+\varphi)$，其中，$U_{\mathrm{R}}=I_{\mathrm{R}}R$。该式表明，在正弦交流电路中，电阻两端电压 u_{R} 与流过电阻的电流 i_{R} 是同频率同相位的正弦量，其波形图如图 2-8a 所示。

2. 相量式

图 2-7a 电路可用图 2-7b 相量电路表示，则有：

$$\dot{U}_R = \dot{I}_R R \tag{2-5}$$

若 $\dot{I}_R = I_R\angle\varphi$，则 $\dot{U}_R = RI_R\angle\varphi = U_R\angle\varphi$。因此，式（2-5）中包含了两个信息：

1）$\dot{U}_R$ 与 $\dot{I}_R$ 的大小关系：$U_R = RI_R$。

2）$\dot{U}_R$ 与 $\dot{I}_R$ 的相位关系：同相。$\dot{U}_R$ 与 $\dot{I}_R$ 相量图如图 2-8b 所示。

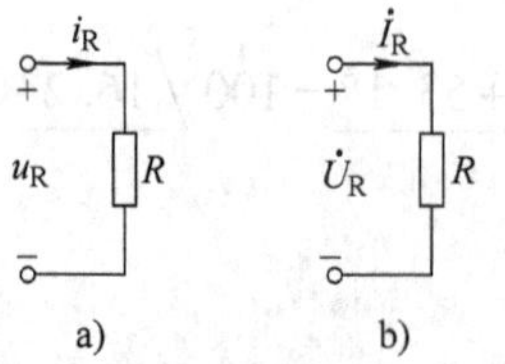

图 2-7　纯电阻正弦交流电路

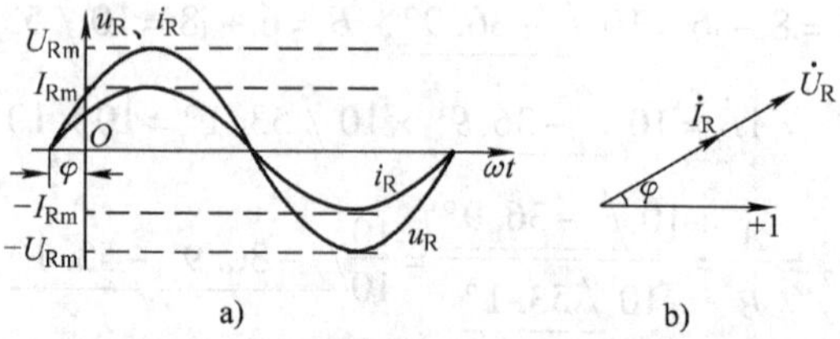

图 2-8　纯电阻正弦交流电路波形图和相量图

【例 2-5】　已知纯电阻电路如图 2-7 所示，$R = 100\Omega$，$i_R = 2\sqrt{2}\sin(\omega t + 30°)$ A，试求 u_R、$\dot{U}_R$，并画出 $\dot{U}_R$、$\dot{I}_R$ 相量图。

解：根据 i_R 写出相量式 $\dot{I}_R$，$\dot{I}_R = 2\angle 30°$ A

则 $\dot{U}_R = R\dot{I}_R = 100 \times 2\angle 30°\ \text{V} = 200\angle 30°$ V

$u_R = 200\sqrt{2}\sin(\omega t + 30°)$ V

画出相量图如图 2-8b 所示，其中 φ 角为 30°。

2.2.2　纯电感正弦交流电路

1. 伏安关系

纯电感正弦交流电路如图 2-9a 所示，取 u_L、i_L 关联参考方向，电感元件两端电压 u_L 与流过电感中电流 i_L 之间的关系为：$u_L = L\dfrac{di_L}{dt}$。

若 $i_L = I_L\sqrt{2}\sin(\omega t + \varphi_i)$，则：$u_L = L\dfrac{di_L}{dt} = \omega L I_L\sqrt{2}\sin(\omega t + \varphi_i + 90°) = U_L\sqrt{2}\sin(\omega t + \varphi_u)$，其中 $U_L = \omega L I_L = X_L I_L$，$\varphi_u = \varphi_i + 90°$。该式表明，在正弦交流电感电路中，电感两端电压 u_L 与流过电感中电流 i_L 是同频率不同相位的正弦量，u_L 越前 i_L 90°，其波形图如图 2-9b 所示。

2. 感抗

感抗是电感对交流电流阻碍作用的一个物理量，用 X_L 表示，单位为 Ω。

$$X_L = \omega L \tag{2-6}$$

角频率 ω 越高，感抗越大。对于直流电流来讲，$\omega = 0$，感抗 X_L 也等于零。因此，电感对直流相当于短路。

3. 相量式和相量图

图 2-9a 电路可用图 2-10a 相量形式的电路表示，$\dot{U}_L$、$\dot{I}_L$ 仍取关联参考方向，则有：

$$\dot{U}_L = jX_L\dot{I}_L = j\omega L\dot{I}_L \tag{2-7}$$

式中，乘以 j 代表逆时针旋转 90°，若 $\dot{I}_L = I_L\angle\varphi_i$，则 $\dot{U}_L = jX_L\dot{I}_L = X_L I_L\angle\varphi_i + 90° = U_L\angle\varphi_u$。

因此，式（2-7）包含了两个信息：

（1）$\dot{U}_L$ 与 $\dot{I}_L$ 的大小关系：$U_L = X_L I_L$

（2）$\dot{U}_L$ 与 $\dot{I}_L$ 的相位关系：$\varphi_u = \varphi_i + 90°$

即电压 $\dot{U}_L$ 越前电流 $\dot{I}_L$90°，$\dot{U}_L$ 与 $\dot{I}_L$ 的相位关系如图 2-10b 所示。

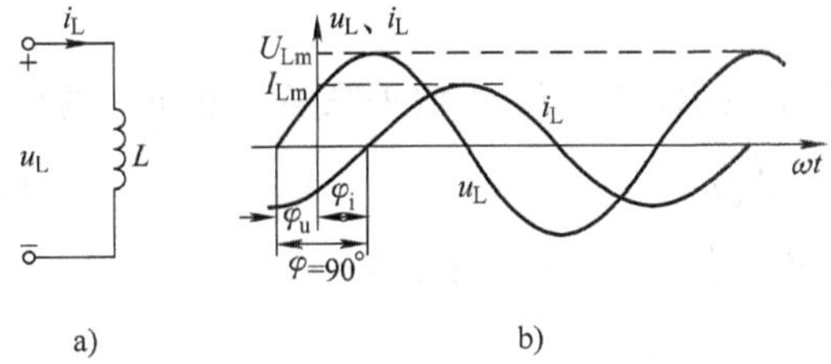

图 2-9　纯电感正弦交流电路和波形

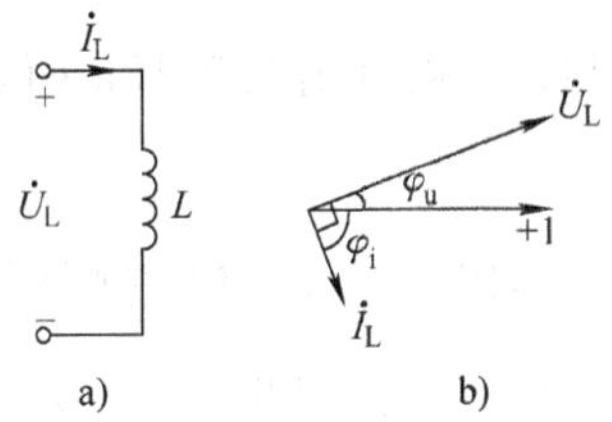

图 2-10　纯电感相量电路和相量图

【例 2-6】　已知纯电感电路如图 2-9a 所示，$L = 2\text{H}$，$i_L = 1.44\sin(100t - 60°)\text{A}$，试求 X_L、u_L、$\dot{U}_L$，并画出 $\dot{U}_L$、$\dot{I}_L$ 相量图。

解：$X_L = \omega L = 100 \times 2\Omega = 200\Omega$

根据 i_L 写出相量式 $\dot{I}_{Lm}$，$\dot{I}_{Lm} = 1.44\angle -60°\text{A}$

$\dot{U}_{Lm} = jX_L\dot{I}_{Lm} = 200 \times 1.44\angle -60° + 90°\ \text{V} = 288\angle 30°\text{V}$

$$\dot{U}_L = \frac{\dot{U}_{Lm}}{\sqrt{2}} = \frac{288\angle 30°}{\sqrt{2}}\text{V} = 203.6\angle 30°\text{V}$$

说明：相量既可用有效值形式表示，也可用幅值形式表示。但等式两边应统一，且幅值等于$\sqrt{2}$倍有效值。

因此，$u_L = 288\sin(100t + 30°)\text{V}$，或者 $u_L = 203.6\sqrt{2}\sin(100t + 30°)\text{V}$。

画出相量图如图 2-10b 所示，其中 $\varphi_u = 30°$，$\varphi_i = -60°$，$\dot{U}_L$ 越前 $\dot{I}_L$90°。

2.2.3　纯电容正弦交流电路

1. 伏安关系

纯电容正弦交流电路如图 2-11 所示，取 u_C、i_C 关联参考方向，电容元件两端电压 u_C 与流过电容电流 i_C 之间的关系为：$i_C = C\dfrac{\mathrm{d}u_C}{\mathrm{d}t}$。

若 $u_C = U_C\sqrt{2}\sin(\omega t + \varphi_u)$，则 $i_C = C\dfrac{\mathrm{d}u_C}{\mathrm{d}t} = \omega C U_C\sqrt{2}\sin(\omega t + \varphi_u + 90°) = I_C\sqrt{2}\sin(\omega t +$

φ_i)，其中 $I_C = \omega C U_C = \dfrac{U_C}{X_C}$，$\varphi_i = \varphi_u + 90°$。该式表明，在正弦交流电容电路中，流过电容的电流与电容两端电压是同频率不同相位的正弦量，i_C 越前 u_C90°，其波形图如图 2-11b 所示。

2. 容抗

容抗是电容对交流电流阻碍作用的一个物理量，用 X_C 表示，单位为 Ω。

$$X_C = \frac{1}{\omega C} \tag{2-8}$$

上式表明，角频率 ω 越高，容抗越小。对于直流电流来讲，ω = 0，容抗 $X_C \to \infty$。因此，电容对直流相当于开路。

3. 相量式和相量图

图 2-11a 电路可用图 2-12a 相量形式的电路表示，$\dot{U}$、$\dot{I}_C$ 仍取关联参考方向，则有：

$$\dot{U}_C = -jX_C\dot{I}_C \tag{2-9}$$

式中，乘以“$-j$”代表顺时针旋转 90°，若 $\dot{I}_C = I_C \angle \varphi_i$，则 $\dot{U}_C = -jX_C\dot{I}_C = X_C I_C \angle \varphi_i - 90° = U_C \angle \varphi_u$，因此，式（2-9）包含了两个信息：

（1）$\dot{U}_C$ 与 $\dot{I}_C$ 的大小关系：$U_C = X_C I_C$

（2）$\dot{U}_C$ 与 $\dot{I}_C$ 的相位关系：$\varphi_u = \varphi_i - 90°$

即电压 $\dot{U}_C$ 滞后电流 $\dot{I}_C$90°，$\dot{U}_C$ 与 $\dot{I}_C$ 的相位关系如图 2-12b 所示。

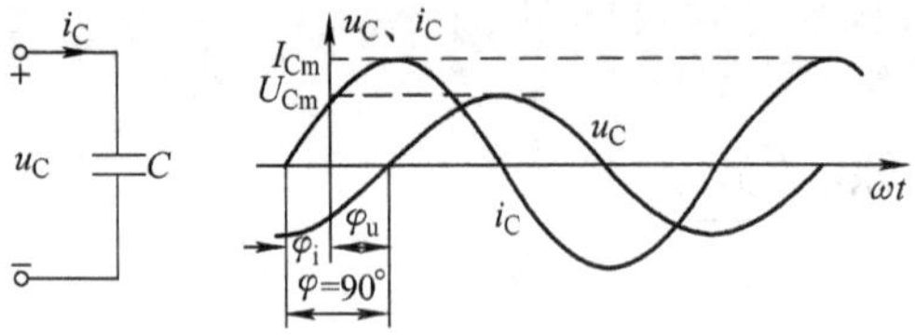

a) b)

图 2-11 纯电容正弦交流电路和波形

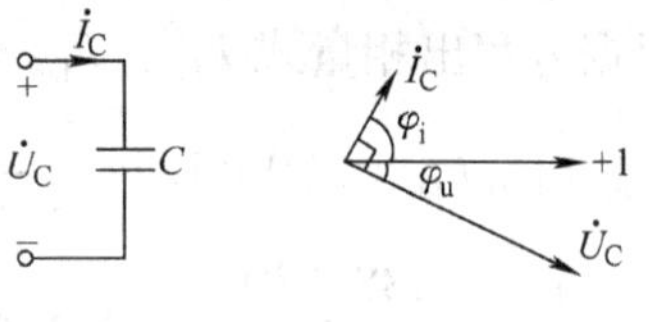

a) b)

图 2-12 纯电容相量电路和相量

【例 2-7】 已知纯电容电路如图 2-11a 所示，$C = 2\mu F$，$f = 50Hz$，$u_C = 10\sqrt{2}\sin(\omega t - 30°)V$，试求 X_C、i_C、$\dot{U}_C$，并画出 $\dot{U}_C$、$\dot{I}_C$ 相量图。

解：$X_C = \dfrac{1}{\omega C} = \dfrac{1}{2\pi f C} = \dfrac{1}{2\pi \times 50 \times 2 \times 10^{-6}}\Omega = 1592\Omega$

根据 u_C 写出相量式 $\dot{U}_C$，$\dot{U}_C = 10 \angle -30° V$

$\dot{I}_C = \dfrac{\dot{U}_C}{-jX_C} = \dfrac{10 \angle -30°}{1592 \angle -90°} A = 6.28 \angle 60° mA$

$i_C = 6.28\sqrt{2}\sin(\omega t + 60°) mA$

画出 $\dot{U}_C$、$\dot{I}_C$ 相量图如图 2-12b 所示，其中 $\varphi_i = 60°$，$\varphi_u = -30°$，$\dot{U}_C$ 滞后 $\dot{I}_C$90°。

2.2.4 *RLC* 串联正弦交流电路

1. 欧姆定律的相量形式

RLC 串联正弦交流电路如图 2-13a 所示，若用相量形式表示，如图 2-13b 所示。

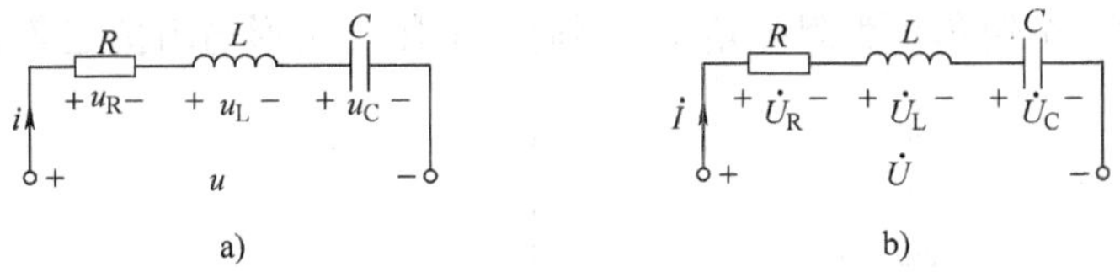

图 2-13 *RLC* 串联正弦交流电路

按图 2-13a，电压 u 与电流 i 取关联参考方向，则有：$u = u_R + u_L + u_C = Ri + L\frac{di}{dt} + \frac{1}{C}\int i dt$。若用相量表示，则有：

$$\dot{U} = \dot{U}_R + \dot{U}_L + \dot{U}_C = R\dot{I} + jX_L\dot{I} + (-jX_C)\dot{I} = [R + j(X_L - X_C)]\dot{I} = (R + jX)\dot{I} = Z\dot{I} \tag{2-10}$$

其中，X 称为电抗，$X = X_L - X_C$，$Z = R + jX$。式（2-10）与欧姆定律相比，形式相同，仅用 Z 替代 R，用电压相量 $\dot{U}$ 和电流相量 $\dot{I}$ 替代 u 和 i。因此，式（2-10）称为欧姆定律的相量形式。

2. 复阻抗

Z 称为复阻抗，简称为阻抗，单位为 Ω。

$$Z = R + jX = R + j(X_L - X_C) = |Z|\underline{/\varphi} \tag{2-11}$$

其中，$|Z|$ 称为复阻抗模，简称为阻抗模。$|Z| = \sqrt{R^2 + X^2} = \sqrt{R^2 + (X_L - X_C)^2}$；$\varphi$ 称为阻抗角，$\varphi = \varphi_u - \varphi_i = \arctan\frac{X}{R} = \arctan\frac{X_L - X_C}{R}$。

需要指出的是，复阻抗 Z 不是正弦相量，而是一个复数，因此 Z 上面无“·”。但可以写成极坐标形式和直角坐标形式，与电压相量和电流相量进行乘除运算。写成直角坐标形式时，其实部为电阻 R，虚部为电抗 X。

3. 相量图

RLC 串联正弦交流电路相量图根据 X_L 与 X_C 的大小可分为三种情况，即 $X_L > X_C$、$X_L < X_C$ 和 $X_L = X_C$。

1）$X_L > X_C$，即 $X > 0$，$\varphi > 0$，此时电路呈电感性，简称呈感性，$U_L > U_C$，如图 2-14a 所示。

2）$X_L < X_C$，即 $X < 0$，$\varphi < 0$，此时电路呈电容性，简称呈容性，$U_L < U_C$，如图 2-14b 所示。

3）$X_L = X_C$，即 $X = 0$，$\varphi = 0$，此时电路呈电阻性，简称呈阻性，$U_L = U_C$，如图 2-14c 所示。

4. 电压三角形和阻抗三角形

从图 2-14 中可以看出，U_R、$|U_L-U_C|$和 U 组成了电压直角三角形的三条边。三者的大小关系符合勾股定理，即：$U^2=U_R^2+(U_L-U_C)^2$。而根据式（2-11），R、X 与$|Z|$也符合勾股定理，即：$|Z|^2=R^2+X^2=R^2+(X_L-X_C)^2$，组成阻抗直角三角形，如图 2-15 所示。且两个直角三角形的一个锐角均为阻抗角 φ。因此，电压三角形与阻抗三角形是相似三角形。

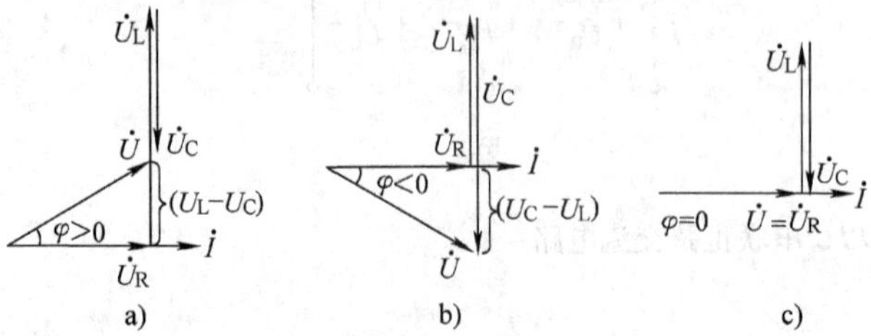

图 2-14　*RLC* 串联正弦交流电路三种情况相量图

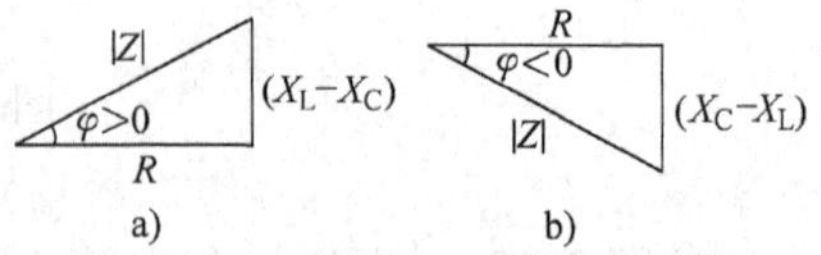

图 2-15　阻抗直角三角形

【例 2-8】　已知 *RLC* 串联电路如图 2-13 所示，$R=20\Omega$，$L=0.1\text{H}$，$C=80\mu\text{F}$，$f=50\text{Hz}$，$\dot{U}=110\angle 0°\text{V}$，试求电流 $\dot{I}$、$\dot{U}_R$、$\dot{U}_L$ 和 $\dot{U}_C$，并画出相量图。

解：$X_L=2\pi fL=2\pi\times 50\times 0.1\Omega=31.4\Omega$

$$X_C=\frac{1}{2\pi fC}=\frac{1}{2\pi\times 50\times 80\times 10^{-6}}\Omega=39.8\Omega$$

$$Z=R+\text{j}(X_L-X_C)=[20+\text{j}(31.4-39.8)]\Omega=(20-\text{j}8.4)\Omega=21.7\angle -22.8°\Omega$$

$$\dot{I}=\frac{\dot{U}}{Z}=\frac{110\angle 0°}{21.7\angle -22.8°}\text{A}=5.07\angle 22.8°\text{A}$$

$$\dot{U}_R=\dot{I}R=5.07\angle 22.8°\times 20\text{V}=101.4\angle 22.8°\text{V}$$

$$\dot{U}_L=\text{j}X_L\dot{I}=5.07\angle 22.8°\times 31.4\angle 90°\text{V}=159.2\angle 112.8°\text{V}$$

$$\dot{U}_C=-\text{j}X_C\dot{I}=5.07\angle 22.8°\times 39.8\angle -90°\text{V}=201.8\angle -67.2°\text{V}$$

画出 $\dot{I}$、$\dot{U}_R$、$\dot{U}_L$、$\dot{U}_C$ 和 $\dot{U}$ 相量图如图 2-16 所示。

【例 2-9】　已知图 2-17a 电路中 V_1、V_2 和 V 表读数分别为 10V、30V 和 20V，试求 V_3 表读数。

解：对于图 2-17a 电路，可定性画出 $\dot{I}$、$\dot{U}_R$、$\dot{U}_L$、$\dot{U}_C$ 和 $\dot{U}$ 相量图，如图 2-17b 所示。U_R、$|U_C-U_L|$与 U 构成电压三角形，已知 4 个电压中任意 3 个，均可利用勾股定理求解另一个电压。因此：

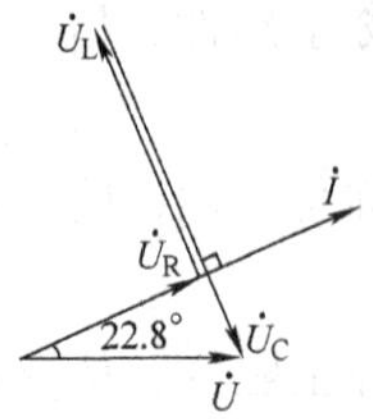

图 2-16　例 2-8 相量图

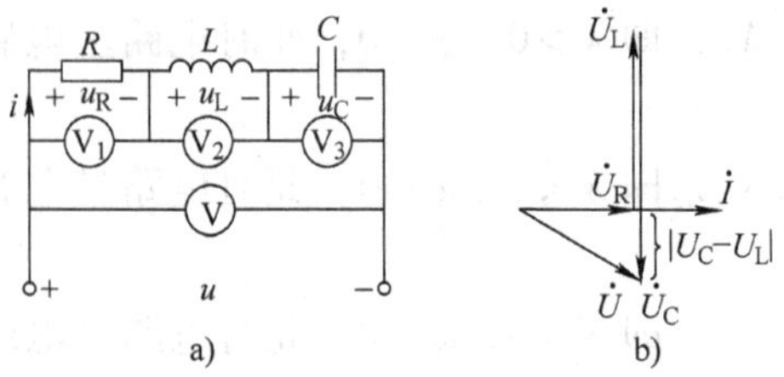

图 2-17　例 2-9 电路和相量图

$U_L - U_C = \pm\sqrt{U^2 - U_R^2} = \pm\sqrt{20^2 - 10^2}\text{V} = \pm 17.3\text{V}$。

解得 U_C 有两解：47.3V 或 12.7V。因此，V_3 表读数为 47.3V 或 12.7V。

需要说明的是，类似本题的电路，U_L、U_C 可能有两解，与 RLC 参数有关。但因电表读数为有效值，不能为负值。因此，若两解中有负值，则不合题意，应予以舍去。

2.2.5 谐振电路

上节中我们看到，RLC 串联电路，有可能出现图 2-14c 状态，即：电压电流相位相同，电路呈纯电阻性，这种状态称为电路谐振。

电路谐振可分为串联谐振和并联谐振。判断电路能否构成谐振，其条件是：电路端电压与流过的电流是否同相，或电路是否呈纯电阻性。

1. 串联谐振

1）谐振频率。RLC 串联电路如图 2-13 所示，电路复阻抗：$Z = R + \text{j}(X_L - X_C) = R + \text{j}(\omega L - \frac{1}{\omega C})$，若 $X_L - X_C = 0$，即虚部为零时，电路呈纯电阻性，u_S与 i 同相。从$(\omega L - \frac{1}{\omega C}) = 0$，解得：

$$\omega_0 = \frac{1}{\sqrt{LC}},\ f_0 = \frac{1}{2\pi\sqrt{LC}} \tag{2-12}$$

ω_0、f_0 分别称为谐振角频率和谐振频率。从式（2-12）中看出，RLC 串联电路谐振角频率是由电路参数 L、C 决定的，与 R 及外施电压 u_S无关。若 L、C 参数为定值，则 ω_0 是电路的固有参数或称为固有频率。若外施电压 u_S的角频率不为 ω_0，电路不会发生谐振。只有当 u_S角频率为 ω_0 时，电路才会发生谐振。

2）主要特点：① 谐振时，阻抗最小，且为纯电阻。RLC 串联电路谐振时，因 $X = X_L - X_C = 0$，谐振阻抗 $Z_0 = |Z| = \sqrt{R^2 + (X_L - X_C)^2} = R$，为纯电阻。当 ω 偏离 ω_0 时，$X = X_L - X_C \neq 0$，恒有$|Z| > Z_0$，且不为纯电阻。

② 谐振时，电路中电流最大，且与外施电源电压同相。谐振时，$\dot{I}_0 = \frac{\dot{U}_S}{Z_0}$，$Z_0$ 为纯阻，因此 $\dot{I}_0$ 与 $\dot{U}_S$ 同相；又因 $Z_0 = |Z| = R$ 最小，所以 I_0 最大。

③ 谐振时，电感电压 $\dot{U}_L$ 与电容电压 $\dot{U}_C$ 大小相等，相位相反，且为外施电源电压的 Q 倍，即 $\dot{U}_{L0} + \dot{U}_{C0} = 0$，$U_{L0} = U_{C0} = QU_S$。电阻上的电压等于外施电源电压，且相位相同，即 $\dot{U}_S = \dot{U}_{R0} + \dot{U}_{L0} + \dot{U}_{C0} = \dot{U}_{R0}$。

其中，Q 称为品质因数，定义为谐振特性阻抗 $\omega_0 L$（或$\frac{1}{\omega_0 C}$）与电阻 R 的比值。

$$Q = \frac{\omega_0 L}{R} = \frac{1}{\omega_0 CR} = \frac{1}{R}\sqrt{\frac{L}{C}} \tag{2-13}$$

品质因数 Q 是由电路元件参数 R、L、C 决定的一个无量纲的物理量，是谐振电路的一个重要参数，其大小反映了谐振电路的性能。当 $Q \gg 1$ 时，即有 $U_{L0} = U_{C0} \gg U_S$。在电子工程中，可利用该特性使微弱的激励信号通过串联谐振，在电感或电容上产生比激励信号电压高 Q 倍的响应电压；而在电力工程中却往往有害，串联谐振引起的过电压会引起某些电气设备损坏。因此，串联谐振的应用应区别对待。

注意：不要将品质因数 Q 与无功功率 Q 混淆（两者均用 Q 表示）。

④ 谐振时，电路总的无功功率为零。串联谐振时，电感无功功率 $Q_{L0}=U_{L0}I_0$，电容无功功率 $Q_{C0}=-U_{C0}I_0$，电路总的无功功率 $Q=Q_{L0}+Q_{C0}=U_{L0}I_0-U_{C0}I_0=0$，即表明串联谐振时，电感与电容相互交换能量，并不与电源交换能量，电源仅提供电阻消耗的能量。

根据式（2-13），品质因素 $Q=\dfrac{\omega_0 L}{R}=\dfrac{I_0^2\omega_0 L}{I_0^2 R}=\dfrac{Q_{L0}}{P}$。因此，品质因素 Q 的另一物理意义是：品质因素 Q 值等于谐振时电感的无功功率（或电容无功功率）与电路有功功率的比值。

$$\text{品质因素 } Q=\frac{\text{电感（或电容）无功功率}}{\text{有功功率}} \tag{2-13a}$$

【例 2-10】 调幅收音机输入回路可等效为 RLC 串联电路，$R=0.5\Omega$，$L=300\mu\text{H}$，C 为可变电容，调幅收音机接收的中波信号频率范围为 535～1605kHz，试求电容 C 的调节范围。

解：$f_0=\dfrac{1}{2\pi\sqrt{LC}}$，$C=\dfrac{1}{(2\pi f_0)^2 L}$

$f_0=535\text{kHz}$ 时，$C=\dfrac{1}{(2\pi\times535\times10^3)^2\times300\times10^{-6}}\text{F}=295\text{pF}$

$f_0=1605\text{kHz}$ 时，$C=\dfrac{1}{(2\pi\times1605\times10^3)^2\times300\times10^{-6}}\text{F}=32.7\text{pF}$

因此该可变电容调节范围为 32.7～295pF。

2. 电感线圈与电容并联谐振电路

电感线圈与电容并联谐振电路，如图 2-18 所示。一般情况下，电感线圈的直流电阻 R 很小，$\omega_0 L>>R$，即满足 $Q=\dfrac{\omega_0 L}{R}>>1$。

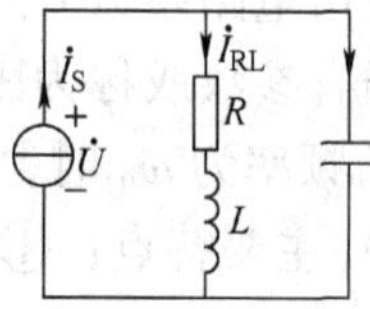

图 2-18 电感线圈与电容并联谐振电路

1）谐振频率。图 2-18 所示电路的复阻抗：$Z=(R+j\omega L)//\dfrac{1}{j\omega C}$，复阻抗 Z 的倒数称为复导纳，用 Y 表示。$Y=\dfrac{1}{Z}=\dfrac{1}{R+j\omega L}+j\omega C=\dfrac{R}{R^2+\omega^2L^2}+j\left(\omega C-\dfrac{\omega L}{R^2+\omega^2L^2}\right)$，谐振时，复导纳虚部应为零，且在 $\omega_0 L>>R$ 时，$\omega_0 C-\dfrac{\omega_0 L}{R^2+\omega_0^2L^2}\approx\omega_0 C-\dfrac{1}{\omega_0 L}=0$，解得：

$$\omega_0\approx\frac{1}{\sqrt{LC}},\ f_0\approx\frac{1}{2\pi\sqrt{LC}} \tag{2-14}$$

需要注意和说明的是，电感线圈与电容并联谐振电路是在电感线圈的直流电阻 R 很小条件下，即式（2-14）是在 Q 值很大的前提下得出的。电感线圈与电容并联电路能否发生谐振还与电阻 R 有关，经理论分析，必须同时满足 $R<\sqrt{\dfrac{L}{C}}$，否则电路不可能发生谐振。

2）主要特点：① 谐振时，端电压与总电流同相，且电路阻抗为纯电阻。

② 在 $Q>>1$ 条件下，谐振阻抗为最大值。若用恒流源激励，则电路端电压为最大值。这一特点在电子电路中被广泛应用于选频电路。谐振时，虚部为零，谐振阻抗 $Z_0=$

$\frac{R^2+\omega^2L^2}{R}\approx\frac{\omega^2L^2}{R}=Q^2R=\frac{L}{RC}$。

③ 谐振时，电感支路电流与电容支路电流近似相等并为总电流的 Q 倍。对于图 2-18 电路，有：$\dot{I}_{C0}=\mathrm{j}\omega_0 C\dot{U}=\mathrm{j}Q\dot{I}_S$；$\dot{I}_{RL0}=\frac{\dot{U}}{R+\mathrm{j}\omega_0 L}\approx\frac{\dot{U}}{\mathrm{j}\omega_0 L}=-\mathrm{j}Q\dot{I}_S$。可定性画出其相量图如图 2-19所示。$\dot{I}_{C0}$与$\dot{I}_{RL0}$大小近似相等，相位相反，且为外施电流$\dot{I}_S$的 Q 倍。

④ 若用电压源激励，谐振时，总电流最小。由于谐振时，阻抗最大，因此总电流最小。虽然I_{C0}、I_{RL0}很大，但仅在电路内部流转（L 与 C 交换能量），并不由电源提供，电源仅提供电阻上消耗的电流有功分量。

【例 2-11】 某收音机中放电路为电感线圈与电容并联谐振电路，调谐于 465kHz，电容为 200pF，若回路品质因素 $Q=100$，试求线圈电感 L 值、损耗电阻 R 及谐振阻抗 Z_0。

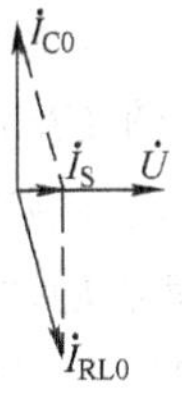

图 2-19 并联谐振相量图

解：由于 $Q=100>>1$，因此$f_0\approx\frac{1}{2\pi\sqrt{LC}}$

$$L=\frac{1}{(2\pi f_0)^2C}=\frac{1}{(2\pi\times465\times10^3)^2\times200\times10^{-12}}\mathrm{H}=0.578\mathrm{mH}$$

$$R=\frac{\omega_0 L}{Q}=\frac{2\pi\times465\times10^3\times0.578\times10^{-3}}{100}\Omega=17\Omega$$

$$Z_0=\frac{L}{RC}=Q^2R=100\times100\times17\Omega=170\mathrm{k}\Omega$$

【复习思考题】

2.5 感抗、容抗与频率有何关系?

2.6 正弦交流电路中，电感、电容两端的电压与流过的电流之间的相位有什么关系?

2.7 试述正弦交流电路感性、容性和阻性三种情况的特点。

2.8 电路定律和分析方法在正弦交流电路中是否适用?

2.9 串联谐振的条件是什么? 有什么特点?

2.10 什么叫品质因素?

2.11 电感线圈与电容并联电路谐振条件和谐振频率是什么? 有什么特点?

2.12 电感线圈与电容并联谐振电路对线圈直流电阻有否要求?

2.3 正弦交流电路功率

2.3.1 正弦交流电路功率基本概念

正弦交流电路的功率和能量转换比直流电路要复杂，有瞬时功率、有功功率、无功功率、视在功率和功率因数等多种概念。

1. 瞬时功率

设一个二端网络，其端口电压为 $u=\sqrt{2}U\sin\omega t$，端口电流为 $i=\sqrt{2}I\sin(\omega t-\varphi)$，其中 φ

为 u 与 i 相位差角，且 u、i 参考方向取关联参考方向，则该二端网络吸收功率为：

$$p = ui = \sqrt{2}U\sin\omega t \times \sqrt{2}I\sin(\omega t - \varphi) = UI\cos\varphi - UI\cos(2\omega t - \varphi) \tag{2-15}$$

上式表明，瞬时功率由两部分组成：一部分是恒定分量 $UI\cos\varphi$，也是瞬时功率的平均值；另一部分是二倍频的正弦量 $[-UI\cos(2\omega t - \varphi)]$，瞬时功率波形图如图 2-20 所示。当 u、i 同号（同为正或同为负）时，$p>0$，表明网络从电源吸收能量；当 u、i 异号时，$p<0$，表明网络向电源释放能量。u 与 i 相位差 φ 越大，$p<0$ 部分时间越长，平均值 $UI\cos\varphi$ 值越小。当 $\varphi = 90°$时，u 与 i 正交，网络为纯电抗电路，平均值 $UI\cos\varphi = 0$。

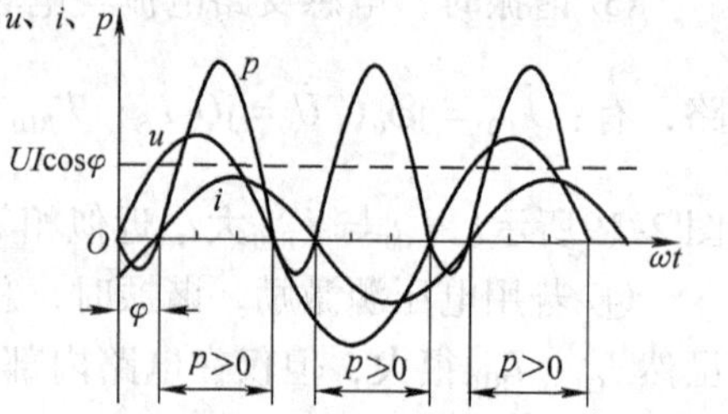

图 2-20　瞬时功率波形图

瞬时功率实用意义不大。工程上更关心瞬时功率中的恒定分量 $UI\cos\varphi$。

2. 有功功率

有功功率也称为平均功率，它是瞬时功率在一个周期内的平均值，即瞬时功率中的恒定分量，用大写字母 P 表示，单位为瓦［特］，用 W 表示。

$$P = \frac{1}{T}\int_0^T p\mathrm{d}t = UI\cos\varphi \tag{2-16}$$

需要注意的是，式（2-16）中的 U、I 是电路总电压 u 和总电流 i 的有效值 U 和 I，φ 角是总电压 u 与总电流 i 之间的相位差角，且 $\varphi = \varphi_u - \varphi_i$。若用于电路中某一元件，则有：

$$P_R = U_R I_R \cos 0° = U_R I_R = \frac{U_R^2}{R} = I_R^2 R \tag{2-16a}$$

$$P_L = U_L I_L \cos 90° = 0 \tag{2-16b}$$

$$P_C = U_C I_C \cos(-90°) = 0 \tag{2-16c}$$

对于纯电阻电路，u_R与 i_R同相，即 $\varphi = 0$，$\cos\varphi = 1$；对于纯电感电路，u_L越前 $i_L 90°$，即 $\varphi = 90°$，$\cos\varphi = 0$；对于纯电容电路，u_C 滞后 $i_C 90°$，即 $\varphi = -90°$，$\cos\varphi = 0$；即电感的有功功率 P_L和电容的有功功率 P_C 恒为 0。

因此，计算一个二端网络的有功功率时，只需要计算该网络内所有电阻的有功功率之和，而与网络内储能元件无关（但 U、I 值与网络内储能元件还是有关的）。

3. 无功功率

无功功率定义为电路中储能元件与外电路之间能量交换的最大速率，用大写字母 Q 表示，单位为乏，用 var 表示。

$$Q = UI\sin\varphi \tag{2-17}$$

对于感性电路，$\varphi > 0$，故 $Q > 0$；对于容性电路，$\varphi < 0$，故 $Q < 0$。

需要注意的是，式（2-17）中的 U、I、φ 与式（2-16）相同。U、I 是电路总电压 u 和总电流 i 的有效值 U 和 I，φ 角是总电压 u 与总电流 i 之间的相位差角，且 $\varphi = \varphi_u - \varphi_i$（不能倒减，否则 Q 性质相反）。若用于电路中某一元件，则有：

$$Q_R = U_R I_R \sin 0° = 0 \tag{2-17a}$$

$$Q_L = U_L I_L \sin 90° = U_L I_L = \frac{U_L^2}{X_L} = I_L^2 X_L \tag{2-17b}$$

$$Q_C = U_C I_C \sin(-90°) = -U_C I_C = -\frac{U_C^2}{X_C} = -I_C^2 X_C \tag{2-17c}$$

因此，计算一个二端网络的无功功率时，只需要计算网络内所有储能元件的无功功率之代数和，而与电阻无关（但 U、I 值与网络内电阻元件还是有关的）。$Q = Q_L + Q_C$，由于 Q_C 总是负值，因此，电网络除与外电路或电源交换能量外，还有一部分是在电网络内部的电感电容之间进行能量交换。

4. 视在功率

视在功率定义为电气设备总的功率容量。电气设备的视在功率不仅体现在它的有功功率，还应包括它与外电路或电源交换能量的无功功率。因此能表明电气设备功率总容量的是视在功率。视在功率用大写字母 S 表示，单位为伏安，用符号 V · A 表示。

$$S = UI \tag{2-18}$$

由于 $P = UI\cos\varphi = S\cos\varphi$，$Q = UI\sin\varphi = S\sin\varphi$。因此，$P^2 + Q^2 = S^2$，即：

$$S = \sqrt{P^2 + Q^2} \tag{2-18a}$$

上式表明，有功功率、无功功率和视在功率的大小关系符合勾股定理，组成功率直角三角形。该直角三角形的一个锐角为阻抗角 φ。因此，功率三角形与电压三角形、阻抗三角形是相似三角形。

【例 2-12】 已知某正弦交流电路，$\dot{U} = 220\angle 30°\text{V}$，$\dot{I} = 5\angle -30°\text{A}$，试求 Z、R、X、P、Q 和 S。

解：$Z = \dfrac{\dot{U}}{\dot{I}} = \dfrac{220\angle 30°}{5\angle -30°}\Omega = 44\angle 60°\Omega = (22 + \text{j}38.1)\Omega$

复阻抗 Z 实部为电阻，虚部为电抗。电抗若正，即为感抗。因此：$R = 22\Omega$，$X_L = 38.1\Omega$。

有功功率只需计算电阻上的有功功率：$P = I^2 R = 5^2 \times 22\text{W} = 550\text{W}$

无功功率只需计算电感上的无功功率：$Q = I^2 X_L = 5^2 \times 38.1\text{var} = 952.5\text{var}$

视在功率：$S = UI = 5 \times 220\text{VA} = 1100\text{VA}$

2.3.2 提高功率因数

功率因数是电气设备一个十分重要的参数。

1. 功率因数定义

有功功率与视在功率的比值，称为功率因数，用 λ 表示。

$$\lambda = \cos\varphi = \frac{P}{S} \tag{2-19}$$

恒有 $\lambda \leqslant 1$。λ 越大，有功功率占视在功率的比例越大。

2. 为什么要提高功率因数?

提高功率因数有着很大的经济意义。主要理由如下：

1）减小电能在传输线路中的损耗，提高输电效率。

电能在传输线路中的损耗取决于传输线路中的电流（设线路阻抗为定值），在负载有功功率 P 和电压一定时，功率因数 $\cos\varphi$ 越大，传输线路中的电流 $I = \dfrac{P}{U\cos\varphi}$ 越小，消耗在传输线路中的损耗也就越小，输电效率越高。

2）可充分利用电源设备的功率容量。

电源设备（例如发电机、变压器等）的功率容量是按照其额定电压和额定电流设计的。其中一部分作为有功功率提供给用电设备消耗，另一部分作为无功功率，与用电设备中的储能元件进行能量交换。若用电设备功率因数低，则有功功率所占的比例低，电源设备的功率容量得不到充分利用。例如，一台容量（视在功率）为1000kVA的变压器（电源），若负载（用电设备）功率因数 $\cos\varphi=1$，则变压器能输出1000kW的有功功率；若负载功率因数 $\cos\varphi=0.8$，则变压器只能输出800kW的有功功率。

3. 提高功率因数的方法和原理

提高功率因数最简便的方法：在感性负载两端并联电容器。

在实际用电设备中，除阻性负载外，极少有容性负载，大量的负载为感性负载，例如电动机、带有变压器和电动机的用电器具（电冰箱、空调、电视机）等。因此，提高功率因数就是针对这些感性负载，减小整个电路的阻抗角 φ，即增大 $\cos\varphi$ 值。

设电路的感性负载等效为（$R+\mathrm{j}\omega L$），其两端电压为 $\dot{U}$，未加电容时流过的电流为 $\dot{I}_1$，阻抗角为 φ_1，功率因数为 $\cos\varphi_1$，提高功率因素电路和相量图如图2-21所示。

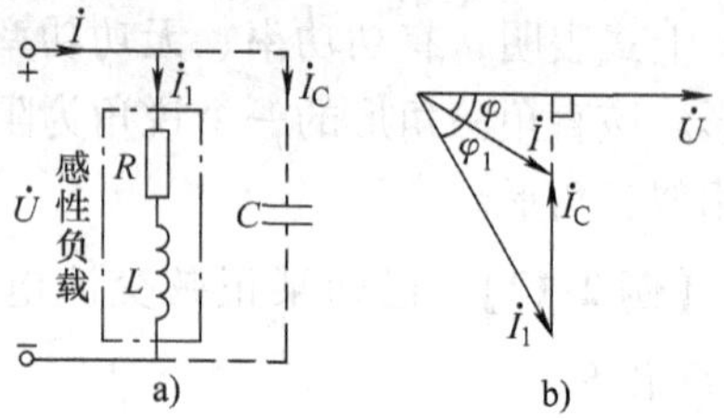

图2-21 提高功率因素电路和相量图

加电容后，电容中电流为 $\dot{I}_C$，电路总电流 $\dot{I}=\dot{I}_1+\dot{I}_C$，画出其相量图如图2-21b所示。从相量图中看出，$\dot{I}$ 的长度比 $\dot{I}_1$ 的长度要小，即总电流 I 反而减小了，阻抗角从 φ_1 减小为 φ，即整个电路的功率因数 $\cos\varphi$ 提高了。

其原因是：感性负载在未并联电容器时，只能与电源交换能量；并联电容后，其中一部分改为与电容交换能量，直接与电源交换能量的电流反而减小了，即总电流减小了。

需要说明的是，并联电容提高功率因数，从 $\cos\varphi_1\rightarrow\cos\varphi$ 有两解：其中一解如图2-21b所示，电路总负载仍为感性；另一解是进一步增大并联电容，使电路总负载为容性，但这样将大大增加成本，一般不用。

4. 并联电容计算方法

并联电容前：$P=UI_1\cos\varphi_1$，$I_1=\dfrac{\mathrm{P}}{U\cos\varphi_1}$

并联电容后：$P=UI\cos\varphi$，$I=\dfrac{P}{U\cos\varphi}$

从图2-21b中可得出：

$I_C=I_1\sin\varphi_1-I\sin\varphi=\dfrac{P\sin\varphi_1}{U\cos\varphi_1}-\dfrac{P\sin\varphi}{U\cos\varphi}=\dfrac{P}{U}(\tan\varphi_1-\tan\varphi)$，而 $I_C=\dfrac{U}{X_C}=U\omega C$，代入解得：

$$C=\frac{P}{\omega U^2}(\tan\varphi_1-\tan\varphi) \tag{2-20}$$

【例2-13】 已知某感性负载接在50Hz、220V电源上，吸收有功功率为50kW，功率因数为0.7，现要求将其功率因数提高至0.9，试求并联电容 C 值和电路总电流。

解：$\cos\varphi_1=0.7$，$\varphi_1=45.6°$，$\tan\varphi_1=1.02$；$\cos\varphi=0.9$，$\varphi=25.8°$，$\tan\varphi=0.484$

$$C=\frac{P}{\omega U^2}(\tan\varphi_1-\tan\varphi)=\frac{50\times10^3}{2\pi\times50\times220^2}(1.02-0.484)\mathrm{F}=1763\mu\mathrm{F}$$

并联电容 C 前总电流：$I_1=\dfrac{P}{U\cos\varphi_1}=\dfrac{50\times10^3}{220\times0.7}\mathrm{A}=324.7\mathrm{A}$

并联电容 C 后总电流：$I=\dfrac{P}{U\cos\varphi}=\dfrac{50\times10^3}{220\times0.9}\mathrm{A}=252.5\mathrm{A}$

上述计算表明，并联电容后，总电流减小了，这将导致减少在传输线路中的功率损耗。

【复习思考题】

2.13　$P=UI\cos\varphi$ 中的 U、I、φ 各指电路中的哪个电压、电流、阻抗角？

2.14　什么叫无功功率？与有功功率有什么区别？什么叫视在功率？

2.15　为什么要提高功率因数？如何提高功率因数？

2.4　三相电路

上几节分析的是单相正弦交流电路。但实际上，电力系统的发电、输电、配电以及大功率用电设备，几乎都是三相系统，单相仅是其中一相。采用三相电源有许多优点，三相电动机和三相变压器等电气设备比同等容量的单相电机和变压器造价低；三相电动机运行平稳、启动和维护方便。对于三相电力传输系统，只需三根输电线，输送同等电功率，可大大节省线材费用。对于三相供电系统，接入单相负载，方便灵活。三相电路的分析计算与单相电路有许多相同之处，也有其特殊的性质和分析方法。

2.4.1　三相电路基本概念

1. 三相电源组成

三相电源由三个频率相同、振幅相同、相位各差120°的电压源组成，根据其到达振幅值的先后次序可分为顺相序（A－B－C－A）和逆相序（A－C－B－A）。工程上通用的相序为顺相序，对称三相正弦交流电压波形如图2-22所示。其中，$u_A=U_m\sin\omega t$；$u_B=U_m\sin(\omega t-120°)$；$u_C=U_m\sin(\omega t+120°)$。用相量表示：$\dot{U}_A=U\angle 0°$；$\dot{U}_B=U\angle -120°$；$\dot{U}_C=U\angle 120°$，对称三相电压相量图如图2-23所示。

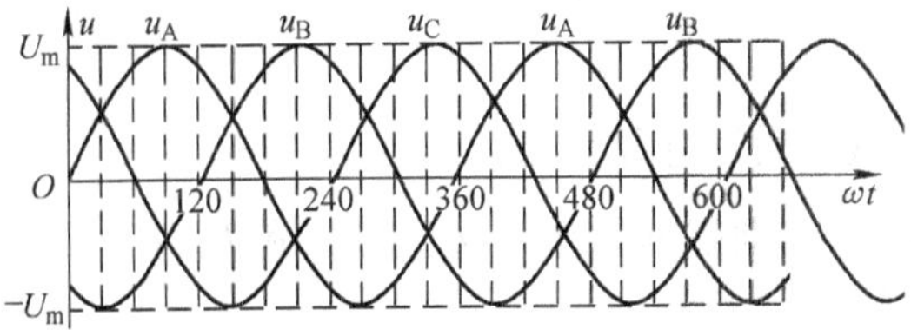

图2-22　对称三相正弦交流电压波形

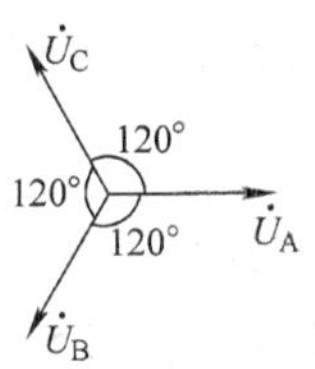

图2-23　对称三相电压相量图

2. 三相电源联结

三相电源由三相发电机产生。三相发电机有三个绕组，设分别为 AX、BY 和 CZ，其中 A、B 和 C 为正极性端，其联结方式有两种。

（1）星形联结

星形联结也称为丫联结，是将三个绕组的负极性端连在一起，称为中点（也称为零点），引出线称为中线；正极性端分别引出，称为端线或相线、火线，如图 2-24a 所示。

（2）三角形联结

三角形联结常用△联结表示，是将三个绕组首尾相接连在一起，正极性端引出端线，如图 2-24b 所示。但三相电源△联结时，不能引出中线。

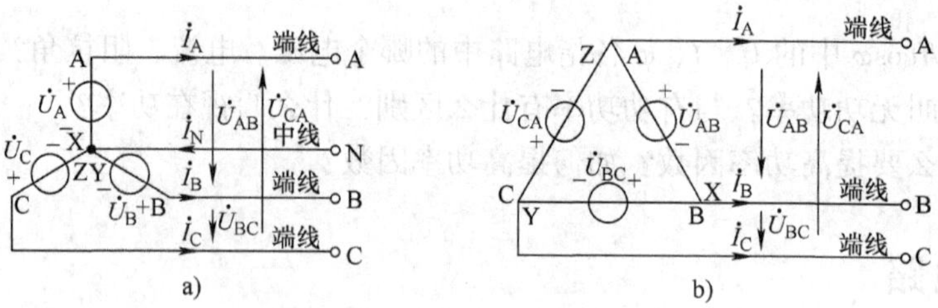

图 2-24　三相电源联结电路

a）丫联结　b）△联结

需要指出的是，由于对称三相电源电压代数和为 0，因此，△联结正确时，三角形环路内无电流。但若联结错误，例如 C 相接反，则 $\dot U_A + \dot U_B + (-\dot U_C) = -2\dot U_C \neq 0$，三角形环路内将产生极大电流，损坏电源设备。因此，三相电源△联结时，可在三角形闭合前，先测量待闭合两端电压。若为零，说明联结正确，可闭合联结；若不为零，则应仔细检查联结错误，排除故障后再闭合联结。

3. 线电压和相电压

图 2-24 所示电路中，每相绕组两端的电压称为相电压；引出端线与端线间的电压称为线电压。相电压有三个，一般用 $\dot U_A$、$\dot U_B$ 和 $\dot U_C$ 表示；线电压也有三个，一般用 $\dot U_{AB}$、$\dot U_{BC}$ 和 $\dot U_{CA}$ 表示。

（1）对称三相丫电源

在图 2-24a 所示电路中，因 $\dot U_{AB} = \dot U_A - \dot U_B$，$\dot U_{BC} = \dot U_B - \dot U_C$，$\dot U_{CA} = \dot U_C - \dot U_A$，因此，有：

$$\dot U_{AB} = \sqrt{3}\dot U_A \angle 30°;\ \dot U_{BC} = \sqrt{3}\dot U_B \angle 30°;\ \dot U_{CA} = \sqrt{3}\dot U_C \angle 30° \tag{2-21}$$

上式表明，对称三相丫电源联结电路，线电压有效值（通常用 U_l 表示），是相电压有效值（通常用 U_p 表示）的 $\sqrt{3}$ 倍。即：

$$U_l = \sqrt{3}U_p \text{（对称丫电源适用）} \tag{2-22}$$

而相位关系则是线电压 $\dot U_{AB}$、$\dot U_{BC}$ 和 $\dot U_{CA}$ 分别越前相电压 $\dot U_A$、$\dot U_B$ 和 $\dot U_C$ 30°，三相丫对称电源电压相量图如图 2-25 所示。

目前，我国低电压供电系统采用 380/220V 制，即相电压为 220V，线电压为 380V。

（2）对称三相△电源

在图 2-24b 所示电路中，可明显看出，三相电源△联结时，线电压就是相电压，即：

$$U_l = U_p \text{（△电源适用）} \tag{2-23}$$

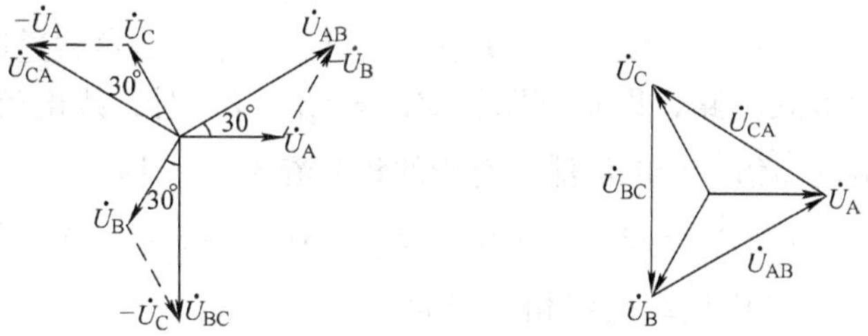

a)　　b)

图 2-25　三相Y对称电源电压相量图

2.4.2　三相负载联结

在三相电路中，负载的联结通常也是三相的，如三相电动机。即使居民住房用电和工厂中单相用电设备，如照明、电风扇、电烙铁等，也是按一定规则组成三相负载。根据三相电源与三相负载联结方式分类，可分为Y－Y（如图 2-26a 所示）、Y－△、△－Y和△－△（如图 2-26b 所示）四种联结方式。而在Y－Y联结方式中，根据有无中线，又可分为三相四线制（如图 2-26a 所示）和三相三线制。根据三相负载是否相等，则可分为三相对称负载和三相不对称负载。

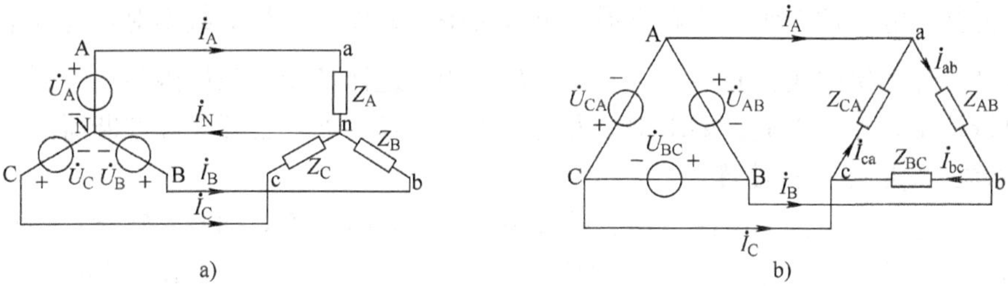

a)　　b)

图 2-26　三相负载连接电路

a）Y－Y联结　b）△－△联结

1. 线电流和相电流

在图 2-26 所示电路中，端线中的电流称为线电流（有效值通常用 I_l 表示），每相负载中的电流称为相电流（有效值通常用 I_p 表示）。

（1）负载Y联结。负载Y联结电路，如图 2-26a 所示。线电流有三个，一般用 $\dot{I}_A$、$\dot{I}_B$ 和 $\dot{I}_C$ 表示。从图中明显看出：线电流就是相电流，即：

$$I_l = I_p \text{（Y负载适用）} \tag{2-24}$$

对于三相Y对称负载电路，即负载阻抗 $Z_A = Z_B = Z_C$ 时，线电流（或相电流）也是对称的，大小相等，即 $I_A = I_B = I_C = I_l = I_p$，但相位相互差 120°。

$$\dot{I}_A = \dot{I}_B \angle 120^\circ;\ \dot{I}_B = \dot{I}_C \angle 120^\circ;\ \dot{I}_C = \dot{I}_A \angle 120^\circ \text{（Y对称负载适用）} \tag{2-25}$$

（2）负载△联结

负载△联结电路，如图 2-26b 所示。线电流有三个：$\dot I_A$、$\dot I_B$ 和 $\dot I_C$，相电流也有三个：$\dot I_{ab}$、$\dot I_{bc}$和 $\dot I_{ca}$。根据 KCL，有：

$$\dot I_A=\dot I_{ab}-\dot I_{ca};\ \dot I_B=\dot I_{bc}-\dot I_{ab};\ \dot I_C=\dot I_{ca}-\dot I_{bc}\ \text{（△负载适用）} \tag{2-26}$$

对于三相△对称负载电路，即负载阻抗 $Z_{AB}=Z_{BC}=Z_{CA}$时，线电流和相电流也是对称的。线电流是相电流的$\sqrt{3}$倍，线电流滞后对应的相电流 30°。即：

$$\dot I_A=\sqrt{3}\dot I_{ab}\angle -30°;\ \dot I_B=\sqrt{3}\dot I_{bc}\angle -30°;\ \dot I_C=\sqrt{3}\dot I_{ca}\angle -30°\ \text{（△对称负载适用）} \tag{2-27}$$

据此，画出三相△对称负载电流相量图如图 2-27 所示。

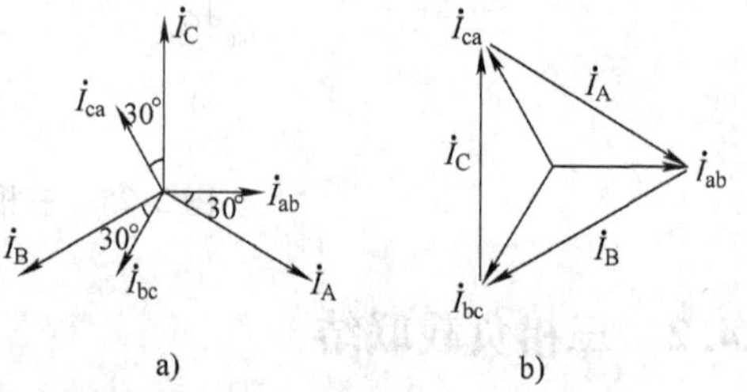

图 2-27　三相△对称负载电流相量图

2. 中线电流

三相Y负载联结时中线中的电流称为中线电流，用 $\dot I_N$ 表示。若是三相负载对称，即 $Z_A=Z_B=Z_C$，则 $\dot I_N=\dot I_A+\dot I_B+\dot I_C=0$，$\dot U_{nN}=0$；若三相负载不对称，即 $Z_A\neq Z_B\neq Z_C$，则 $\dot I_N=\dot I_A+\dot I_B+\dot I_C\neq 0$，$\dot U_{nN}\neq 0$。

因此，对于Y对称负载电路，由于 $\dot U_{nN}=0$，$\dot I_N=0$，有无中线不影响电路正常运行。三相四线制与三相三线制效果相同，中线可以去除。但对于Y不对称负载电路，中线不能随意去除。Y不对称负载电路无中线时，会产生各相负载电压不对称的后果。负载电压过高过低，轻者使其不能正常工作，重者将损坏负载设备。所以在三相负载不对称情况下，应采用三相四线制。即连接中线，并使 $Z_N\approx 0$，则 $\dot U_{nN}\approx 0$。这样各相负载虽因阻抗不同，但两端电压仍能保持均衡。在工程上，要求中线安装牢固，并且不能安装开关和熔断器。

3. 对称三相电路分析计算

对称三相电路的条件是电源电压、端线阻抗、负载阻抗均对称。其特点：一是负载电压对称，即三个负载的线电压、相电压幅值相等、相位各差 120°；二是负载电流对称，即三个线电流、三个相电流是幅值相等、相位各差 120°的正弦电流。因此，三相只需计算一相，其余二相均可按三相对称规律写出。

【例 2-14】　已知三相Y对称负载电路如图 2-28a 所示，$Z=(6.4+\mathrm{j}4.8)\Omega$，$\dot U_A=220\angle 0°\mathrm{V}$，试求负载电流 $\dot I_A$、$\dot I_B$、$\dot I_C$ 和 $\dot I_N$。并画出 $\dot I_A$、$\dot I_B$、$\dot I_C$ 相量图。

解：对称三相只需计算一相。其一相等效电路如图 2-28b 所示。

$$\dot I_A=\frac{\dot U_A}{Z}=\left(\frac{220\angle 0°}{6.4+\mathrm{j}4.8}\right)\mathrm{A}=\left(\frac{220\angle 0°}{8\angle 36.9°}\right)\mathrm{A}=27.5\angle -36.9°\mathrm{A}$$

$$\dot I_B=\dot I_A\angle -120°=27.5\angle -156.9°\mathrm{A},\ \dot I_C=\dot I_A\angle 120°=27.5\angle 83.1°\mathrm{A}$$

$$\dot I_N=0$$

画出 $\dot U_A$、$\dot U_B$、$\dot U_C$ 和 $\dot I_A$、$\dot I_B$、$\dot I_C$ 相量图如图 2-28c 所示。

【例 2-15】　已知三相△对称负载电路如图 2-29a 所示。电源电压 $\dot U_A$ 和负载阻抗 Z 与上

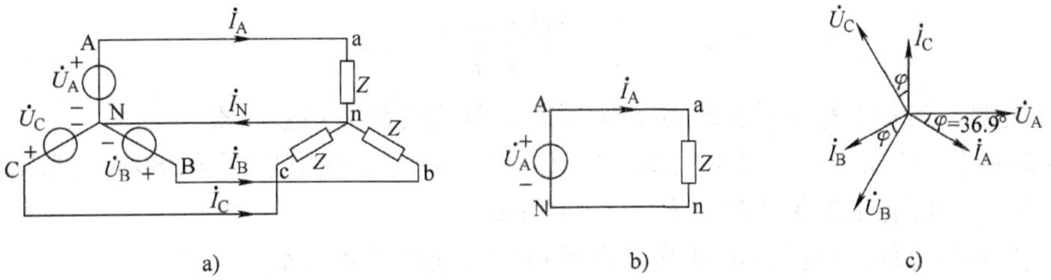

图 2-28　例 2-14 三相Y对称负载电路

例相同，试求负载相电流 $\dot{I}_{ab}$、$\dot{I}_{bc}$、$\dot{I}_{ca}$和线电流 $\dot{I}_{A}$、$\dot{I}_{B}$、$\dot{I}_{C}$。

解：对称三相只需计算一相，其一相等效电路如图 2-29b 所示。但负载相电压应为电源线电压。

$\dot{U}_{AB}=\sqrt{3}\dot{U}_{A}\angle 30^\circ=380\angle 30^\circ V$

$\dot{I}_{ab}=\dfrac{\dot{U}_{AB}}{Z}=\left(\dfrac{380\angle 30^\circ}{6.4+j4.8}\right)A=\dfrac{380\angle 30^\circ}{8\angle 36.9^\circ}A=47.5\angle -6.9^\circ A$

$\dot{I}_{bc}=\dot{I}_{ab}\angle -120^\circ=47.5\angle -126.9^\circ A$，$\dot{I}_{ca}=\dot{I}_{ab}\angle 120^\circ=47.5\angle 113.1^\circ A$

$\dot{I}_{A}=\sqrt{3}\dot{I}_{ab}\angle -30^\circ=82.3\angle -36.9^\circ A$，$\dot{I}_{B}=\dot{I}_{A}\angle -120^\circ=82.3\angle -156.9^\circ A$，$\dot{I}_{C}=\dot{I}_{A}\angle 120^\circ=82.3\angle 83.1^\circ A$

画出 $\dot{U}_{A}$、$\dot{U}_{AB}$、$\dot{I}_{ab}$、$\dot{I}_{bc}$、$\dot{I}_{ca}$和 $\dot{I}_{A}$、$\dot{I}_{B}$、$\dot{I}_{C}$ 相量图如图 2-29c 所示。

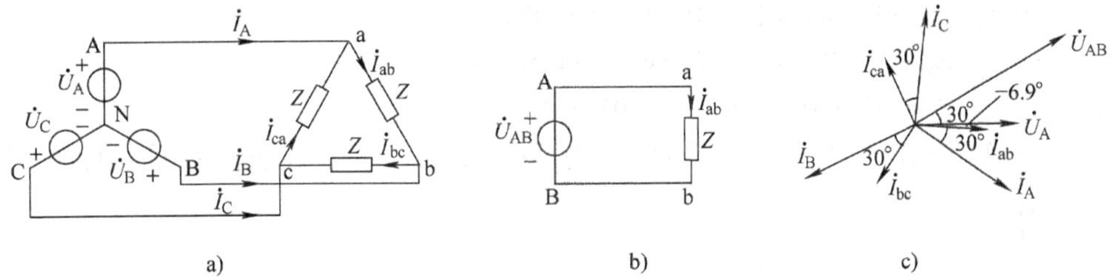

图 2-29　例 2-15 三相△对称负载电路

4. 三相功率分析计算

三相电路总的有功功率或总的无功功率等于每相有功功率或无功功率之和，即：$P=P_A+P_B+P_C$；$Q=Q_A+Q_B+Q_C$。对于三相对称负载电路，$P_A=P_B=P_C$，$Q_A=Q_B=Q_C$，因此：

$$P=3P_A=3U_pI_p\cos\varphi_p=\sqrt{3}U_lI_l\cos\varphi_p \tag{2-28}$$

$$Q=3Q_A=3U_pI_p\sin\varphi_p=\sqrt{3}U_lI_l\sin\varphi_p \tag{2-29}$$

其中 U_l、U_p分别为线电压和相电压的有效值，I_l、I_p分别为线电流和相电流的有效值，而 φ_p则是三相负载相电压与对应的相电流之间的相位差角。

三相对称负载电路视在功率和功率因素分别为：

$$S=\sqrt{P^2+Q^2}=3U_pI_p=\sqrt{3}U_lI_l \tag{2-30}$$

$$\cos\varphi = \frac{P}{S} = \frac{3U_pI_p\cos\varphi_p}{3U_pI_p} = \cos\varphi_p \qquad (2\text{-}31)$$

上式表明，三相对称负载总的功率因素就是每相负载的功率因素。

【例 2-16】 已知某三相对称负载阻抗 $Z=(6+j8)\Omega$，线电压 $U_l=380V$，试求该三相对称负载分别作Y联结和△联结时的 P、Q、S、$\cos\varphi$。

解：因电路对称，电路总的功率因素即每相负载的功率因素。

$$\cos\varphi = \frac{R}{|Z|} = \frac{R}{\sqrt{R^2+X^2}} = \frac{6}{\sqrt{6^2+8^2}} = \frac{6}{10} = 0.6,\ \sin\varphi = \sqrt{1-\cos^2\varphi} = 0.8$$

（1）负载Y联结

$$I_p = \frac{U_P}{|Z|} = \frac{380/\sqrt{3}}{\sqrt{6^2+8^2}}A = 21.94A$$

$$P_Y = 3U_pI_p\cos\varphi = 3\times\frac{380}{\sqrt{3}}\times 21.94\times 0.6W = 8664W$$

$$Q_Y = 3U_pI_p\sin\varphi = 3\times\frac{380}{\sqrt{3}}\times 21.94\times 0.8var = 11552var$$

$$S_Y = 3U_pI_p = 3\times\frac{380}{\sqrt{3}}\times 21.94V\cdot A = 14440V\cdot A$$

（2）负载△联结

$$U_p = U_l = 380V$$

$$I_p = \frac{U_P}{|Z|} = \frac{U_l}{|Z|} = \frac{380}{10}A = 38A$$

$$P_\Delta = 3U_pI_p\cos\varphi = 3\times 380\times 38\times 0.6W = 25992W$$

$$Q_\Delta = 3U_pI_p\sin\varphi = 3\times 380\times 38\times 0.8var = 34656var$$

$$S_\Delta = 3U_pI_p = 3\times 380\times 38V\cdot A = 43320V\cdot A$$

从上例计算中得出，$P_\Delta=3P_Y$，表明三相对称负载作△联结时吸收的功率是Y联结时的 3 倍。

【复习思考题】

2.16 什么叫线电压、相电压？对称三相电源，线电压与相电压有何关系？画出三相电源Y联结时线电压相电压相量图。

2.17 若需将对称三相电源△联结，如何判断电源联结是否正确？

2.18 什么叫线电流、相电流？线电流与相电流有何关系？画出三相对称负载△联结时线电流、相电流相量图。

2.19 什么情况下中线电流等于 0？

2.20 三相不对称负载电路无中线时会产生什么后果？有中线时，对中线有什么要求？

2.5 习题

2.5.1 选择题

2.1 两个同频率正弦量之间的相位关系如图 2-30 所示，在 u 与 i 正弦波中，u 与 i 正交的是________；u 与 i 同相的是________；u 与 i 反相的是________；u 滞后 i 的是________；u 越前 i 的是________；

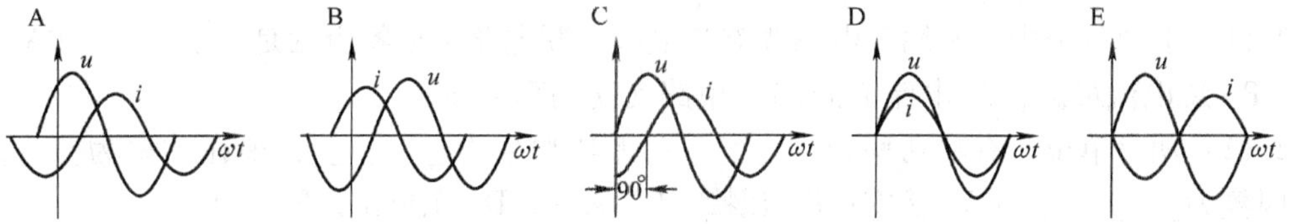

图 2-30　两个同频率正弦量之间的相位关系

2.2　有关电流有效值的表达式中，正确的是________。（A. $I=\sqrt{\frac{1}{T}\int_0^T i\mathrm{d}t}$；B. $I=\sqrt{\frac{1}{T}\int_0^T i^2\mathrm{d}t}$；C. $I=\frac{1}{T}\sqrt{\int_0^T i^2\mathrm{d}t}$；D. $I=\frac{1}{T}\int_0^T |i|\,\mathrm{d}t$；E. $I=\frac{I_\mathrm{m}}{\sqrt{2}}$；F. $I=\sqrt{2}I_\mathrm{m}$）

2.3　下列有关感抗、容抗与频率关系的说法中，正确（多选）的是________。（A. ω 越高，感抗越大；B. ω 越高，感抗越小；C. ω 越高，容抗越大；D. ω 越高，容抗越小；E. $\omega=0$，$X_\mathrm{L}\to 0$；F. $\omega=0$，$X_\mathrm{L}\to\infty$；G. $\omega=0$，$X_\mathrm{C}\to 0$；H. $\omega=0$，$X_\mathrm{C}\to\infty$）

2.4　已知电路如图 2-13 所示，下列有关电路特性的说法中，正确（多选）的是________。（A. 若电路呈感性，则 $X_\mathrm{L}>X_\mathrm{C}$；B. 若电路呈容性，则 $X_\mathrm{L}<X_\mathrm{C}$；C. 若电路呈阻性，则 $X_\mathrm{L}=X_\mathrm{C}$；D. 若 $L>C$，则电路呈感性；E. 若 $L<C$，则电路呈容性；F. 若 $L=C$，则电路呈阻性）

2.5　正弦交流电路两端电压 u 与流过电路电流 i 的相位关系（u 与 i 关联参考方向），纯电阻电路是________；纯电感电路是________；纯电容电路是________；RL 串联电路是________；RC 串联电路是________；RL 并联电路是________；RC 并联电路是________；RLC 串联电路是________；RLC 并联电路是________；（A. u 越前 i 90°；B. u 滞后 i 90°；C. u 与 i 同相；D. u 与 i 反相；E. u 越前 i 0～90°；F. u 滞后 i 0～90°；G. 不定）

2.6　已知 RLC 串联正弦交流电路如图 2-13 所示，下列有关电压表达式中，正确（多选）的是________。（A. $U=U_\mathrm{R}+U_\mathrm{L}+U_\mathrm{C}$；B. $U=\sqrt{U_\mathrm{R}^2+U_\mathrm{L}^2-U_\mathrm{C}^2}$；C. $U=\sqrt{U_\mathrm{R}^2+(U_\mathrm{L}-U_\mathrm{C})^2}$；D. $u=u_\mathrm{R}+u_\mathrm{L}+u_\mathrm{C}$；E. $\dot{U}=\dot{U}_\mathrm{R}+\dot{U}_\mathrm{L}+\dot{U}_\mathrm{C}$）

2.7　已知电路如图 2-13 所示，下列有关阻抗表达式中，正确（多选）的是________。（A. $Z=R+X_\mathrm{L}+X_\mathrm{C}$；B. $|Z|=\sqrt{R^2+(X_\mathrm{L}-X_\mathrm{C})^2}$；C. $|Z|=\sqrt{R^2+X_\mathrm{L}^2-X_\mathrm{C}^2}$；D. $Z=R+X_\mathrm{L}-X_\mathrm{C}$；E. $Z=R+\mathrm{j}(X_\mathrm{L}-X_\mathrm{C})$）

2.8　已知电路如图 2-13 所示，下列有关阻抗角表达式中，正确（多选）的是________。（A. $\varphi=\arctan\frac{X_\mathrm{L}-X_\mathrm{C}}{R}$；B. $\varphi=\arctan\frac{X_\mathrm{C}-X_\mathrm{L}}{R}$；C. $\varphi=\arctan\frac{R}{X_\mathrm{L}-X_\mathrm{C}}$；D. $\varphi=\arctan\frac{u_\mathrm{L}-u_\mathrm{C}}{u_\mathrm{R}}$；E. $\varphi=\arctan\frac{\dot{U}_\mathrm{L}-\dot{U}_\mathrm{C}}{\dot{U}_\mathrm{R}}$；F. $\varphi=\arctan\frac{U_\mathrm{L}-U_\mathrm{C}}{U_\mathrm{R}}$）

2.9　下列各项中，不属于 RLC 串联谐振特点的是________。（A. 阻抗最小；B. 电流最小；C. 电压谐振；D. 电路无功功率为零）

2.10　下列有关 RLC 串联谐振电路电压的各种说法中，错误（多选）的是________。

（A. $\dot{U}_L = \dot{U}_C$；B. $\dot{U}_L + \dot{U}_C = 0$；C. $U_L = U_C$；D. $U_R = U$；E. $U_L = U$；F. $U_C = U$；G. $U_R = QU$；H. $U_L = QU$；I. $U_C = QU$）

2.11　下列各项中，不属于电感线圈与电容并联电路谐振特点的是________。（A. 阻抗最大；B. 总电流最大；C. 电流谐振；D. 电路无功功率为零）

2.12　功率单位，有功功率为________；无功功率为________；视在功率为________；功率因数为________。（A. 伏安；B. 瓦特；C. 焦耳；D. 无单位；E. 乏）

2.13　下列有关功率的说法中，不正确的是________。（A. 电路有功功率是该电路内所有电阻的有功功率之和；B. 电路无功功率是该电路内所有储能元件的无功功率之代数和；C. 视在功率等于有功功率与无功功率之和；D. 电容的无功功率为负值）

2.14　电路功率因数提高后的结果为________。（A. 电路视在功率增大了；B. 电路有功功率增大了；C. 电路无功功率增大了；D. 电路有功功率占视在功率的比例增大了）

2.15　下列有关三相电源线电压和相电压的说法中，正确（多选）的是________。（A. 对称三相电源Y联结时，线电压是相电压的$\sqrt{3}$倍；B. 对称三相电源△联结时，线电压是相电压的$\sqrt{3}$倍；C. 对称三相电源Y联结时，线电压等于相电压；D. 对称三相电源△联结时，线电压等于相电压）

2.16　为了检测三相电源三角形联结是否正确，可在三角形闭合前，先测量待闭合二端电压，若为________，说明联结正确，可闭合联结。（A. U；B. $2U$；C. $3U$；D. 0）

2.17　下列有关三相负载线电流和相电流大小的说法中，正确（多选）的是________。（A. 对称三相负载Y联结时，线电流是相电流的$\sqrt{3}$倍；B. 不论三相负载Y或△联结，线电流都是相电流的$\sqrt{3}$倍；C. 对称三相负载△联结时，线电流是相电流的$\sqrt{3}$倍；D. 三相负载△联结时，线电流是相电流的$\sqrt{3}$倍；E. 三相负载Y联结时，线电流等于相电流；F. 对称三相负载△联结时，线电流等于相电流）

2.18　下列有关对称三相负载线电流与相电流相位差的说法中，正确的是________。（A. 对称Y，线电流越前对应的相电流30°；B. 对称Y，相电流越前对应的线电流30°；C. 对称△，线电流越前对应的相电流30°；D. 对称△，相电流越前对应的线电流30°）

2.19　若对称三相负载相电压以$\dot{U}_A$、$\dot{U}_B$和$\dot{U}_C$表示，线电压以$\dot{U}_{AB}$、$\dot{U}_{BC}$和$\dot{U}_{CA}$表示；线电流以$\dot{I}_A$、$\dot{I}_B$和$\dot{I}_C$表示，相电流以$\dot{I}_{ab}$、$\dot{I}_{bc}$和$\dot{I}_{ca}$表示。下列表达式中，正确（多选）的是________。（A. $\dot{U}_A + \dot{U}_B + \dot{U}_C = 0$；B. $\dot{U}_{AB} + \dot{U}_{BC} + \dot{U}_{CA} = 0$；C. $\dot{I}_A + \dot{I}_B + \dot{I}_C = 0$；D. $\dot{I}_{ab} + \dot{I}_{bc} + \dot{I}_{ca} = 0$）

2.20　计算对称三相电路功率的φ角应为________之间的相位角。（A. 负载线电压与负载线电流；B. 负载相电压与负载相电流；C. 负载线电压与负载相电压；D. 负载线电流与负载相电流）

2.5.2　分析计算题

2.21　已知正弦函数波形如图2-31所示，试求其初相位角。

2.22　已知$i_1 = 10\sqrt{2}\sin(\omega t + 40°)$ A，$i_2 = 5\sqrt{2}\sin(\omega t - 50°)$ A。试求：

1）$i_3 = i_1 + i_2$；2）$i_4 = i_1 - i_2$；3）画出$\dot{I}_1$、$\dot{I}_2$、$\dot{I}_3$、$\dot{I}_4$相量图。

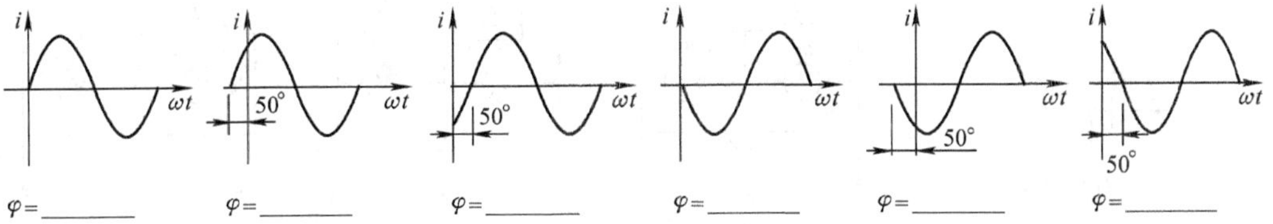

图 2-31　习题 2.21 波形图

2.23　已知纯电阻电路，$R=50\Omega$，电阻两端电压 $u_R=100\sqrt{2}\sin(314t+60°)$ V，试求 I_R、I_{Rm}和 i_R，并画出 $\dot{I}_R$、$\dot{U}_R$ 相量图。

2.24　已知一线圈通过 50Hz 电流时，其感抗为 10Ω，试求电源频率为 10kHz 时其感抗为多少?

2.25　已知纯电感电路，i_L与 u_L取关联参考方向，$L=3$H，$i_L=4\sin(120t-66°)$A，试求 X_L、u_L、$\dot{U}_L$，并画出 $\dot{U}_L$、$\dot{I}_L$ 相量图。

2.26　将一个 100μF 的电容先后接在 $f=50$Hz 和 $f=500$Hz，电压为 220V 的电源上，试分别计算上述两种情况下的容抗 X_L及通过电容的电流有效值。

2.27　已知纯电容电路，i_C 与 u_C 取关联参考方向，$C=2.2\mu$F，$f=50$Hz，$u_C=8\sqrt{2}\sin(\omega t-35°)$V，试求 X_C、i_C、$\dot{U}_C$，并画出 $\dot{U}_C$、$\dot{I}_C$ 相量图。

2.28　已知荧光灯等效电路如图 2-32 所示，接在工频电 220V，测得灯管两端电压 $U_1=100$V，电流 $I=0.4$A，镇流器两端电压 $U_2=190$V，试求：灯管电阻 R_1、整流器电感 L 及其直流电阻 R_2、电路实际消耗功率和功率因数?

2.29　电风扇调速器是利用串联电感降压而调速，等效电路如图 2-33 所示。$U=220$V，$f=50$Hz，电风扇电动机等效电阻、电感：$R_2=190\Omega$，$X_{L2}=260\Omega$，若需将电风扇电压 U_2 降至 180V。求串联电感 L_X值。

2.30　已知电路如图 2-34 所示，$u_i=220\sqrt{2}\sin314t$，$X_C=10\Omega$，若要求 u_o滞后 u_i30°，试求电阻 R 值，并求 $\dot{U}_R$、$\dot{U}_o$、u_R、u_o，画出相量图。

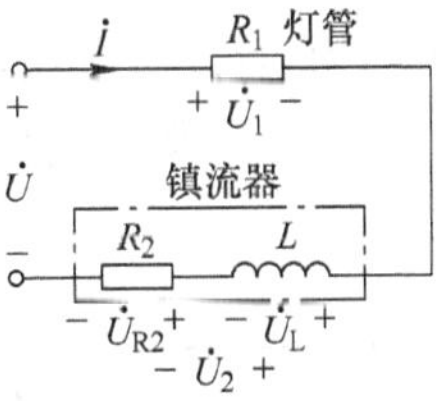

图 2-32　荧光灯等效电路

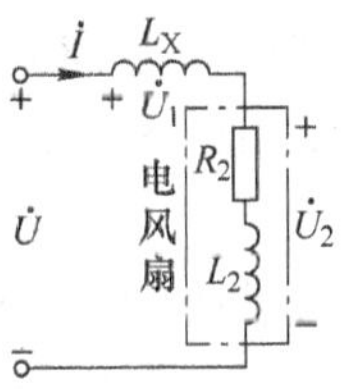

图 2-33　习题 2.29 电路

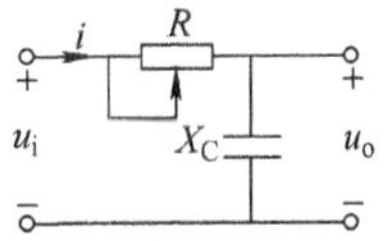

图 2-34　习题 2.30 电路

2.31　已知 RC 串联电路如图 2-35 所示，$C=0.01\mu$F，$f=50$Hz，$U_i=10$V，欲使输出电压 $\dot{U}_o$ 越前输入电压 $\dot{U}_i$30°，试求 R 和 U_R。

2.32　已知测量电路，图 2-36a 中 V_1 和 V_2 表读数分别为 10V 和 20V；图 2-36b 中 V_2 和 V 表读数分别为 20V 和 40V，图 2-36c 中 V_1 和 V 表读数分别为 30V 和 20V，试求电路中未知读数电压表两端电压。

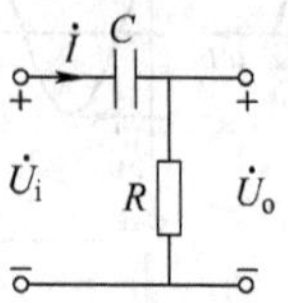

图 2-35　习题 2.31 电路

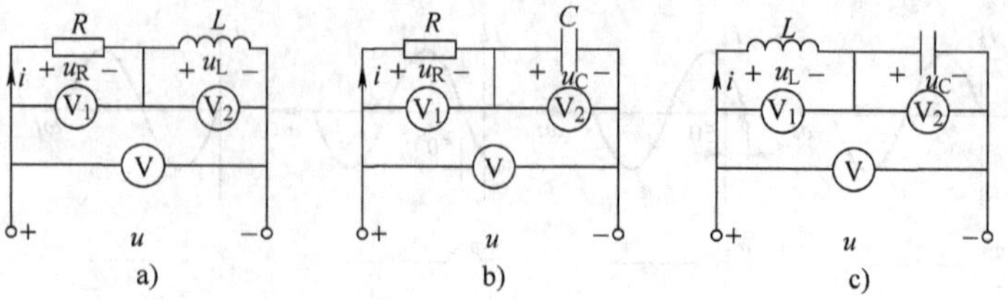

图 2-36　习题 2.32 电路

2.33　已知测量电路，图 2-37a 中 A_1 和 A_2 表读数分别为 20A 和 30A；图 2-37b 中 A_1 和 A 表读数分别为 10A 和 20A；图 2-37c 中 A 和 A_1 表读数为 5A 和 3A；试求电路中未知读数电流表中电流。

2.34　已知电路如图 2-38 所示，$R = 10\Omega$，$L = 10\text{mH}$，$C = 100\text{pF}$，$U_S = 1\text{V}$，试求电路发生谐振时的频率和各电表读数。

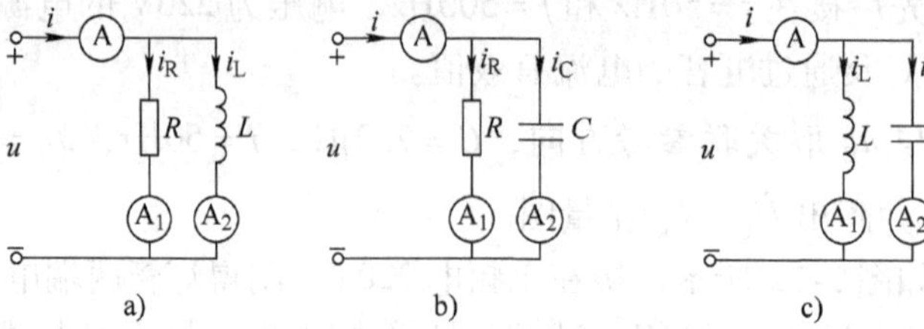

图 2-37　习题 2.33 电路

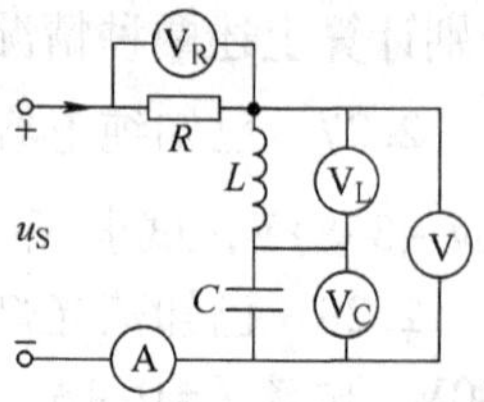

图 2-38　习题 2.34 电路

2.35　已知电动机功率 $P = 10\text{kW}$，$U = 240\text{V}$，$\cos\varphi_1 = 0.6$，$f = 50\text{Hz}$，若需将功率因数提高到 $\cos\varphi_2 = 0.9$，应在电动机两端并联多大电容器？

2.36　教学楼有功率为 40W，功率因数为 0.5 的荧光灯 100 只，电源为 220V、50Hz，若 100 只荧光灯全部开启，求此时电路总电流及总功率因数。若需将电路总功率因数提高到 0.9，需并联多大电容？

2.37　已知三相对称负载电路，线电压为 380V，负载 $Z = (30 + j40)\Omega$，试求：1）负载作Y联结时的相电流和中线电流，并作相量图；2）若负载改为△联结，再求负载相电流和线电流。

2.38　已知三相对称负载△联结电路如图 2-39 所示，电源线电压 $\dot{U}_{AB} = 380\angle 30°\text{V}$，$Z = (3 + j4)\Omega$。试求线电流和相电流，并画出电流相量图。

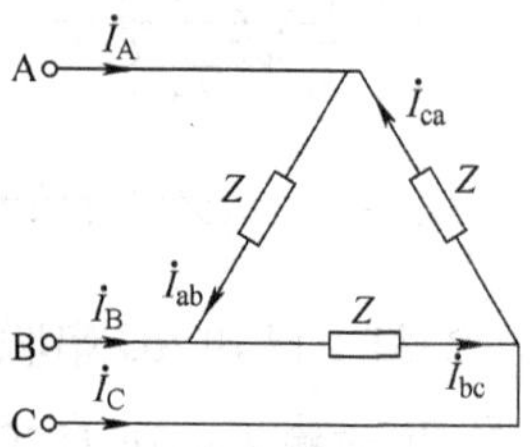

图 2-39　习题 2.38 电路

2.39　已知三相Y对称负载，$Z = (8 + j6)\Omega$，线电压为 380V，试求负载电流 $\dot{I}_A$、$\dot{I}_B$、$\dot{I}_C$ 和有功功率 P、无功功率 Q。

2.40　已知三相电动机，每相绕组 $Z = (30 + j20)\Omega$，接线电压 $U_l = 380\text{V}$，试求在下列情况下电动机吸收功率和功率因数。1）Y联结；2）△联结。

第3章　放大电路基础

放大电路是电子线路最基本的组成部分，应用十分广泛，掌握放大电路的组成、基本原理和分析方法是学习电子技术的基础。

3.1　二极管和双极型晶体管

自然界的一切物质按其导电特性（电阻率）大致可分为导体、绝缘体和半导体三类。半导体之所以成为近代电子工业最重要的材料，并不在于其导电能力的强弱，主要是由于其独特的导电特性：

1）掺杂特性。纯净的半导体掺入微量杂质后，电阻率变化很大。例如在纯硅中掺入百万分之一的硼后，电阻率约从 $2\times10^{3}\Omega\cdot m$ 变化为 $4\times10^{-3}\Omega\cdot m$，变化数量级达到 10^{6} 之多。这种特性是半导体所特有的。在金属或绝缘体中即使加入较多杂质，对电阻率的影响也不大。例如，在纯铜中加入锌，变成黄铜，电阻率变化在同一数量级。

2）热敏和光敏特性。半导体在受热和光照后导电能力明显增强。而金属和绝缘体在受热时，电阻率变化不大；受光照时，电阻率几乎无变化。

人们正是利用了半导体的掺杂特性，制成了各种半导体器件。利用了半导体热敏和光敏特性，制成了半导体热敏元件和光敏元件。

3.1.1　普通二极管

纯净的半导体材料称为本征半导体，具有晶体结构，最外层电子组成共价键，游离于共价键之外的自由电子和空穴仅是极少数。自由电子和空穴统称为载流子（运载电荷的粒子），自由电子带负电荷，空穴带正电荷，但自由电子数与空穴数数量相同，因此，半导体整体对外仍呈电中性。

本征半导体掺入杂质后称为掺杂半导体，根据其掺入杂质元素的化学价可分为N型半导体和P型半导体。

1. N型半导体和P型半导体

N型半导体是4价元素（例如硅）掺入微量5价元素（例如磷）后形成的。在N型半导体中，自由电子数 >> 空穴数，自由电子数为多数载流子。

P型半导体是4价元素掺入微量3价元素（例如硼）后形成的，在P型半导体中，空穴数 >> 自由电子数，空穴为多数载流子。

2. PN结及其单向导电特性

在半导体中掺入杂质的目的，并不是为了提高其导电能力，而是为了形成P型半导体和N型半导体。而P型半导体和N型半导体本身也无任何神奇之处，但当P型半导体和N型半导体合在一起时，形成PN结。PN结外加电压时，显示出其基本特性——单向导电性。

1）加正向电压——导通。P区接电源正极，N区接电源负极，称为加正向电压或正向偏置（简称为正偏），如图 3-1a 所示。由于外电场方向与 PN 结内电场方向相反，打破了原来 PN 结内部载流子运动的平衡。从而使得耗尽层变窄，内电场被削弱，多数载流子的扩散运动增强，形成较大的扩散电流 I，PN 结呈导通状态。外电场越强，扩散电流越大。

2）加反向电压——截止。P 区接电源负极，N 区接电源正极，称为加反向电压或反向偏置（简称为反偏），如图 3-1b 所示。由于外电场方向与内电场方向一致，同样打破了原来 PN 结内部载流子运动的平衡。使耗尽层变宽，内电场增强，两区中的多数载流子很难越过耗尽层，因此无扩散电流通过，PN 结呈截止状态。

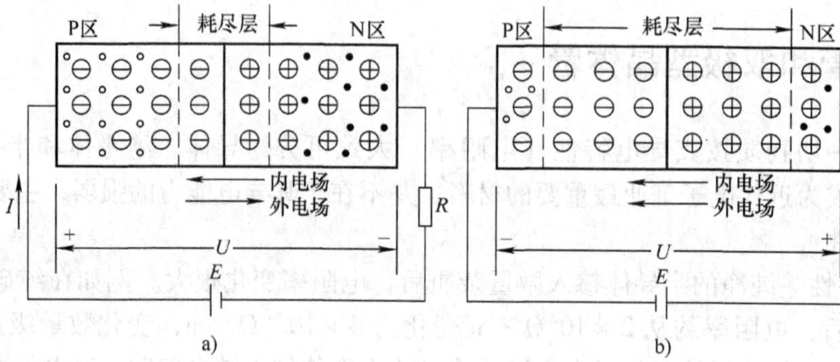

图 3-1　外加电压时的 PN 结

a）正偏　b）反偏

需要说明的是，在反偏状态下，少数载流子在内外电场的共同作用下，形成很小的反向电流 I_R。反向电流的大小取决于温度（包括光照），而与外加电压基本无关（外加电压过大，超过 PN 结承受限额，另当别论）。在一定温度下，反向电流基本不变，因此也称为反向饱和电流。另外，由于硅和锗原子结构的差异，锗材料 PN 结的反向电流一般远大于硅材料 PN 结的反向电流。

3. 二极管概述

将 PN 结加上相应的电极引线和管壳，就形成了二极管。P 端引出的电极称为阳极（正极），N 端引出的电极称为阴极（负极）。

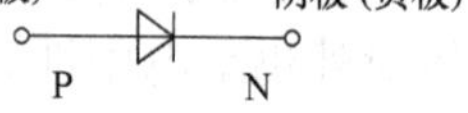

图 3-2　普通二极管符号

普通二极管的符号如图 3-2 所示。

二极管按制作材料，可分为硅二极管和锗二极管。按 PN 结结面大小分，可分为点接触和面接触。点接触 PN 结结面积小，结电容小，高频特性好，但不能通过较大电流。面接触 PN 结结面积大，结电容大，工作频率低，但能通过较大电流。按用途分，可分为普通管、整流管、稳压管和开关管等。

4. 二极管的伏安特性

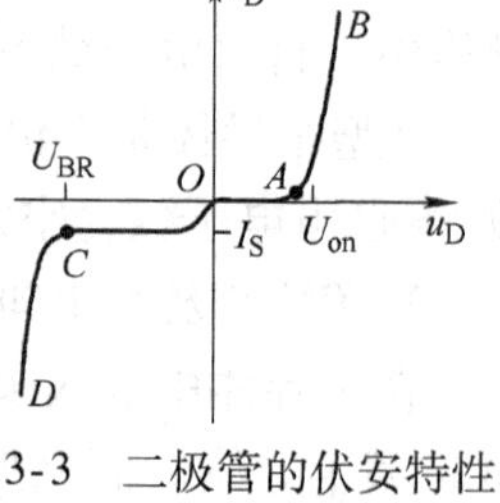

图 3-3　二极管的伏安特性

伏安特性即元件两端电压 u（单位伏特）与流过元件的电流 i（单位安培）之间的函数关系。二极管的伏安特性如图 3-3 所示。可分为正向和反向两大部分。

1）正向特性。二极管正向特性又可分为两段：

① 死区段。对应于图 3-3 中 OA 段，此时二极管虽然加正向电压，但外加电压小于 PN 结内电场电压，因此二极管仍处于截止状态。死区电压又称为门

坎电压或开启电压，用 U_{th} 表示，硅材料 $U_{th} \approx 0.5V$，锗材料 $U_{th} \approx 0.2V$。

② 导通段。对应于图 3-3 中 *AB* 段，此时外加电压大于二极管内电场电压，二极管处于导通状态。导通电压用 U_{on} 表示，实际上是二极管导通时的正向压降，硅材料 $U_{on} = 0.6 \sim 0.7V$，锗材料 $U_{on} = 0.2 \sim 0.3V$。

2）反向特性。二极管反向特性也可分为两段：

① 饱和段。对应于图 3-3 中 *OC* 段，此时二极管处于反偏截止状态，仅有少量反向电流，用 I_S 表示。因反向电流主要取决于温度而与外加电压基本无关，因此 *OC* 段与横轴基本平行，呈饱和特性，即反向电流基本上不随外加反向电压增大而增大。

② 击穿段。对应于图 3-3 中 *CD* 段，此时由于外加反向电压超出 PN 结能承受的最高电压 U_{BR}，反向电流急剧增大。

5. 硅二极管与锗二极管伏安特性的区别

图 3-4 是在同一坐标轴上定性画出的硅二极管与锗二极管的伏安特性。从图 3-4 中看出，两种二极管的伏安特性相似，主要区别是：

① 硅二极管导通正向压降比锗二极管大：$U_{on(硅)} \approx 0.6 \sim 0.7V$；$U_{on(锗)} \approx 0.2 \sim 0.3V$。

② 硅二极管的反向饱和电流 I_S 比锗二极管小得多。一般来讲，小功率硅二极管 I_S 小于 0.1μA，可忽略不计；小功率锗二极管 I_S 为几十 μA 至几百 μA。I_S 的大小体现了二极管单向导电特性的好坏，即质量的优劣。

③ 一般，硅二极管的反向击穿电压 U_{BR} 比锗二极管大。

因此，硅二极管以其比锗二极管优越的特性得到了更广泛的应用。目前，除需要正向低压降的场合用锗管外，几乎是硅管的一统天下。

6. 温度对二极管伏安特性的影响

温度对二极管伏安特性有较大的影响。图 3-5 为同一个二极管在不同温度下的伏安特性，从图中看出：

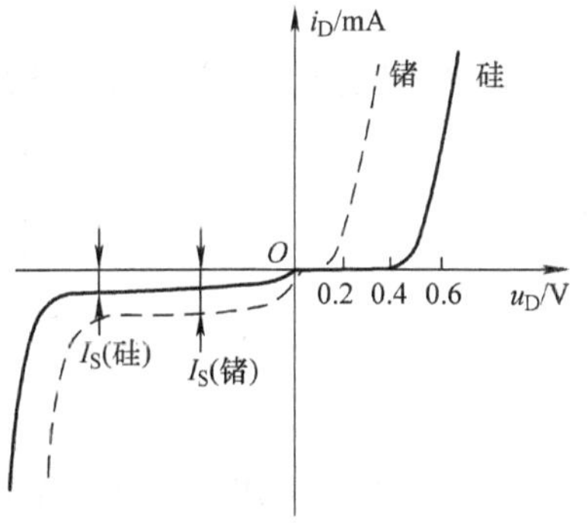

图 3-4　硅二极管与锗二极管伏安特性

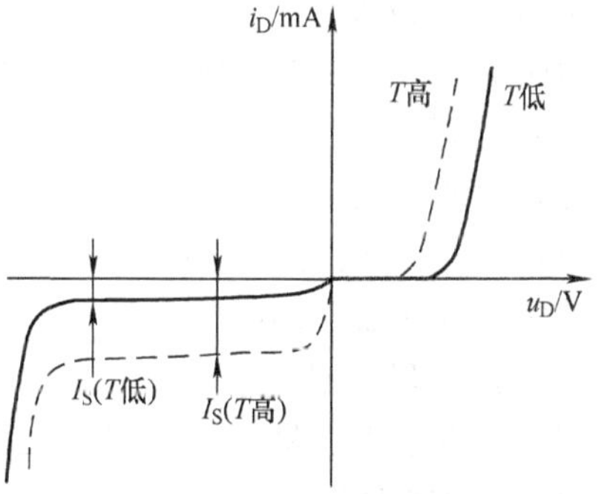

图 3-5　温度对伏安特性的影响

① 温度升高后，二极管死区电压 U_{th} 和导通正向压降 U_{on} 下降（正向特性左移）。在室温附近，温度每升高 1℃，U_{on} 约减小 2 ~ 2.5mV。

② 温度升高后，二极管反向饱和电流 I_S 大大增大（反向特性下移）。温度每升高 10℃，反向饱和电流约增大一倍。这是因为反向饱和电流是少数载流子形成的电流，而少数载流子属本征激发，其数量主要与温度有关。

7. 二极管的主要特性参数

二极管的特性除用伏安特性描述外，还可用参数来表述。应用时，可依据这些特性参数合理选用。二极管的特性参数主要有下列几项。

1）最大整流电流 I_F。I_F定义为二极管长期运行允许通过的最大正向平均电流。从二极管正向伏安特性看出，二极管正向导通电流无上限，只要不超过二极管 PN 结最大允许功耗，二极管不会损坏。但为保证二极管长期可靠运行，I_F为其上限值。

2）最高反向工作电压 U_{RM}。U_{RM}是允许施加在二极管两端的最大反向电压。为保证二极管可靠工作，通常规定 U_{RM}为反向击穿电压 U_{BR}的一半。

3）反向电流 I_R和反向饱和电流 I_S。I_R是二极管在一定温度下反向偏置时的反向电流，因反向电流主要取决于温度而与外加电压基本无关，因此 $I_R \approx I_S$。

4）最高工作频率f_M。f_M是保证二极管具有单向导电特性的最高交流信号频率。f_M主要取决于二极管 PN 结结电容的大小，点接触二极管，f_M高；面接触二极管，f_M低。

以上二极管参数，I_F和 U_{RM}是极限参数，应用时不能超过，可根据需要选用。I_R是性能质量参数，越小越好。f_M也属于极限参数，但只有在高频电路中才予以考虑。

几种常用二极管特性参数如表 3-1 所示。

表 3-1　几种常用二极管特性参数

参数 型号	最大整流电流 /mA	最高反向工作电压 /V	反向饱和电流 /μA	最高工作频率 /MHz
2AP9	5	15	≤250	100
1N4001	1000	100	≤0.1	3
1N4007	1000	1000	≤0.1	3
1N5401	3000	100	≤10	3
1N4148	450	60	≤0.1	250

8. 理想二极管

为便于分析二极管电路，常将二极管等效为理想化的电路模型，主要有以下两种：

（1）理想二极管模型

理想二极管模型将二极管看作一个开关，加正向电压导通（正向压降为零），加反向电压截止，其伏安特性如图 3-6a 所示。

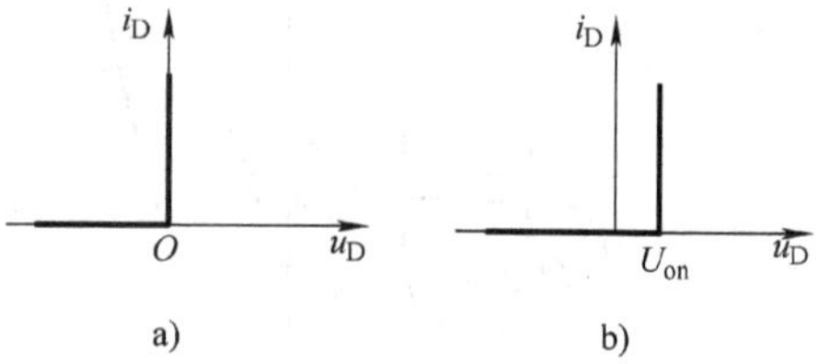

图 3-6　理想二极管的伏安特性

a）理想二极管模型　b）恒压降模型

（2）恒压降模型

恒压降模型将二极管看作理想二极管与一个恒压源 U_{on} 的串联组合。U_{on} 即二极管导通电压。这种模型的二极管也相当于一个开关，正向电压大于 U_{on}时导通，正向电压小于 U_{on}或加反向电压时截止。其伏安特性如图 3-6b 所示。

【例 3-1】　已知电路如图 3-7 所示，VD 为硅二极管，R_L = 1kΩ，当1）U_{DD} =2V；2）U_{DD} =10V 时，试分别按理想二极管和恒压降（U_{on} =0.6V）模型求解 I_O和 U_O。

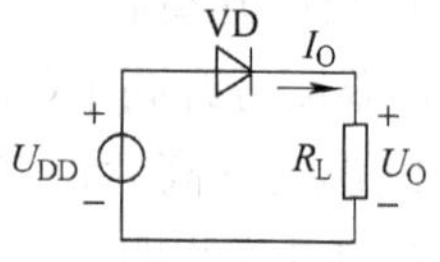

图 3-7　例 3-1 电路

解：1）U_{DD} =2V 时，有：

① 理想二极管模型：$U_O=U_{DD}=2V$；$I_O=\frac{U_{DD}}{R_L}=\frac{2}{1k\Omega}=2mA$

② 恒压降模型：$U_O=U_{DD}-U_{on}=(2-0.6)V=1.4V$；$I_O=\frac{U_{DD}-U_{on}}{R_L}=\frac{2-0.6}{1k\Omega}=1.4mA$

2）$U_{DD}=10V$ 时，有：

① 理想二极管模型：$U_O=U_{DD}=10V$；$I_O=\frac{U_{DD}}{R_L}=\frac{10}{1k\Omega}=10mA$

② 恒压降模型：$U_O=U_{DD}-U_{on}=(10-0.6)V=9.4V$；$I_O=\frac{U_{DD}-U_{on}}{R_L}=\frac{10-0.6}{1k\Omega}=9.4mA$

从上例看出，当 $U_{DD}\gg U_{on}$时，两种模型计算结果的相对误差不大，在工程计算上允许存在，因此电路中二极管正向压降一般可忽略不计。当 U_{DD}与 U_{on}数值相近时，分析计算应考虑二极管正向压降。

【例 3-2】 电路如图 3-8 所示，$VD_1\sim VD_3$ 为理想二极管，试判断 $VD_1\sim VD_3$ 通断状态，并求解 U_F。

解：从电路结构初看，3 个二极管均处于正偏状态，但一旦 VD_2 导通，因 VD_2 为理想二极管，导通时两端电压为 0，相当于短路，$U_F=-6V$。VD_1、VD_3 即处于反偏状态，截止。因此：

VD_2 导通，VD_1、VD_3 截止，$U_F=-6V$。

本题说明，二极管导通后，具有钳位作用。

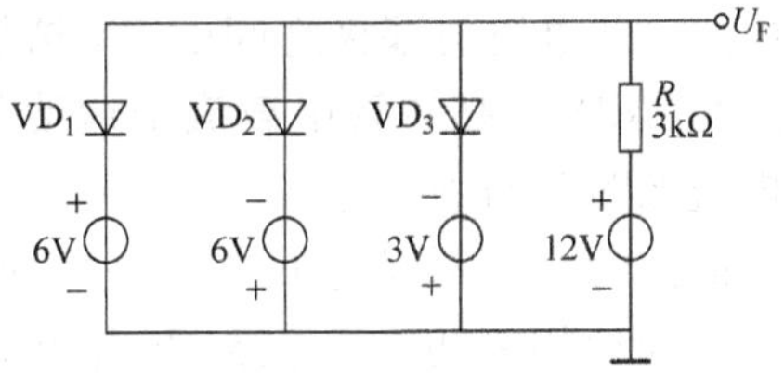

图 3-8　例 3-2 电路

3.1.2　双极型晶体管

晶体管一般可以分为单极型晶体管（场效应晶体管）和双极型晶体管（Bipolar Junction Transistor，BJT），双极型晶体管习惯简称为晶体管，是最重要的一种半导体器件。

1. 基本结构

晶体管基本结构有 NPN 型和 PNP 型，如图 3-9a 和图 3-10a 所示。

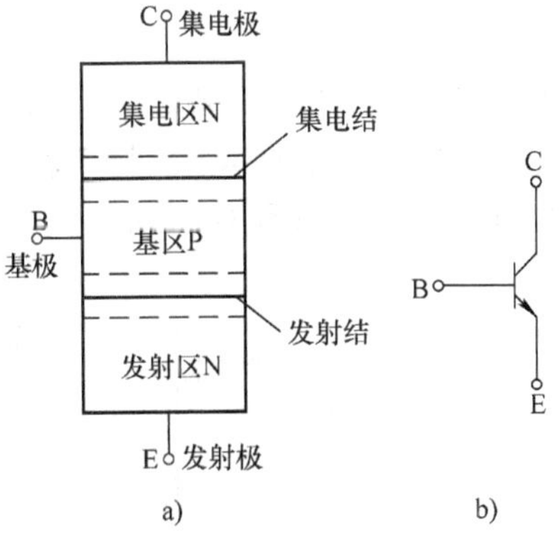

图 3-9　NPN 型晶体管的结构和符号

a）结构示意图　b）符号

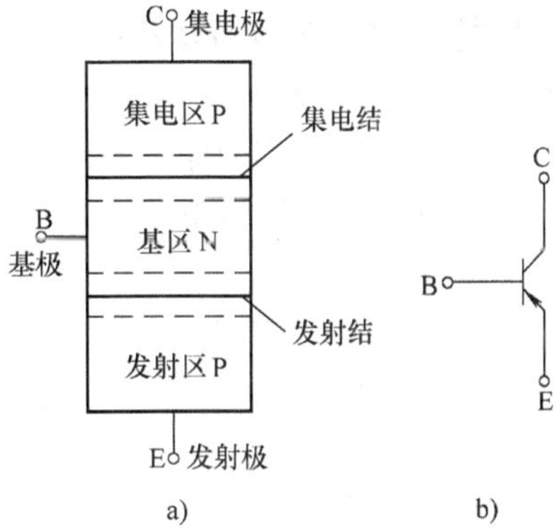

图 3-10　PNP 型晶体管的结构和符号

a）结构示意图　b）符号

① 两个 PN 结背靠排列，一个称为集电结（或称为 CB 结）；一个称为发射结（或称为 EB 结）。

②3 块半导体分别称集电区、基区和发射区。其特点是：基区很薄；发射区掺杂浓度很高；集电区面积较大。

③3 个引出电极分别称为集电极 C、基极 B 和发射极 E。

2. 符号

NPN 型和 PNP 型晶体管的符号分别如图 3-9b 和图 3-10b 所示，发射极的箭头既表示 NPN 型与 PNP 型晶体管的区别，又代表发射结正偏时发射极电流的参考方向和实际方向。

3. 电流放大和分配关系

晶体管的主要功能是电流放大。NPN 型与 PNP 型晶体管的工作原理相同，仅在使用时电源极性的连接不同而已。现以 NPN 型晶体管为例分析其电流放大原理。晶体管处于放大工作状态时，发射结必须正偏，集电结必须反偏（发射极与基极之间的 PN 结加正向电压，集电极与基极之间的 PN 结加反向电压），NPN 型晶体管中载流子运动及各电极电流如图 3-11 所示。

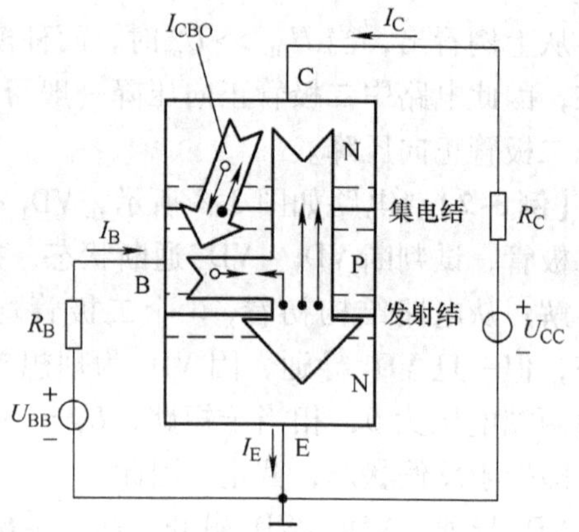

图 3-11　NPN 型晶体管中载流子运动及各电极电流

晶体管内部载流子的传输过程比较复杂，作为使用者更关心其外部电流分配关系。经理论推导和实验证明，晶体管 3 个电极外部电流有如下关系：

$$I_E = I_C + I_B \tag{3-1}$$

$$I_C = \beta I_B + (1+\beta) I_{CBO} \approx \beta I_B \tag{3-2}$$

上述两式中，I_{CBO} 称为集－基反向饱和电流，一般很小，是晶体管的有害成分。β 称为电流放大系数，晶体管制成以后，在一定条件下，β 可以看作为一个常数。即集电极电流 I_C 与基极电流 I_B 之间有一定的比例关系，比例系数就是 β。因此，可以利用控制小电流 I_B 达到控制大电流 I_C 的目的，或者可理解为将小电流 I_B 放大 β 倍变成大电流 I_C，这就是晶体管的电流放大功能，也是晶体管最重要的特性。

4. 晶体管电路的三种基本组态

晶体管有 3 个电极，当组成放大电路时，以一个电极作为信号输入端，一个电极作为信号输出端，另一个电极作为输入输出的公共端。因此可构成三种基本组态，即 3 种不同的连接方式，分别称为共发射极电路、共基极电路和共集电极电路，如图 3-12 所示。

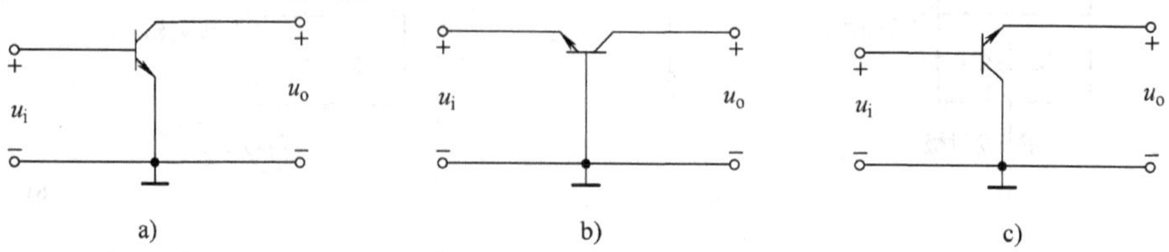

图 3-12　晶体管三种基本组态电路

a）共射极　b）共基极　c）共集电极

3 种不同的连接方式（或称为组态）具有不同的特点，各有各的用途，我们将分别予以分析。其中以共发射极电路应用最广，作为重点研究。

需要指出的是，3 种接法，无论哪一种，要起到放大作用，都必须满足发射结正偏，集电结反偏的外部条件，否则将失去放大功能。

5. 晶体管的特性曲线

要正确地运用晶体管，不仅要知道晶体管内部载流子的运动规律，更要知道内部载流子运动的外部表现，即晶体管的输入、输出特性曲线。它反映了晶体管的运行性能，是分析放大电路的重要依据，今后在分析晶体管电路时，一般不再分析内部载流子的运动情况，而是直接从晶体管特性曲线出发来分析电路工作状况。按图 3-13a 连接电路。

1）共发射极输入特性曲线。即输入电流 i_B 与输入电压 u_{BE}之间的函数关系：$i_B = f(u_{BE})$。由于输入电流 i_B 不仅与输入电压 u_{BE}有关系，而且与 u_{CE}有关。因此，先固定 u_{CE}，看 i_B 如何随 u_{BE}变化而变化。先设 $u_{CE}=0V$，测得一条输入特性曲线；再设 $u_{CE}=1V$、2V、5V，…，可分别测得一条输入特性曲线，如图 3-13b 所示。

共发射极输入特性曲线的特点：①输入特性曲线是一族曲线，对应于每一 u_{CE}，就有一条输入特性曲线。当 $u_{CE}\geqslant 1V$ 后，输入特性曲线族基本重合，因此 $u_{CE}=1V$ 的那一条可以作为代表。②输入特性曲线与二极管正向伏安特性曲线相似。特性曲线上也有一段死区，只有在 u_{BE}大于死区电压时，晶体管才能产生 i_B。硅管的死区电压约 0.5V，锗管约 0.1V。③在正常工作情况下，即放大工作状态时，硅管的 u_{BE}约为 0.6～0.7V，锗管约 0.2～0.3V。

需要说明的是，若晶体管为 PNP 型时，输入特性曲线极性相反。即若坐标轴正向取 $-i_B$ 及 $-u_{BE}$，则特性曲线与 NPN 型一致。

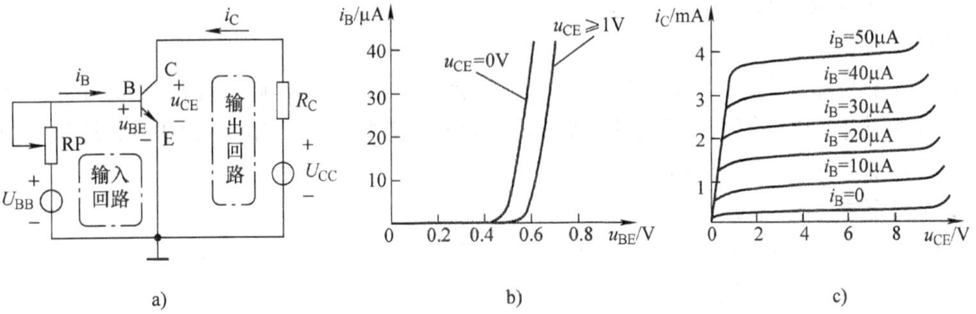

图 3-13 NPN 型晶体管共发射极的电路特性曲线
a）电路 b）输入特性曲线 c）输出特性曲线

2）共发射极输出特性曲线。即输出电流 i_C 与输出电压 u_{CE}之间的函数关系：$i_C = f(u_{CE})$。由于输出电流 i_C 不仅与输出电压 u_{CE}有关，而且与输入电流 i_B 有关。因此，先固定 i_B，看 i_C 如何随 u_{CE}变化而变化。先取 $i_B=0$，测得一条输出特性曲线；再取 $i_B=10\mu A$、20μA，…，可分别测得一条输出特性曲线，如图 3-13c 所示。

共发射极输出特性曲线特点：①输出特性曲线是一族曲线，对应于每一 i_B 都有一条输出特性曲线。②当 $u_{CE}>1V$ 后，曲线比较平坦，即 i_C 不随 u_{CE}增大而增大，这就是晶体管的恒流特性。这是晶体管除电流放大作用外的另一个重要的特性。③当 i_B 增加时，曲线上移，表明对于同一 u_{CE}，i_C 随 i_B 增大而增大，这就是晶体管的电流放大作用。

需要说明的是，晶体管的输入输出特性曲线可以通过图 3-13a 实验电路一点点测量和画出来，也可以方便地用晶体管特性图示仪直观清晰地测量显示出来。

6. 晶体管共射电路工作状态

晶体管的工作状态可分为放大、截止和饱和。在晶体管共发射极输出特性曲线上，可以划分晶体管的3个工作区域：放大区、饱和区和截止区。除了工作区域外，还有一个击穿区（不能安全工作），如图3-14所示。

（1）放大区

条件：发射结正偏，集电结反偏。

特点：$i_C=\beta i_B$，i_C 与 i_B 成正比关系。

（2）截止区

条件：发射结反偏，集电结反偏。

特点：$i_B=0$，$i_C=I_{CEO}\approx 0$

截止区对应于图3-14中 $i_B=0$ 那条输出特性曲线与横轴之间的部分。

（3）饱和区

条件：发射结正偏，集电结正偏。

特点：i_C 与 i_B 不成比例。即 i_B 增大，i_C 很少增大或不再增大，达到饱和，失去放大作用。

饱和区对应于图3-14中输出特性曲线几乎垂直上升部分与纵轴之间的区域（深饱和）以及输出特性曲线趋于平坦前弯曲部分区域（浅饱和）。

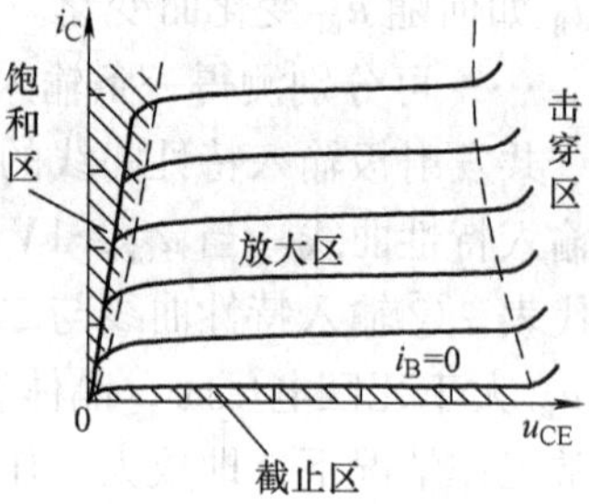

图3-14　晶体管3个工作区域

（4）击穿区

击穿区不是晶体管的工作区域。当 u_{CE} 大于一定数值后，输出特性曲线开始上翘，若 u_{CE} 进一步增大，晶体管将击穿损坏。将每一条输出特性曲线开始上翘的拐点连成一线，右边部分即为击穿区，如图3-14所示。

7. 晶体管的主要参数

晶体管的特性除用输入输出特性曲线表示外，还可用一些参数来说明，这些参数也是设计电路、选用晶体管的依据。

（1）电流放大系数 β

$$\beta=\mathrm{d}i_C/\mathrm{d}i_B\approx\Delta i_C/\Delta i_B \tag{3-3}$$

从输出特性曲线上看，β 相当于两条输出特性曲线间的纵向距离（ΔI_C）与所对应的基极电流（ΔI_B）之比。所以，在同一测试条件下，输出特性曲线越密，β 越小。

（2）集－基反向饱和电流 I_{CBO} 和集－射反向饱和电流 I_{CEO}

晶体管极间反向电流有 I_{CBO} 和 I_{CEO}，是表征晶体管质量的重要参数。

I_{CBO} 表示发射极开路时，从C→B的反向电流，如图3-15a所示。E开路时，晶体管相当于一个二极管，因此，I_{CBO} 相当于E开路时，集电结的反向电流。

I_{CEO} 也称为穿透电流，表示基极开路时，从C→E的反向电流，如图3-15b所示。

I_{CEO} 与 I_{CBO} 的关系：

$$I_{CEO}=(1+\bar{\beta})I_{CBO} \tag{3-4}$$

从输出特性曲线上看，I_{CEO} 相当于 $i_B=0$ 的那条输出特性曲线与横轴所夹的纵向距离，如图 3-16 所示。

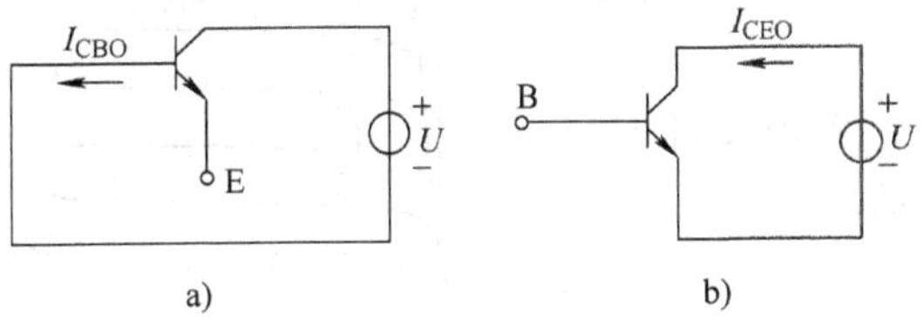

图 3-15 晶体管极间反向电流

a）I_{CBO} b）I_{CEO}

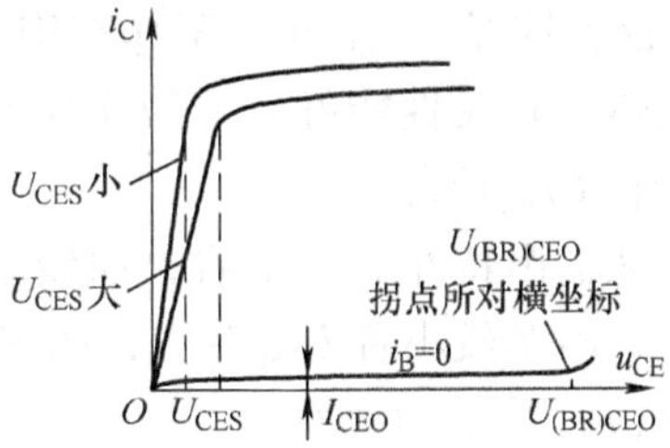

图 3-16 I_{CEO}、$U_{(BR)CEO}$和 U_{CES}

I_{CBO}受温度影响大，即温度升高，I_{CBO}急剧增大。在室温下，小功率锗管约几 μA ~ 几百 μA，小功率硅管在 0.1μA 以下，所以硅管的 I_{CBO}比锗管小得多，即硅管的热稳定性比锗管好。I_{CBO}越小越好。

（3）集电极最大允许电流 I_{CM}

集电极电流 I_C 超过一定值时，晶体管的 β 值要下降。当 β 值下降到正常值的 2/3 时的集电极电流，称为集电极最大允许电流 I_{CM}。

I_C 超出 I_{CM}并不一定会使晶体管损坏，只是 β 降低。限制集电极电流 I_C 的，还有集电极最大允许耗散功率 P_{CM}。

（4）集电极最大允许耗散功率 P_{CM}

集电极电流流过集电结时，将消耗一定的功率，使结温升高，甚至损坏。使晶体管性能变坏或损坏的功率称为集电极最大允许耗散功率 P_{CM}。

晶体管功耗 $p_C = i_C \times u_{CE} = i_C \times (u_{CB} + u_{BE}) \approx i_C \times u_{CB}$，其中 u_{BE}（硅 0.6 ~ 0.7V）相对于 u_{CB}，可忽略不计，因此，晶体管功耗可以认为就是集电结功耗。

集电极电流不仅受到 I_{CM}的限制，太大了，β 要下降；而且受到 P_{CM}的限制，若超过 P_{CM}，晶体管要损坏。

晶体管 P_{CM}曲线如图 3-17 所示，晶体管的工作点应选在 P_{CM}曲线的左下方，并留有余地。

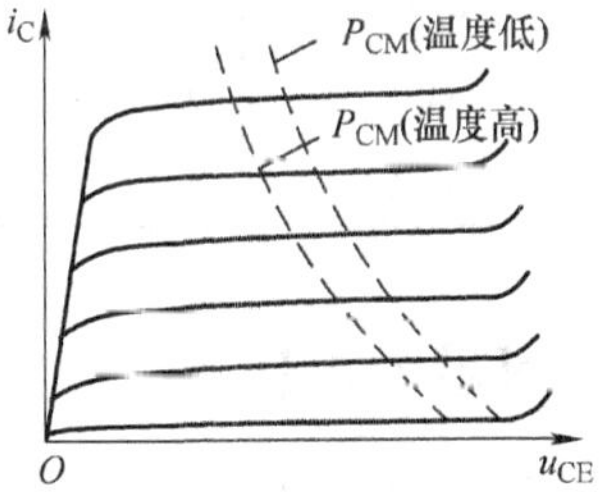

图 3-17 晶体管 P_{CM}曲线

P_{CM}值与温度有关，温度越高，P_{CM}值越小，曲线将向左下方移动。晶体管的功能作用受到温度的限制，锗管上限温度约 90℃，硅管上限温度约 150℃，对于大功率管，为了提高 P_{CM}值，常采用加散热装置的办法。

（5）集 - 射极反向击穿电压 $U_{(BR)CEO}$

$U_{(BR)CEO}$是基极开路时，加在集电极与发射极之间的最大允许电压，超过 $U_{(BR)CEO}$时，I_C 将大幅度上升，晶体管将被击穿。

$U_{(BR)CEO}$对应于 $i_B = 0$ 那条输出特性曲线向上翘起拐点的横坐标，如图 3-16 所示。

根据晶体管 3 个极限参数，可确定晶体管安全工作区域，即由 I_{CM}、P_{CM}、$U_{(BR)CEO}$与两坐标轴包围的区域，如图 3-18 所示。

（6）饱和压降 U_{CES}

U_{CES}是晶体管处于饱和工作状态时，CE之间的电压降。U_{CES}越小越好。U_{CES}小，工作在饱和状态时功耗小，管子不易发热，开关性能好。一般小功率硅管 $U_{CES}<0.1V$，大功率硅管 U_{CES}较大。

从输出特性曲线上看，曲线上升部分斜率较大者 U_{CES}较小；斜率较小者 U_{CES}较大，如图3-16所示。

(7) 特征频率f_T

由于晶体管极间电容的影响，当信号频率升高时，晶体管放大功能将下降。信号频率升高时，β下降到1时的频率称为特征频率f_T。

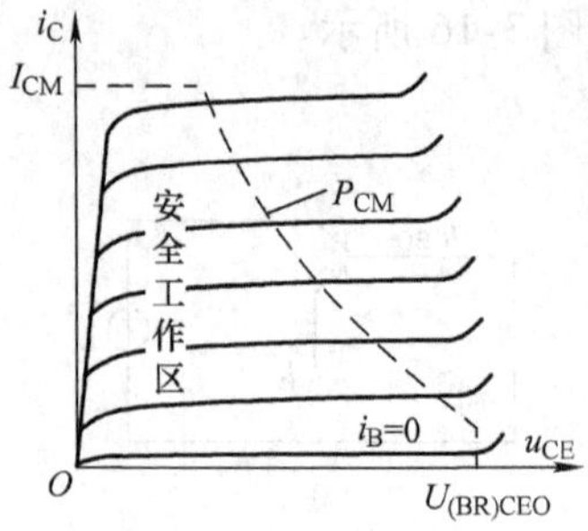

图3-18　晶体管安全工作区

晶体管的参数大致可以分成两大类：一类是性能质量参数，如β、I_{CBO}、I_{CEO}、f_T、U_{CES}等，反映了晶体管的性能与质量。另一类是极限参数，如I_{CM}、P_{CM}、$U_{(BR)CEO}$等，反映了在使用时不能超过的条件。表3-2为几种常用小功率晶体管特性参数。

表3-2　几种常用小功率晶体管特性参数

型号 \ 参数	极性	I_{CM} /mA	P_{CM} /mW	$U_{(BR)CEO}$ /V	β	I_{CBO} /μA	f_T /MHz
3DG6	NPN（硅）	20	100	≥30	20～200	≤0.1	≥100
3AG1	PNP（锗）	10	50	≥10	≥20	≤100	≥20
3AX31A	PNP（锗）	125	125	≥12	40～100	≤100	≥8kHz
9012	PNP（硅）	500	625	≥20	64～202	≤0.1	≥3
9013	NPN（硅）	500	625	≥20	64～202	≤0.1	≥3
9014	NPN（硅）	100	450	≥45	60～1000	≤0.05	≥150
9015	PNP（硅）	100	450	≥45	60～1000	≤0.05	≥150
9018	NPN（硅）	100	300	≥12	40～200	≤0.05	≥700
C8550	PNP（硅）	1500	1000	≥25	85～300		≥100
C8050	NPN（硅）	1500	1000	≥25	85～300		≥100
2N5401	PNP（硅）	600	625	≥160	80～250		≥100
2N5551	NPN（硅）	600	625	≥160	80～250		≥100

【复习思考题】

3.1　什么叫PN结？PN结有什么特性？

3.2　为什么PN结反向电流取决于温度而与外加电压基本无关？

3.3　为什么锗PN结的反向电流远大于硅PN结的反向电流？

3.4　温度上升后，二极管伏安特性曲线如何变化？

3.5　晶体管电流I_E、I_B、I_C之间有什么关系？

3.6　晶体管共射输入特性曲线有几条？有否死区？

3.7　晶体管共射输出特性曲线有几条？

3.8　如何从晶体管共射输出特性曲线上划分放大、截止和饱和3个工作区域？

3.9　晶体管安全工作区由哪几条边界围成?

3.10　晶体管参数中，哪些是极限参数?哪些是性能参数?哪些是质量参数?

3.2　共射基本放大电路

放大电路有3种基本组态：共发射极电路、共基极电路和共集电极电路。其中，最重要、最基本的是共发射极放大电路。

3.2.1　共射基本放大电路概述

共发射极放大电路有多种结构，先分析研究共发射极基本放大电路。

1. 电路组成和各元件作用

共射基本放大电路如图3-19a所示。其中：

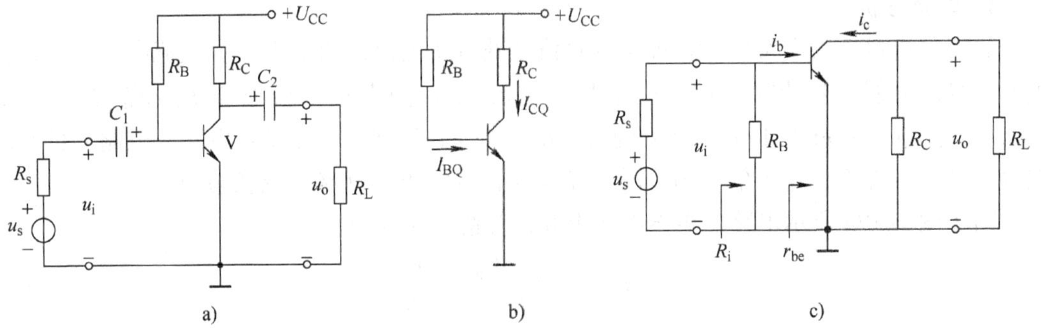

图3-19　共射基本放大电路

a）电路　b）直流通路　c）交流通路

u_s：电压信号源，提供输入信号。

R_s：电压信号源内阻。

R_L：交流负载电阻。

V：晶体管，放大元件。

R_B：基极电阻，提供静态基极电流，使晶体管有合适的静态工作点。

R_C：集电极电阻，提供集电极电流通路，是晶体管直流负载电阻，将晶体管放大的集电极电流信号转换为电压信号。

C_1：输入端耦合电容，隔直通交，耦合输入信号中的交流成分，隔断信号源中的直流成分。

C_2：输出端耦合电容，隔直通交，耦合输出信号中的交流成分，隔断输出信号中的直流成分。

U_{CC}：直流电源，提供晶体管静态偏置，即发射结正偏，集电结反偏，同时作为电流放大的能源。

2. 直流通路和交流通路

放大电路的一个重要特点是交直流并存，这也是电子技术初学者感觉不易接受的难点，因此有必要弄清共射基本放大电路的直流通路和交流通路。

1）直流通路。由于电容对直流来说，其容抗→∞，相当于开路。因此，画直流通路时只需将电容开路。共射基本放大电路直流通路如图 3-19b 所示。

2）交流通路。在电子线路中，一般可认为耦合电容、旁路电容对交流信号的容抗足够小，忽略不计，视作短路。直流电源可看作是一个直流理想电压源，只有直流成分，不含交流成分，即交流电压成分为 0。在交流通路中，交流电压为 0，相当于交流接地。因此，画交流通路的方法是将电容短路，将直流电源接地。图 3-19c 为共射基本放大电路的交流通路。

3.2.2　共射基本放大电路分析

前述，放大电路是交直流并存，而交流和直流又有各自不同的特点。因此，分析放大电路也需要分别进行直流分析和交流分析。

1. 直流分析

直流分析也称为静态分析，即根据直流通路分析电路的直流电流和直流电压。从计算角度看，静态分析主要计算三项：静态基极电流 I_{BQ}、静态集电极电流 I_{CQ} 和静态集射电压 U_{CEQ}。下标 Q 表示静态工作点 Q 处的 I_B、I_C 和 U_{CE}。静态工作点是指电路、电路元件和环境温度在既定条件下，输入信号为零时的晶体管直流电压和直流电流状态。

对于图 3-19a 所示电路，可按图 3-19b 计算静态工作点：

$$I_{BQ}=\frac{U_{CC}-U_{BEQ}}{R_B}\approx\frac{U_{CC}}{R_B} \tag{3-5}$$

$$I_{CQ}=\beta I_{BQ}+I_{CEO}\approx\beta I_{BQ} \tag{3-6}$$

$$U_{CEQ}=U_{CC}-I_{CQ}R_C \tag{3-7}$$

对硅晶体管来说，$U_{BEQ}=0.6\sim0.7\text{V}$，若 $U_{BEQ}\ll U_{CC}$，一般可忽略不计。另外，硅晶体管 I_{CBO}、I_{CEO}很小很小，也可忽略不计。

2. 交流分析

交流分析也称为动态分析，即根据交流通路分析电路的交流电流和交流电压。由于晶体管是一个非线性元件，因此不能用线性电路的分析方法精确计算其电压电流值，一般用图解法和微变等效电路法。图解法是根据晶体管的输入输出特性曲线，求解晶体管放大电路的电压电流值。可以全面反映晶体管的工作情况，比较直观，既能作静态分析，又能作动态分析，尤其是能分析非线性失真的情况。但图解法不够精确（一般不易得到比较精确的晶体管输入输出特性曲线），比较麻烦，因而限制了它的应用。微变等效电路法是用晶体管 h 参数等效电路等效替代晶体管。“微”是指小信号，“变”是指交流。在“微变”条件下，晶体管静态工作点 Q 处的一小段特性曲线可近似看作是线性的，然后利用线性电路的分析方法对电路近似估算。

（1）晶体管 h 参数等效电路

晶体管 h 参数共有 4 项：输出端交流短路时输入电阻 $h_{ie}(r_{be})$、输出端交流短路时电流放大系数 $h_{fe}(\beta)$、输入端交流开路时输出电导 $h_{oe}(1/r_{ce})$ 和输入端交流开路时电压传输系数 $h_{re}(\mu_r)$。其中输入电阻 r_{be} 可按下式计算：

$$r_{be}=r_{bb'}+(1+\beta)\frac{26\text{mV}}{I_{EQ}(\text{mA})}\Omega \tag{3-8}$$

上式中，$r_{bb'}$为晶体管基区体电阻，对于小功率晶体管，$r_{bb'}$约200Ω；26mV是温度电压当量，在室温（300K）时的数值；I_{EQ}是晶体管发射极静态电流（单位：mA，一般可以I_{CQ}代入，因$I_{CQ}\approx I_{EQ}$）。

4项h参数中，输出电导$h_{oe}(1/r_{ce})$和电压传输系数$h_{re}(\mu_r)$对电路作用相对较小，近似估算时，可忽略不计。输入电阻r_{be}和电流放大系数β最为常用，可组成简化的晶体管h参数等效电路，如图3-20a所示。

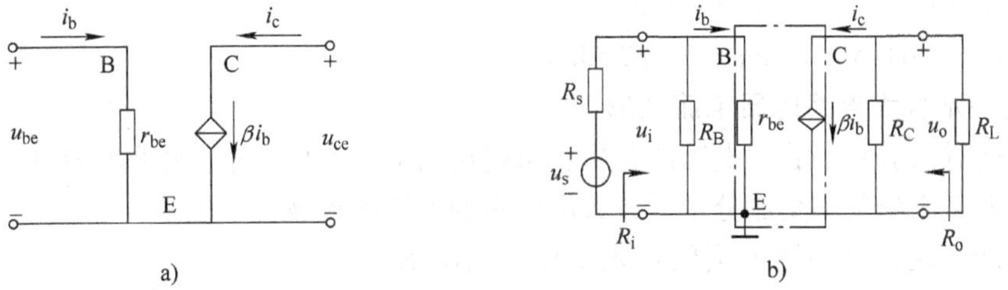

图3-20　晶体管h参数微变等效电路

a）晶体管等效电路　b）放大电路等效电路

（2）共射基本放大电路的微变等效电路分析法

将图3-20a所示晶体管h参数等效电路代入图3-19c交流通路，可得出图3-20b共射基本放大电路的简化微变等效电路。并可得出。

1）电压放大倍数：

$$A_u=\frac{u_o}{u_i}=\frac{-I_cR'_L}{I_br_{be}}=\frac{-\beta I_b\,R'_L}{I_b\,r_{be}}=\frac{-\beta\,R'_L}{r_{be}} \tag{3-9}$$

其中R'_L为共射基本放大电路输出端等效负载，$R'_L=R_C/\!/R_L$。

2）输入电阻：

$$R_i=R_B/\!/r_{be}\approx r_{be} \tag{3-10}$$

一般情况下，$r_{be}\ll R_B$，并联时R_B可忽略不计。

3）输出电阻：

$$R_o=\ r_{ce}/\!/R_C\approx R_C \tag{3-11}$$

根据戴维南定理，求解R_o时，u_s应短路；u_s短路后，$i_b=0$；$i_b=0$后，$\beta i_b=0$，相当于开路。因此$R_o=r_{ce}/\!/R_C$，其中r_{ce}为晶体管输出电阻（图中未画出，$r_{ce}=1/h_{oe}$），一般$r_{ce}\gg R_C$，所以，$R_o\approx R_C$。

【例3-3】　已知共射基本放大电路如图3-19a所示，$\beta=80$，$U_{BEQ}=0.7\text{V}$，$r_{bb'}=200\Omega$，$R_B=470\text{k}\Omega$，$R_C=3.9\text{k}\Omega$，$R_L=6.2\text{k}\Omega$，$R_s=3.3\text{k}\Omega$，$u_s=20\sin\omega t(\text{mV})$，$U_{CC}=12\text{V}$，试求：

1）I_{BQ}、U_{CQ}、U_{CEQ}；2）画微变等效电路；3）A_u、A_{us}、R_i、R_o、u_o。

解：1）$I_{BQ}=\dfrac{U_{CC}-U_{BEQ}}{R_B{}'}=\dfrac{12-0.7}{470\text{k}\Omega}=24.0\mu\text{A}$

$I_{CQ}=\beta I_{BQ}=80\times24\mu\text{A}=1.92\text{mA}$

$U_{CEQ}=U_{CC}-I_{CQ}R_C=12-1.92\text{mA}\times3.9\text{k}\Omega=4.51\text{V}$。

2）画微变等效电路如图 3-20b 所示。

3）$r_{be}=r_{bb'}+(1+\beta)\dfrac{26\mathrm{mV}}{I_{EQ}(\mathrm{mA})}=[200+(1+80)\dfrac{26}{1.92}]\Omega=1.30\mathrm{k}\Omega$

$$A_u=\frac{-\beta R'_L}{r_{be}}=-\frac{80\times(3.9//6.2)}{1.30}=-147$$

$$R_i=R_B//r_{be}\approx r_{be}=1.30\mathrm{k}\Omega$$

$$R_o=R_C=3.9\mathrm{k}\Omega$$

$$A_{us}=A_u\frac{R_i}{R_s+R_i}=-147\times\frac{1.30}{3.3+1.3}=-41.5$$

$u_o=A_{us}u_i=-41.5\times20\sin\omega t=-830\sin\omega t$。

3. 共射基本放大电路电压电流波形

根据上述对共射基本放大电路的分析，可得出共射基本放大电路中的电压电流量均包含两种成分，即直流分量和交流分量，放大电路中的电压电流波形如图 3-21 所示。

设 u_i 是加在放大电路输入端的输入电压，电压幅度很小，电容隔直后，可认为不含直流成分。

u_{BE} 是加在晶体管基极和发射极间的电压，包含两种成分：直流成分 U_{BEQ} 和叠加在其上的交流信号 u_i。$u_{BE}=U_{BEQ}+u_i$，其中 U_{BEQ} 约为 0.6～0.7V（硅）或 0.2～0.3V（锗）。

i_B 是由于晶体管 u_{BE} 作用下产生的基极电流，包含两种成分：直流成分 I_{BQ} 和叠加在其上的交流信号 i_b。$i_B=I_{BQ}+i_b=I_{BQ}+\sqrt{2}I_b\sin\omega t$。

i_C 是晶体管电流放大作用产生的集电极电流，包含两种成分：直流成分 I_{CQ} 和叠加在其上的交流信号 i_c。其中 I_{CQ} 是 I_{BQ} 的 β 倍，i_c 是 i_b 的 β 倍，直流和交流分别被放大了 β 倍，$i_C=I_{CQ}+i_c=I_{CQ}+\sqrt{2}I_c\sin\omega t$。

u_{CE} 是晶体管集电极与发射极间的电压，也包含两种成分：直流成分 U_{CEQ} 和叠加在其上的交流信号 u_{ce}。其中直流成分 $U_{CEQ}=U_{CC}-I_{CQ}R_C$，交流成分 $u_{ce}=-i_cR'_L$，负号代表 u_{ce} 与 i_c 反相。$u_{CE}=U_{CEQ}+u_{ce}=U_{CEQ}-\sqrt{2}U_{ce}\sin\omega t$。

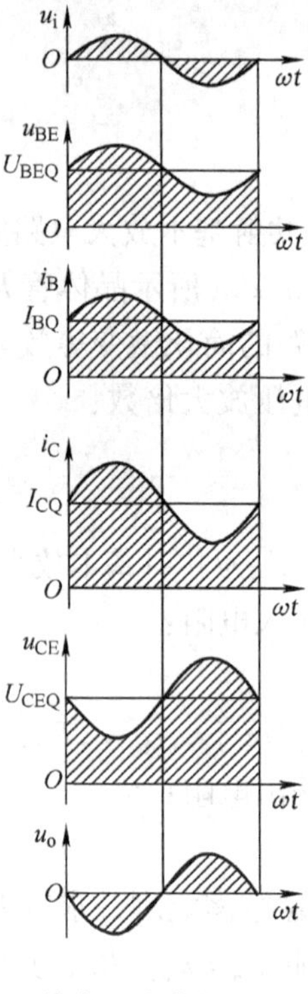

图 3-21　放大电路中的电压电流波形

u_o 是 u_{CE} 隔断直流成分后剩余的交流信号，$u_o=u_{ce}$。很明显，输出电压 u_o 与输入电压 u_i 相比，被有效放大了；u_o 的相位与 u_i 相反。

4. 非线性失真

由于晶体管为非线性元件，严格来讲，经晶体管放大的信号肯定存在非线性失真。问题是这种非线性失真是否在技术指标允许范围内。本节要讨论的问题是非线性失真的两种极端情况：截止失真和饱和失真。

（1）截止失真

放大电路中的晶体管有部分时间工作在截止区而引起的失真，称为截止失真。截止失真的波形如图 3-22 所示。

引起截止失真的主要原因是 I_{BQ}过小，Q 点在截止区或靠近截止区；另外，若输入信号过大，信号负半周时，有可能使工作点 Q 进入截止区，产生截止失真。

改善的方法是增大 I_B。根据式（3-5），$I_B = \frac{U_{CC} - U_{BEQ}}{R_B}$，增大 I_B 有三条途径：

① 增大 U_{CC}，而 U_{CC}一般不能随意增大。

② 减小 U_{BE}，$U_{BE} = 0.6 \sim 0.7$（硅管），是晶体管固有参数，不能减小。

③ 减小 R_B，是一个好方法。

同时，为了避免截止失真，还应使输入电压最大值 $U_{im} < U_{BEQ}$，即 $I_{bm} < I_{BQ}$、$I_{cm} < I_{CQ}$。

（2）饱和失真

放大电路中的晶体管有部分时间工作在饱和区而引起的失真，称为饱和失真。饱和失真的波形如图 3-22 所示。

引起饱和失真的主要原因是 Q 点在饱和区或靠近饱和区，即 U_{CEQ}过小；另外若输入信号过大，信号正半周时，有可能使工作点 Q 进入饱和区，产生饱和失真。因此，为了避免饱和失真，应增大 U_{CEQ}，使 $U_{CEQ} > U_{cem} + U_{CES}$。

根据式（3-7），$U_{CE} = U_{CC} - I_{CQ}R_C$，增大 U_{CE} 有三条途径：可增大 U_{CC}，减小 I_{CQ}或减小 R_C。而 $I_{CQ} = \beta I_{BQ}$，减小 I_{CQ}，可减小 β 或减小 I_{BQ}；而减小 I_{BQ}，又可增大 R_B。因此，欲改善饱和失真，可增大 U_{CC}，减小 R_C，减小 β，增大 R_B，都能获得一定效果，其中增大 R_B 是最好的方法。

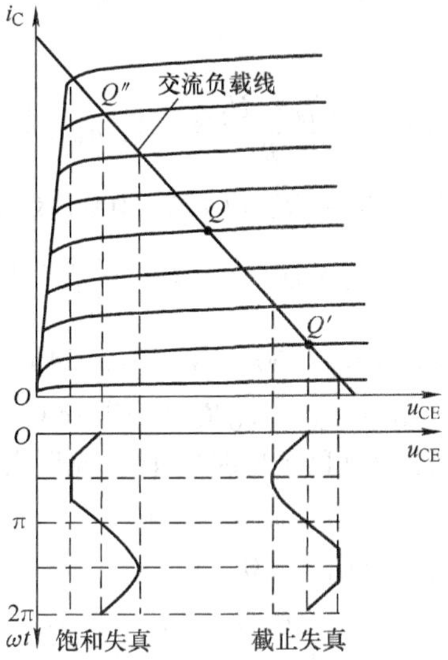

图 3-22　截止失真波形和饱和失真波形

（3）静态工作点的设置

综上所述，为了避免产生截止失真和饱和失真，取得放大电路最大输出动态范围，静态工作点 Q 应设置在交流负载线的中点，但设置静态工作点不是完全从上述两个因素出发，还应考虑电路增益、输入电阻、功耗、效率及噪声等，如工作点低，噪声小；静态发射极电流 I_{EQ}小，晶体管输入电阻 r_{be}大，放大电路增益低；静态集电极电流小，晶体管功耗小，放大电路效率高。一般来说，当输入信号较小时，静态工作点可设置低一些；输入信号较大时，适当抬高工作点。

（4）静态工作点的调节

影响放大电路静态工作点的电路参数很多，但并不是每一个电路参数适宜用来调节放大电路的静态工作点。一般来说，在调节静态工作点的同时，不希望改变电路的其他性能指标，如电压增益、输入电阻、电源电压等。

改变 R_C，将改变放大电路的电压增益和输出电阻；改变 β，需换晶体管。只有改变 R_B 最为方便有效，且对电路的其他性能指标基本无影响。如图 3-23 所示，R_B 一般可分成两部分，$R_B = R_B' + R_P$，以免调节 RP 至 0 时晶体管电流过大损坏。

【例 3-4】 共射基本放大电路如图 3-23 所示，$U_{CC}=6V$，$U_{BEQ}=0.6V$，$U_{CES}=0.1V$，$\beta=60$，$R'_B=100k\Omega$，$R_C=2k\Omega$，$R_L=2.7k\Omega$。试求：

1）要使 $u_i=0$ 时，$U_{CE}=2.2V$，应调节 $R_P=?$

2）若 R_{RP}调至 0，会出现什么情况？如何防止晶体管进入饱和区？

3）若输入电压 u_i为正弦波，用示波器观察到输出电压 u_o 的波形如图 3-24a 所示，试判断属何种失真？如何调整？

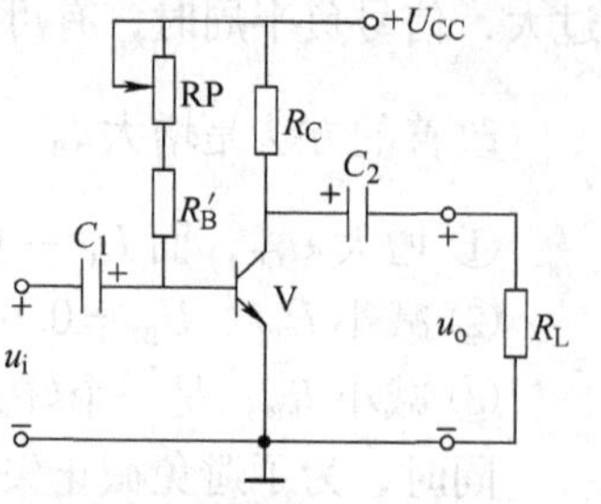

图 3-23 静态工作点调节

解：1）$u_i=0$ 时，即为静态分析，$U_{CEQ}=U_{CE}=2.2V$

因 $U_{CEQ}=U_{CC}-I_{CQ}R_C$，故 $I_{CQ}=\dfrac{U_{CC}-U_{CEQ}}{R_C}=\dfrac{6-2.2}{2000}A=$ 1.9mA

因 $I_{BQ}=\dfrac{U_{CC}-U_{BEQ}}{R_B}$，故 $R_B=\dfrac{U_{CC}-U_{BEQ}}{I_B}=\dfrac{U_{CC}-U_{BEQ}}{I_C/\beta}=\dfrac{6-0.6}{1.9/60}k\Omega=171k\Omega$

$R_P=R_B-R'_B=(171-100)k\Omega=71k\Omega$。

2）$R_P=0$ 时，$I_{BQ}=\dfrac{U_{CC}-U_{BEQ}}{R'_B}=\dfrac{6-0.6}{100\times10^3}A=54\mu A$

$I_{CQ}=\beta I_{BQ}=60\times54\mu A=3.24mA$

$U_{CEQ}=U_{CC}-I_{CQ}R_C=-0.48V$

U_{CEQ}不可能出现负值，说明晶体管已进入饱和状态，实际情况是：

$U_{CEQ}=U_{CES}=0.1V$

$$I_{CQ}=\frac{U_{CC}-U_{CEQ}}{R_C}=\frac{U_{CC}-U_{CES}}{R_C}=\frac{(6-0.1)V}{2k\Omega}=2.95mA$$

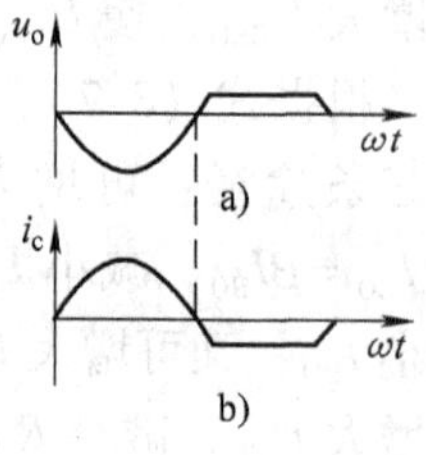

图 3-24 例 3-4 失真波形

I_{BQ}仍为 $54\mu A$，此时，I_{CQ}与 I_{BQ}已不成比例。为防止 RP 误调至 0，晶体管进入饱和区，应改变与之串联的 R'_B 值。晶体管在临界线性放大区时，$I_{BQ}=I_{CQ}/\beta=2.95mA/60=49.2\mu A$，则

$$R_B=\frac{U_{CC}-U_{BEQ}}{I_{BQ}}=\frac{(6-0.6)V}{49.2\mu A}=110k\Omega。$$

因此，应取 $R'_B>110k\Omega$，可避免 RP 误调至 0 时，晶体管进入饱和区。

需要指出的是，晶体管进入饱和区是一个渐进过程，没有清晰的分界点，上述估算仅为电路设计提供参考参数。

3）因输出电压 u_o与输入电压反相（包括与 i_b、i_c反相），根据 u_o波形可画出 i_c波形，如图 3-24b 所示，i_c为负值时失真属截止失真（i_c为正值时失真属饱和失真）。调整的方法是增大 I_{BQ}，即减小 RP，直至输出波形 u_o趋于正弦。

3.2.3 静态工作点稳定电路

1. 温度对晶体管参数的影响

半导体元件，包括晶体管，对温度极其敏感，温度变化，其参数也发生变化。晶体管对温度的敏感主要反映在参数 I_{CBO}、β 和 U_{BE}上：

① 温度每升高10℃，I_{CBO}就增加一倍。

② 温度每升高1℃，β 相对增大0.5%～1%。

③ 温度每升高1℃，$|U_{BE}|$ 减小2～2.5mV。

小功率硅晶体管的 I_{CBO} 很小，随温度的变化可忽略不计，β 和 U_{BE} 为主要影响因素；锗晶体管 I_{CBO} 为主要影响因素。

2. 温度对放大电路静态工作点的影响

上述受温度影响的晶体管参数最终均反映在对晶体管放大电路静态工作点的影响。晶体管集电极电流 $I_C=\beta I_B+(1+\beta)I_{CBO}$，温度升高时，$\beta$ 增大，I_{CBO} 增大，均使 I_C 增大。而温度升高使 $|U_{BE}|$ 下降，同样促使 I_C 增大，晶体管 U_{BE} 变化对 I_B 的影响如图3-25所示，虚线所示为温度升高后的晶体管输入特性曲线，显然，若晶体管基极发射极之间所加电压 U_{BEQ} 相同，温度较高时，产生的基极电流 I'_{BQ} 比温度较低时产生的基极电流 I_{BQ} 要大。I_B 增大，最终也引起 I_C 增大。因此，温度升高，使晶体管三项参数变化，最终结果均使 I_C 增大。

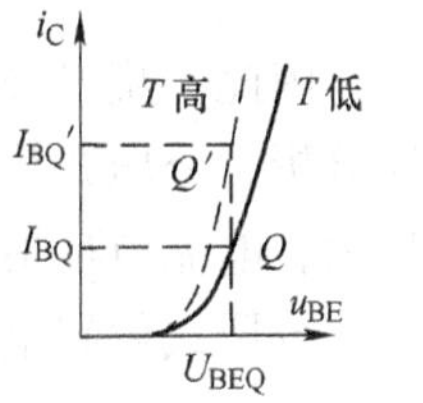

图3-25　晶体管 U_{BE} 变化对 I_B 的影响

I_C 增大后，将引起集电结功耗增大，使晶体管温度进一步升高，工作不稳定，甚至引起恶性循环，最终导致晶体管热击穿而损坏。

因此，静态工作点的稳定（即 I_{CQ} 的稳定）成为放大电路稳定工作的重要问题。

3. 静态工作点稳定电路

静态工作点稳定电路主要有分压式偏置电路和电压负反馈偏置电路。

（1）分压式偏置电路

分压式偏置电路如图3-26a所示。与共射基本放大电路相比，基极电压有 R_{B1}、R_{B2} 分压；发射极串入射极电阻 R_E。其稳定静态工作点（即稳定 I_C）的过程：

$$\text{温度}T\uparrow\rightarrow I_{CQ}\uparrow\rightarrow U_{EQ}\uparrow\xrightarrow{(U_{BQ}\text{不变})}U_{BEQ}\downarrow\rightarrow I_{BQ}\downarrow\rightarrow I_{CQ}\downarrow$$

若某种原因（例温度上升）使 I_C 增大，则 U_E 上升（$U_{EQ}=I_{CQ}R_E$）。由于 $R_{B1}R_{B2}$ 分压，U_B 基本固定，加在晶体管基极与射极间电压 U_{BE} 减小（$U_{BEQ}=U_{BQ}-U_{EQ}$），致使 I_C 减小，从而起到稳定静态工作点的作用。

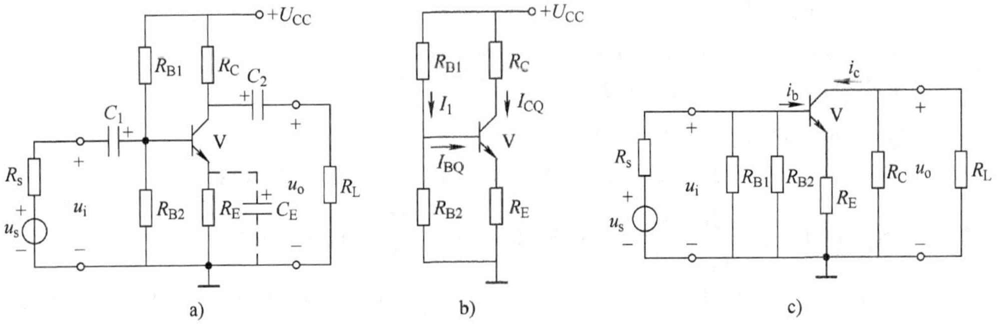

图3-26　分压式偏置电路

a）电路　b）直流通路　c）交流通路

分压式偏置电路在满足 $I_1 >> I_{BQ}$ 和 $U_{BQ} >> U_{BEQ}$ 的条件下，可得出：

$$U_{BQ} = \frac{U_{CC} R_{B2}}{R_{B1} + R_{B2}} \tag{3-12}$$

$$I_{BQ} = \frac{U_{BQ} - U_{BEQ}}{(1+\beta) R_E} \tag{3-13}$$

$$I_C = \beta I_B = \frac{\beta(U_{BQ} - U_{BEQ})}{(1+\beta) R_E} \approx \frac{U_{BQ}}{R_E} = \frac{U_{CC} R_{B2}}{R_E(R_{B1} + R_{B2})} \tag{3-14}$$

因此，集电极电流与晶体管的温度敏感参数 I_{CBO}、β、U_{BE} 基本无关。实际上，根据上述分析，分压式偏置电路稳定静态工作点的关键是 R_E 足够大。R_E 具有电流负反馈作用，R_E 越大，电流负反馈作用越强，I_C 稳定性越好。

分压式偏置电路的交流通路如图 3-26c 所示，经分析，可得出：

$$A_u = \frac{-\beta R'_L}{r_{be} + (1+\beta) R_E} \tag{3-15}$$

$$R_i = R_{B1} /\!/ R_{B2} /\!/ [r_{be} + (1+\beta) R_E] \tag{3-16}$$

$$R_o = R_C \tag{3-17}$$

比较式（3-15）与式（3-9）可得出，图 3-26a 电路虽能稳定静态工作点，但电压放大倍数 A_u 大大降低，原因是 R_E 对交直流电流均具有负反馈作用，对直流电流的负反馈作用是稳定 I_{CQ}，即稳定电路的静态工作点；对交流电流的负反馈作用是降低电压放大倍数 A_u。为使分压式偏置电路既能稳定静态工作点，又不降低电压放大倍数，通常在 R_E 两端并联一个较大的电容 C_E（20～100μF），称为发射极旁路电容，如图 3-26a 中虚线所示。电容对直流相当于开路，并联大电容不影响稳定静态工作点；大电容对交流相当于短路，R_E 与大电容并联后的复阻抗→0。因此对动态分析无影响，不降低电压放大倍数。此时，电压放大倍数与式（3-9）相同，输入电阻与式（3-10）相同。

【例 3-5】 分压式偏置电路如图 3-26a 所示，已知 $U_{CC} = 24\text{V}$，$\beta = 50$，$r_{bb'} = 300\Omega$，$U_{BEQ} = 0.6\text{V}$，$U_s = 1\text{mV}$，$R_s = 1\text{k}\Omega$，$R_{B1} = 82\text{k}\Omega$，$R_{B2} = 39\text{k}\Omega$，$R_C = 10\text{k}\Omega$，$R_E = 7.7\text{k}\Omega$，$R_L = 9.1\text{k}\Omega$，$C_1 = C_2 = 10\mu\text{F}$。试求：①静态工作点。②$r_{be}$、$R_i$、$R_o$、$A_u$、$A_{us}$、$U_o$。③若在 R_E 两端并联电容 $C_E = 47\mu\text{F}$，试再求上述两项。

解： ① $U_{BQ} = \dfrac{U_{CC} R_{B2}}{R_{B1} + R_{B2}} = \dfrac{24 \times 39}{82 + 39}\text{V} = 7.74\text{V}$

$$I_{BQ} = \frac{U_{BQ} - U_{BEQ}}{(1+\beta) R_E} = \frac{7.74 - 0.6}{(1+50) \times 7.7 \times 10^3}\text{A} = 18.2\mu\text{A}$$

$$I_{CQ} = \beta I_{BQ} = 50 \times 18.2\mu\text{A} = 0.910\text{mA}$$

$$U_{CEQ} = U_{CC} - I_{CQ}(R_C + R_E) = [24 - 0.910 \times (10 + 7.7)]\text{V} = 7.89\text{V}$$

② $r_{be} = r_{bb'} + (1+\beta)\dfrac{26\text{mV}}{I_{EQ}(\text{mA})} = \left[300 + (1+50)\dfrac{26}{0.91}\right]\Omega = 1.76\text{k}\Omega$

$$R_i = R_{B1} /\!/ R_{B2} /\!/ [r_{be} + (1+\beta) R_E] = 82 /\!/ 39 /\!/ [1.76 + (1+50) \times 7.7]\text{k}\Omega = 24.8\text{k}\Omega$$

$$R_o = R_C = 10\text{k}\Omega$$

$$A_u = \frac{-\beta R'_L}{r_{be} + (1+\beta) R_E} = \frac{-50 \times (10/\!/9.1)}{1.76 + (1+50) \times 7.7} = -0.604$$

$$A_{us}=\frac{A_uR_i}{R_s+R_i}=\frac{-0.604\times24.8}{1+24.8}=-0.581$$

$u_o=A_{us}u_i=-0.581\times1\text{mV}=-0.581\text{mV}$

③ 并联电容 C_E 后，静态工作点不受影响，与①相同。动态响应：

$R_i=R_{B1}/\!/R_{B2}/\!/r_{be}=82/\!/39/\!/1.76\text{k}\Omega=1.65\text{k}\Omega$

$R_o=R_C=10\text{k}\Omega$

$$A_u=\frac{-\beta R_L'}{r_{be}}=\frac{-50\times(10/\!/9.1)}{1.76}=-135.4$$

$$A_{us}=\frac{A_uR_i}{R_s+R_i}=\frac{-135.4\times1.65}{1+1.65}=-84.3$$

$u_o=A_{us}u_i=-84.3\times1\text{mV}=-84.3\text{mV}$

（2）电压负反馈偏置电路

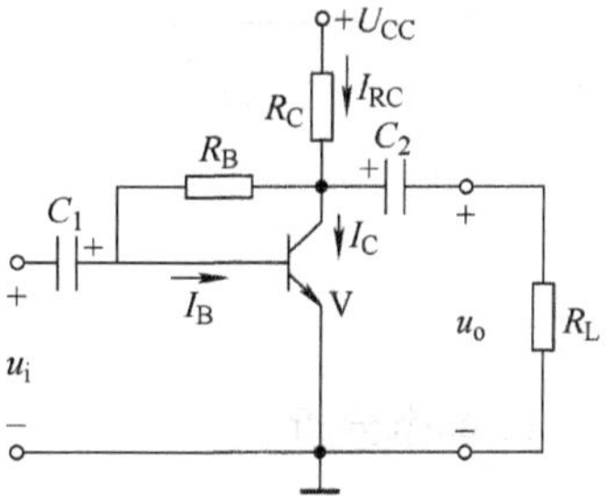

图 3-27 电压负反馈电路

电压负反馈偏置电路如图 3-27 所示，也能稳定静态工作点，其工作原理是：

温度 $T\uparrow\rightarrow I_C\uparrow\rightarrow I_{RC}\uparrow\rightarrow U_C\downarrow\rightarrow I_B\downarrow\rightarrow I_C\downarrow$

【复习思考题】

3.11 画出共射基本放大电路，并叙述电路中各元件的作用。

3.12 什么叫放大电路的直流通路和交流通路？如何画出？

3.13 设共射基本放大电路输入信号为正弦波，$u_i=\sqrt{2}U_i\sin\omega t$，试定性画出 u_{BE}、i_B、i_C、u_{CE}、u_o 的波形。并写出其表达式，叙述其组成成分。

3.14 晶体管放大电路中的电流电压既有直流，又有交流，还有交直流并存，在书写形式上如何区分？

3.15 什么叫截止失真和饱和失真？其原因是什么？

3.16 调节共射基本放大电路的静态工作点，为什么以调节 R_B 最为方便有效？

3.17 叙述温度对晶体管参数 I_{CBO}、β、U_{BE} 的影响。对晶体管放大电路的影响最终体现在什么地方？

3.18 分压式偏置电路稳定静态工作点最关键的元件是什么？

3.19 为什么要在 R_E 两端并联大电容？

3.3 共集电极电路和共基极电路

除共发射极电路外，晶体管放大电路的另两种组态是共集电极电路和共基极电路。

3.3.1 共集电极电路

共集电极电路也称为射极输出器、射极跟随器或电压跟随器，如图 3-28a 所示。初学者初看共集电极电路往往对电路输入输出的公共端是集电极感到不可理解，在上节中曾提到接电源 U_{CC} 相当于交流接地，画出其交流通路如图 3-28b 所示，电路输入输出的公共端是集电极 C。

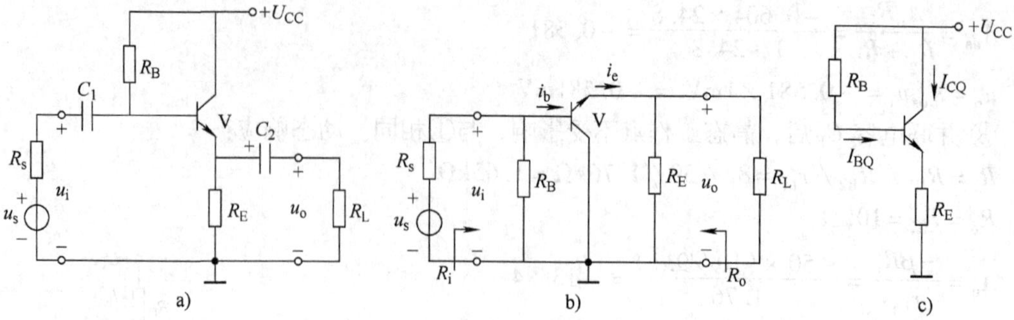

图 3-28　共集电极电路

a）共集电路　b）交流通路　c）直流通路

1. 静态分析

共集电极电路的直流通路如图 3-28c 所示，经分析，静态基极电流：$I_{BQ}=\dfrac{U_{CC}-U_{BEQ}}{R_B+(1+\beta)R_E}$；静态集电极电流：$I_{CQ}=\beta I_{BQ}$；静态集射电压：$U_{CEQ}=U_{CC}-I_{EQ}R_E\approx U_{CC}-I_{CQ}R_E$。

2. 动态分析

根据图 3-28b 所示共集电极电路的交流通路，电压放大倍数：$A_u=\dfrac{(1+\beta)R'_L}{r_{be}+(1+\beta)R'_L}$；输入电阻：$R_i=R_B/\!/[r_{be}+(1+\beta)R'_L]$；输出电阻：$R_o=R_E/\!/\dfrac{r_{be}+R_s/\!/R_B}{1+\beta}$。其中，$R'_L=R_E/\!/R_L$。

上式表明，共集电路电压放大倍数小于 1，接近于 1；无负号为输入输出电压同相；共集电极电路输出电阻很小，一般只有十几到几十欧左右。

3. 主要特点

共集电极电路的主要特点有：①电压放大倍数小于 1，接近于 1。②输入输出电压同相。③输入电阻大。④输出电阻小。⑤具有电流放大和功率放大作用。

4. 主要用途

共集电路在电子线路中有着极其广泛的应用，主要有：①用作多级放大器输入级，提高放大器的输入电阻。②用作多级放大器的输出级，提高带负载能力。③用作多级放大器的中间级，起到阻抗变换、前后级隔离和缓冲的作用。

3.3.2　共基极电路

共基极电路如图 3-29a 所示，电路主要特征是基极有足够大的电容 C_B 接地，可认为对交流信号相当于短路，在图 3-29c 交流通路中，基极是电路输入输出的公共端。

1. 静态分析

共基极电路的直流通路如图 3-29b 所示，经分析，静态基极电压：$U_{BQ}=\dfrac{U_{CC}R_{B2}}{R_{B1}+R_{B2}}$；静

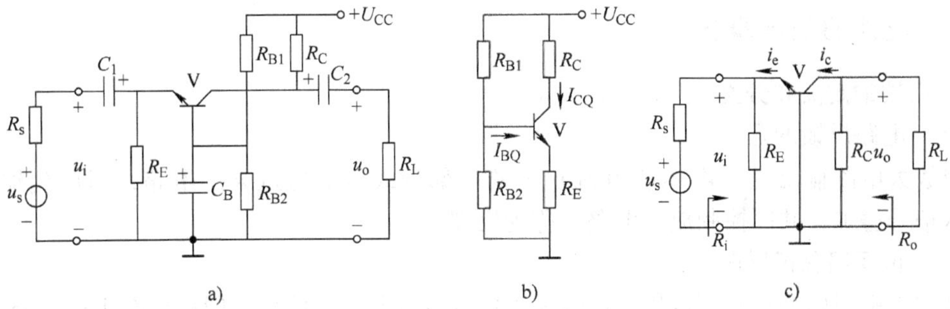

图 3-29 共基极电路

a）电路 b）直流通路 c）交流通路

态基极电流：$I_{BQ}=\dfrac{U_{BQ}-U_{BEQ}}{(1+\beta)R_E}$；静态集电极电流：$I_{CQ}=\beta I_{BQ}$；静态集射电压：$U_{CEQ}=U_{CC}-I_{CQ}(R_C+R_E)$。

2. 动态分析

根据图 3-29c 所示共基极电路的交流通路，电压放大倍数：$A_u=\dfrac{\beta R_L'}{r_{be}}$；电流放大倍数：$A_i\approx\alpha$；输入电阻：$R_i=R_E/\!/\dfrac{r_{be}}{1+\beta}\approx\dfrac{r_{be}}{1+\beta}$；输出电阻：$R_o=R_C$。其中，$R_L'=R_C/\!/R_L$；$\alpha$ 为晶体管共基极电流放大系数，$\alpha=\dfrac{\beta}{1+\beta}$。

3. 主要特点

共基极电路的主要特点有：①电流放大倍数小于 1，接近于 1。②输入输出电压同相。③输入电阻小。④输出电阻大。⑤具有电压放大和功率放大作用。

4. 主要用途

共基极电路的主要用途有：①因高频特性好，广泛应用于高频及宽带放大电路中。②因输入电阻小，输出电阻大，常用于阻抗变换电路。

【复习思考题】

3.20 共集电路有什么主要特点和主要用途？

3.21 共基电路有什么主要特点和主要用途？

3.4 放大电路中的负反馈

负反馈在自然科学和社会科学各领域普遍存在。例如吃饭，吃到一定程度，就会有饱的感觉，这个饱的感觉即为负反馈信号，叫你不要再吃了。又如某种产品生产过多，市场出现滞销，价格下跌，这个负反馈信号，必然抑制该产品的生产；如果产品生产少了，市场脱销，价格上涨，这个负反馈信号又促使该产品增加产量。同样，在电子电路中，负反馈也得到了广泛的应用。

3.4.1 反馈的基本概念

1. 反馈的定义和分类

（1）电路反馈的定义

将放大电路输出量（电压或电流）中的一部分或全部通过某一电路，引回到输入端，与输入信号叠加，共同控制放大电路，称为反馈。

（2）负反馈和正反馈

从输出端引回的信号可以用来增强输入信号或减弱输入信号，即反馈有正负之分。

若引回的反馈信号削弱输入信号而使放大电路的放大倍数降低，这种反馈称为负反馈。若引回的反馈信号增强输入信号而使放大电路的放大倍数提高，这种反馈称为正反馈。

（3）直流反馈和交流反馈

若反馈信号属直流量（直流电压或直流电流），则称为直流反馈；若反馈信号属交流量，则称为交流反馈。

放大电路中的电压电流通常同时含有直流成分和交流成分，复合后仍为交流量，本节主要研究分析这种含有直流成分和交流成分的交流负反馈。

（4）电压反馈和电流反馈

若反馈信号属电压量，则称为电压反馈；若反馈信号属电流量，则称为电流反馈。

（5）串联反馈和并联反馈

若反馈信号与输入信号的叠加方式为串联，则称为串联反馈；若叠加方式为并联，则称为并联反馈。

（6）放大电路中负反馈的四种组合类型

根据上述电压反馈和电流反馈、串联反馈和并联反馈，放大电路中的负反馈可有 4 种组合类型，即：电压串联负反馈、电压并联负反馈、电流串联负反馈和电流并联负反馈。

2. 单级基本负反馈电路

在单级负反馈电路中，有几种常见的基本负反馈电路。

（1）单级电流串联负反馈

如图 3-30a 所示，单级共射放大电路在发射极串接电阻，且电阻两端未并联旁路电容，输出信号从集电极输出，属电流串联负反馈电路。

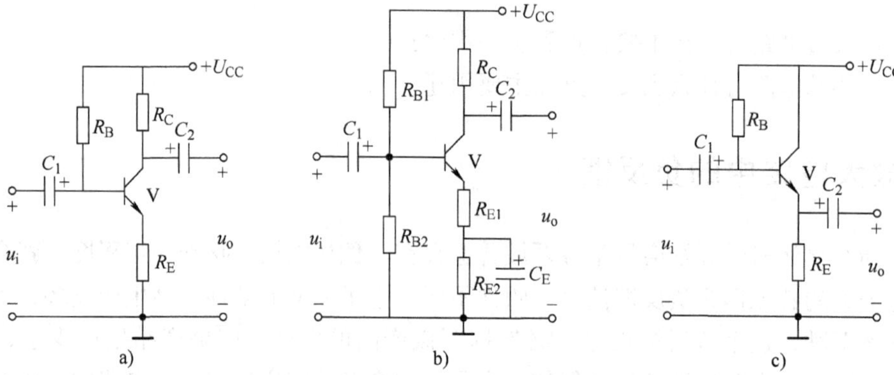

图 3-30　常见基本负反馈电路

在图 3-30b 中，R_E分为两部分，R_{E1}和R_{E2}，其中R_{E1}两端未并联旁路电容，对交流直流均具有负反馈作用；R_{E2}两端并联旁路电容C_E，对交流无负反馈作用，对直流仍具有负反馈作用。直流负反馈能稳定直流信号，即稳定静态工作点。

（2）单级电压串联负反馈

如图 3-30c 所示，单级共集放大电路，在发射极串接电阻，输出信号从发射极输出，属电压串联负反馈电路。

比较图 3-30a 与图 3-30c，其区别在于输出端。发射极（源极）串接电阻均为串联负反馈，从集电极输出时为电流串联负反馈，从发射极输出时为电压串联负反馈。

（3）单级电压并联负反馈

如图 3-31 所示，单级共射放大电路，在集电极与基极间并联电阻（包括电抗元件），均属电压并联负反馈电路。

3. 负反馈放大电路的框图

负反馈放大电路可用图 3-32 框图表示。虚线方框为负反馈放大电路，其中方框 A 为基本放大电路，方框 F 为反馈网络，符号⊕表示叠加环节，x_i为输入信号，x_{id}为基本放大电路的净输入信号，x_o为负反馈放大电路输出信号，x_f为反馈网络输出信号，“+”“-”表示瞬时极性。设输入信号频率为中频，A 为负反馈放大电路开环放大倍数（基本放大电路的放大倍数，也称为开环增益），F 为反馈网络的反馈系数，A_f为负反馈放大电路的闭环放大倍数（也称为闭环增益）。

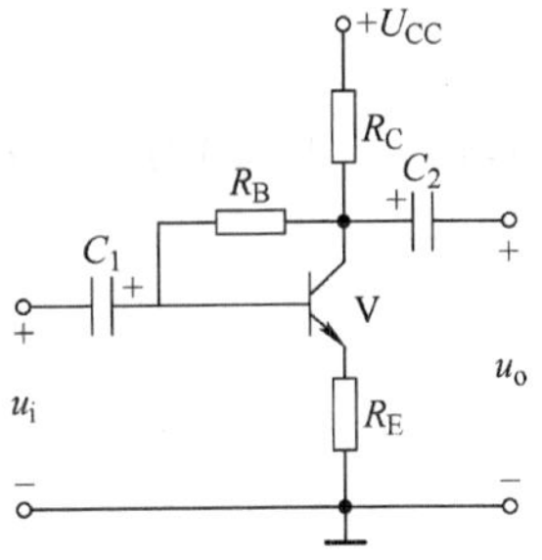

图 3-31　单级电压并联负反馈电路

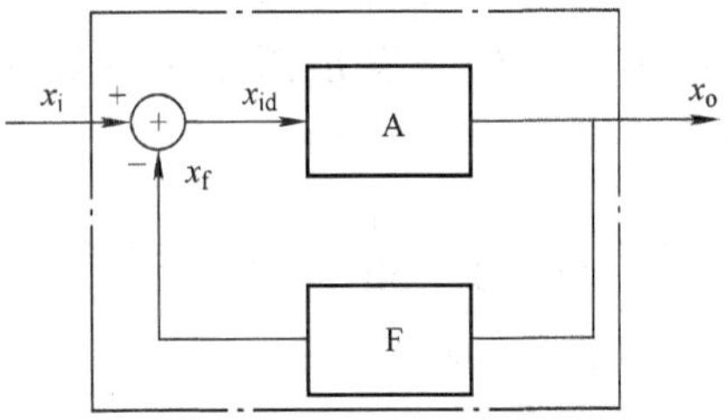

图 3-32　负反馈放大器框图

从图 3-32 可得出：$A=x_o/x_{id}$，$F=x_f/x_o$，$x_{id}=x_i-x_f$，因此：

$$A_f=\frac{x_o}{x_i}=\frac{A}{1+AF} \tag{3-18}$$

其中（$1+AF$）定义为负反馈放大电路的反馈深度。若（$1+AF$）>>1，称为深度负反馈。一般认为，（$1+AF$）≥10，就满足深度负反馈条件。在深度负反馈条件下，上式可用下式表示：

$$A_f\approx\frac{1}{F} \tag{3-19}$$

3.4.2　负反馈对放大电路性能的影响

负反馈虽然使放大电路增益下降，却从多方面改善了放大电路的性能。如提高电路增益的稳定性，减小非线性失真，扩展通频带，改变电路的输入输出电阻等。

1. 提高电路增益稳定性

电子产品在批量生产时，由于元器件参数的分散性，如晶体管β不同、电阻电容值的误差等，会带来同一电路增益的较大差异，引起产品性能的较大差异。如收音机、电视机灵敏度高低。另外，由于负载、环境、温度、电源电压的变化以及电路元器件老化等也会引起电路增益产生较大变化。当放大电路引入负反馈后，提高了电路增益稳定性（**注意**：是提高稳定性，而不是提高增益，增益是下降的）。

对式（3-18）求微分，可得：$\dfrac{dA_f}{A_f}=\dfrac{1}{1+AF}\dfrac{dA}{A}$。其中，$dA_f/A_f$为闭环增益相对变化率，$dA/A$为开环增益相对变化率。上式表明，引入负反馈后，由电路参数变化或分散性引起的增益相对变化率，下降到开环时的$1/(1+AF)$，即负反馈放大电路的增益稳定性，比未加负反馈时基本放大电路的增益稳定性，提高了（$1+AF$）倍。

负反馈对放大电路增益稳定性的影响与负反馈类型有关，电压负反馈能稳定输出电压；电流负反馈能稳定输出电流；直流负反馈能稳定静态工作点；交流负反馈能稳定交流放大倍数。

【例3-6】 已知某负反馈放大电路开环增益$A=10^4$，反馈系数$F=0.05$，试求：

1）反馈深度。2）闭环增益A_f。3）若开环增益A变化10%，闭环增益A_f变化多少？

解：1）反馈深度：$1+AF=1+10^4\times0.05=501$

2）闭环增益 $A_f=\dfrac{A}{1+AF}=\dfrac{10^4}{501}=19.96$

因$(1+AF)=501$，满足深度负反馈条件，按式（3-19），$A_f\approx1/F=20$，与按式（3-18）计算相比，误差极小。

3）$\dfrac{dA_f}{A_f}=\dfrac{1}{1+AF}\dfrac{dA}{A}=\dfrac{1}{501}\times10\%=0.02\%$

可见加负反馈后闭环增益相对变化大大缩小。

2. 减小非线性失真

由于放大电路通常由半导体非线性元件组成，因此严格来讲，总存在不同程度的非线性失真，当输入信号为单一频率正弦波时，输出信号已不是单一频率的正弦波了。引入负反馈后，可减小电路的非线性失真，其原理可用图3-33说明。

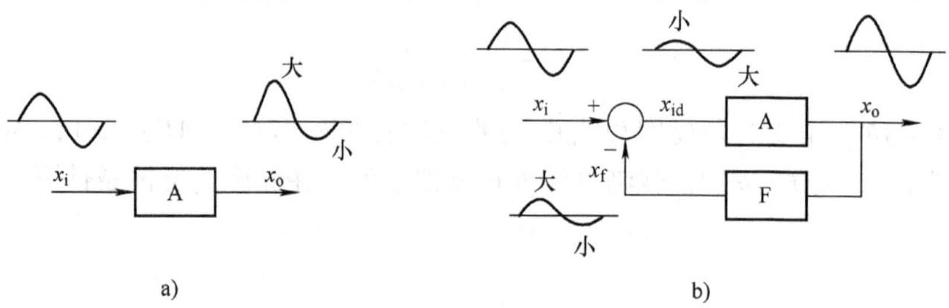

图3-33 负反馈减小非线性失真

a）无反馈时信号波形 b）引入负反馈时信号波形

设输入信号 x_i为正弦波，输出信号 x_o。无反馈时，产生非线性失真，设 x_o波形为正半周幅度大，负半周幅度小，如图 3-33a 所示；引入负反馈后，由于反馈信号类似于非线性失真的输出信号 x_o，与输入信号叠加后，使得净输入信号 x_{id}产生相反的失真，正半周幅度小，负半周幅度大，正好在一定程度上补偿了基本放大电路的非线性失真，使输出信号 x_o接近于正弦波，如图 3-33b 所示。反馈深度越大，非线性失真改善越好。可以证明，加负反馈后电路的非线性失真减小为未加反馈时的$\frac{1}{1+AF}$。

需要指出的是，负反馈只能减小放大电路内部引起的非线性失真，且只能减小不能消除。对于输入信号原有的失真，负反馈无能为力。

3. 扩展通频带

负反馈电路的反馈信号基本上正比于输出信号，在高频段和低频段时，由于基本放大电路放大倍数下降，其反馈信号也相应减弱，因此，与中频段信号相比，对净输入信号的削弱作用相应减小。即负反馈电路对中频段信号反馈较强，闭环增益下降较多；对高频段和低频段信号反馈较弱，闭环增益下降较少，从而扩展了电路的通频带，如图 3-34 所示。

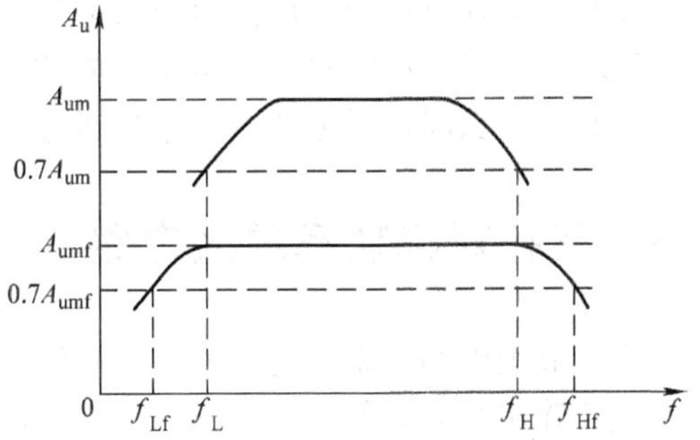

图 3-34 负反馈扩展通频带

由于放大电路通频带宽度主要取决于上限频率f_H，所以 $BW \approx f_H$。可以证明，加负反馈后电路通频带 BW_f与未加负反馈时电路通频带 BW 之间的关系为：$BW_f = (1+AF)BW$，或表示为：$A_f \cdot BW_f = A \cdot BW$。该式表明，放大电路的增益带宽积为一常数。负反馈越深，放大倍数下降越多，通频带越宽。

4. 改变输入输出电阻

分析负反馈对输入输出电阻的影响是一个比较复杂的问题，限于篇幅，本书不予详述，只给出定性结论：

串联负反馈使输入电阻增大，并联负反馈使输入电阻减小；电压负反馈使输出电阻减小，电流负反馈使输出电阻增大。

5. 负反馈放大电路的稳定

负反馈放大电路性能的改善，与反馈深度（$1+AF$）有关，（$1+AF$）越大，反馈越深，性能改善越大。但是，反馈深度过大时，有可能产生自激振荡。负反馈放大电路中的自激振荡是有害的，将使电路无法处于放大工作状态。

自激振荡的定义是放大电路无外加输入信号时，输出端仍有一定频率和幅度的信号输出。产生自激振荡的原因是电路形成正反馈，其条件可用下式表示：

$$\dot{A}\dot{F} = -1 \tag{3-20}$$

上式又可分解为自激振荡的幅值条件和相位条件：

幅值条件：
$$|\dot{A}\dot{F}| = 1 \tag{3-20a}$$

相位条件：
$$\varphi_A + \varphi_F = \pm(2n+1)\pi \quad (n=0,1,2,\cdots) \tag{3-20b}$$

根据自激振荡频率的高低可分为高频自激振荡和低频自激振荡。消除高频自激的方法是破坏其自激振荡的条件，在基本放大电路中插入相位补偿网络。消除由直流电源内阻引起低频自激的方法，一是采用低内阻稳压电路；二是在电源接入处加入 *RC* 去耦电路。消除由地线电阻引起低频自激的方法是合理接地，通常采用一点接地的方法。

【复习思考题】

3.22　试述电路反馈的定义。如何区分放大电路的正反馈和负反馈？

3.23　放大电路负反馈有哪几种组合类型？

3.24　写出负反馈电路闭环增益 A_f 的一般表达式。满足深度负反馈的条件是什么？有什么特点？

3.25　引入负反馈对放大电路增益和增益稳定性各有什么影响？

3.26　简述负反馈对放大电路性能的影响。

3.27　什么叫自激振荡？产生自激振荡的根本原因是什么？

3.5　互补对称功率放大电路

多级放大电路的末级通常要驱动一定负载，如音频电路驱动扬声器，因此要求最后一级放大电路输出足够大的功率，并满足尽可能小的失真和高效率等条件，这种放大电路称为功率放大电路。

功率放大电路按功放管的工作状态主要可分为甲类和乙类。工作在甲类状态时，功放管静态工作点设置在负载线的中央，静态功耗很大，效率很低。工作在乙类状态时，功放管静态工作点设置在截止区，静态功耗为 0，效率提高了，但输出信号只有一半，失真严重。若将两个工作在乙类状态的功放管在正负半周期轮流工作，然后将两个半波拼接，失真严重的问题就明显解决了。但由于晶体管存在导通死区，在两个功放管交替工作的瞬间，还会产生短时截止失真，这种失真称为交越失真，如图 3-35 所示。解决交越失真的办法是给功放管设置一定静态偏流，一般取 $I_{CQ}=2\sim4\text{mA}$ 为宜。但这种静态偏置绝不是甲类状态中的偏置，*Q* 点应设置在靠近截止区的边缘，工作状态既不是甲类，又不是乙类，称为甲乙类工作状态，因其偏向乙类，因此分析时仍用乙类状态的分析方法，这种电路称为互补对称功放电路。

互补对称功放电路由两个类型不同的 NPN 型和 PNP 型的功放管（互补）组成，要求该两个功放管参数一致（对称），互补对称功率放大原理电路如图 3-36 所示。

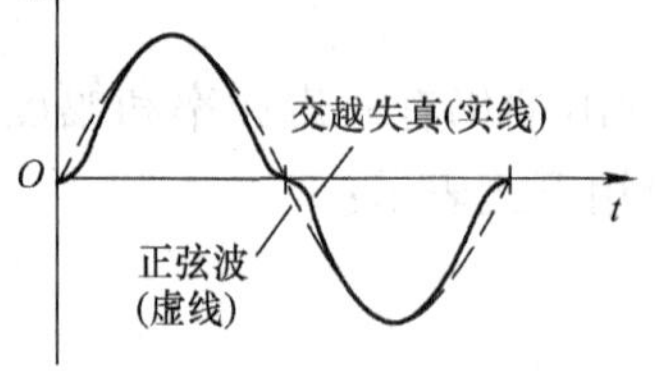

图 3-35　交越失真

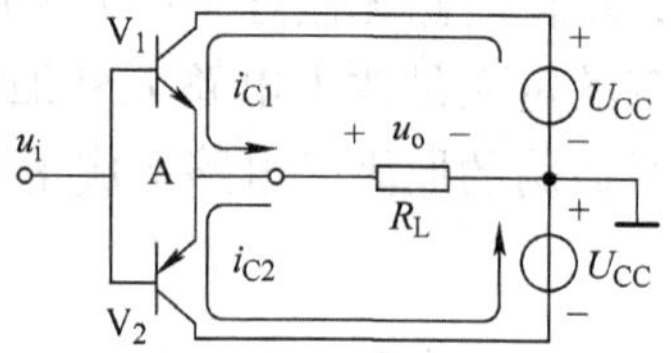

图 3-36　互补对称功率放大原理电路

1. 工作原理

由于电路对称，静态时，$U_A=0$。

设输入信号为正弦波，当输入信号正半周时，V_1导通，V_2截止；输入信号负半周时，V_2导通，V_1截止，V_1、V_2各自工作在乙类状态，两管轮流导通工作。在负载R_L上流过一个完整的正弦波电流信号。

互补对称功放电路属共集电极组态（射极输出器），其主要特点是输出电阻小。输出电阻小的好处是带负载能力强，能输出大电流。而且，功放电路的负载电阻一般很小，例如扬声器，通常为低阻抗，4Ω、8Ω、16Ω 等，互补对称功放电路输出电阻小与功放电路负载电阻小阻抗匹配，能达到最大功率传输。

2. 性能指标和功放管选择

根据理论分析（限于篇幅不予展开），互补对称功放电路最大输出功率：$P_{om}=\dfrac{U_{CC}^2}{2R_L}$；最大效率：$\eta_m=\dfrac{\pi}{4}\approx 78.5\%$；功放管最大管耗：$P_{V1m}=\dfrac{2}{\pi^2}P_{om}\approx 0.2P_{om}$。因此，选择功放管时，应：$P_{CM}>0.2P_{om}$；$U_{(BR)CEO}>2U_{CC}$；$I_{CM}>\dfrac{U_{CC}}{R_L}$，并留有一定余量。

3. OTL 电路

OTL（Output Transformer Less）电路是单电源无输出变压器互补对称功放电路，图 3-37 为 OTL 功率放大电路，分析如下：

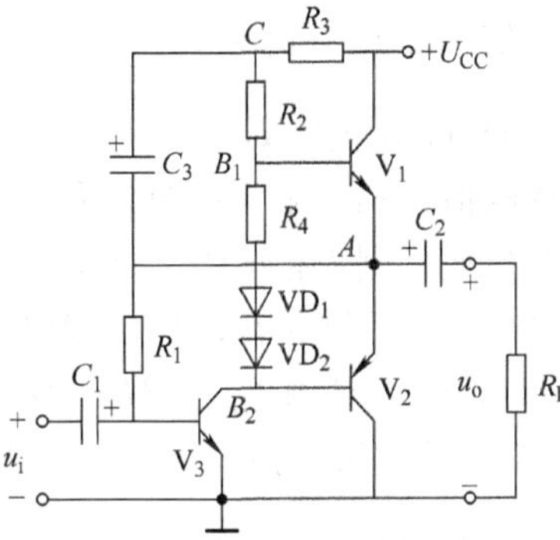

图 3-37　OTL 功放电路

1）V_1、V_2构成互补对称功放电路。V_1、V_2类型必须互补，即一个是 NPN 型，另一个是 PNP 型。

2）V_3为推动管（或称为激励管），由于功放电路输出电流很大，一般需要提供较大的激励信号，V_3的主要作用就在于此，R_2为V_3管直流负载电阻。

3）R_4、VD_1、VD_2提供V_1、V_2静态偏置，其中VD_1、VD_2的主要作用有以下三点：

① 提供V_1、V_2静态偏压。VD_1、VD_2选用与V_1、V_2同一半导体材料的二极管，其正向导通电压$2U_{on}$正好提供V_1、V_2管导通所需$2U_{BE}$，从而消除交越失真。

② 交流信号耦合，减小不对称失真。为V_1、V_2提供$2U_{BE}$也可用电阻，其成本更低，但是交流信号通过电阻时被衰减了，耦合到V_1、V_2管基极的信号就不一致，V_2大V_1小，功放输出时会出现不对称失真。二极管VD_1、VD_2交流电阻很小，通过VD_1、VD_2耦合，可使V_1、V_2基极信号大小基本一致，减小输出端不对称失真。

③ 具有温度补偿作用，稳定静态工作点。VD_1、VD_2与V_1、V_2发射结属同一半导体材料 PN 结，具有相同的温度特性，正好用于补偿晶体管U_{BE}随温度变化的特性，从而稳定V_1、V_2的静态工作点。

R_4一般很小，约 100Ω，用于微调V_1、V_2管静态电流。

4）R_1为电压并联负反馈电阻，为V_3管提供静态偏置，同时可调节中点电压$U_A=U_{CC}/2$。若$R_1\uparrow\to I_{B3}\downarrow\to I_{C3}\downarrow\to U_{R2}\downarrow\to U_{B1}\uparrow\to U_A\uparrow$；若$R_1\downarrow$，其调节过程相反，使$U_A\downarrow$。

5）输出电容C_2的作用有二：

① 输出信号耦合隔直。OTL 功放电路常带动扬声器，扬声器的主要结构是一个电感线圈，线径较细，直流电阻很小，不允许通过直流电流（扬声器通过直流电流将引起磁钢退磁），电容 C_2 可隔断直流电流。

② 起到 $U_{CC}/2$ 等效电源的作用。信号正半周，V_1 导通，C_2 充电，由于 C_2 足够大，其两端电压 $U_{CC}/2$ 可认为基本不变；信号负半周，V_1 截止，电源直流通路被切断，V_2 管电流由电容 C_2 提供，实际上是利用电容的储能作用，由 C_2 充当 $U_{CC}/2$ 等效电源，输出电容 C_2 作用如图 3-38 所示。互补对称功放电路应有两组电源 $+U_{CC}$ 和 $-U_{CC}$，而单电源 OTL 电路只有一组电源，电容 C_2 起到了另一组电源的作用，相当于双电源状态。

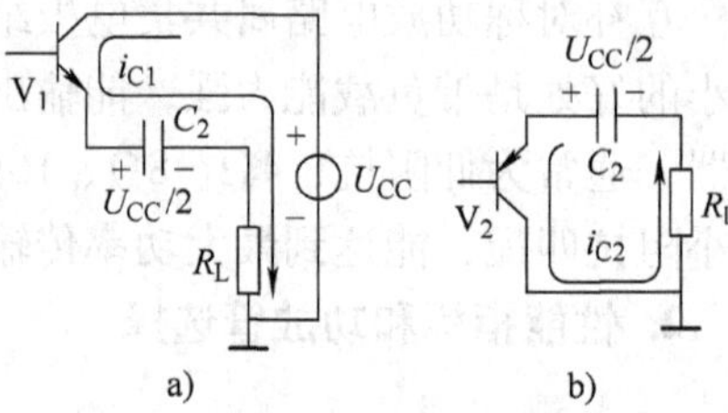

图 3-38　输出电容 C_2 作用

a）信号正半周　b）信号负半周

需要指出的是，输出电容 C_2 容量应足够大，C_2 大，一则频率响应特性好（低频丰富）；二则可维持其两端电压 $U_{CC}/2$ 基本不变。一般取时间常数 R_LC_2 比信号最低频率的周期大 3～5倍，即 $C_2 \geqslant (3\sim5)\dfrac{1}{2\pi R_L f_L}$，其中 f_L 为功放电路输出信号的下限频率。

6）自举电路 R_3C_3。在理想状态下。OTL 电路输出电压的最大幅度为 $U_{CC}/2$，在信号正半周峰值，V_1 管处于接近饱和导通状态，$U_A \to U_{CC}$（C_2 两端电压为 $U_{CC}/2$），但若要 V_1 接近饱和导通，则 $U_{B1}=U_{CC}+U_{BE}$，显然是不可能的。但由 R_3C_3 组成的自举电路能使 U_{B1} 高于 U_{CC}。当 C_3 足够大时，其二端电压可认为维持 $U_{CC}/2$ 基本不变，即 $U_{CA}=U_{CC}/2$，当 $U_A \to U_{CC}$ 时，$U_C=U_A+U_{CA}\approx 3U_{CC}/2$，从而使 V_1 管在信号正峰值时有足够的驱动能力。

7）功放管选择。由于 OTL 是单电源互补对称功放电路，因此在选择功放管时，应用 $U_{CC}/2$ 代入原选择公式中的 U_{CC}。即：$P_{CM}>0.2P_{om}=0.2\times\dfrac{(U_{CC}/2)^2}{2R_L}=\dfrac{0.025U_{CC}^2}{R_L}$；$U_{(BR)CEO}>U_{CC}$；$I_{CM}>\dfrac{U_{CC}}{2R_L}$。

8）调试方法。图 3-37 电路调试主要调功放管电流和中点电压 U_A。调节 R_4 可调功放管电流，调节 R_1 可调中点电压 U_A，但两者互有牵连，即调功放管电流时会影响中点电压，调中点电压时会改变功放管电流，反复调节 2～3 次，可满足要求。

4. OCL 电路

OCL（Output Capacitor Less）电路是双电源无输出电容互补对称电路，如图 3-39 所示。OCL 电路与 OTL 电路的主要区别除无输出电容外，必须要有双电源，以保证输出端静态电位为 0。

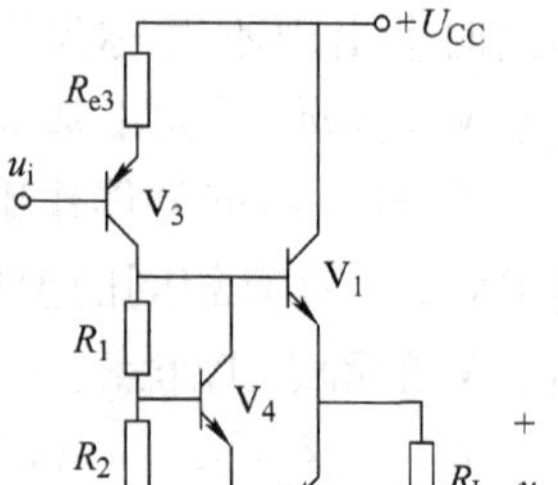

图 3-39　OCL 电路

图 3-39 电路中，由 V_4、R_1、R_2 组成恒压源，提供 V_1、V_2 静态偏置。$U_{CE4}=I_{R1}R_1+U_{BE4}\approx\dfrac{U_{BE4}}{R_2}\times R_1+U_{BE4}=U_{BE4}\left(1+\dfrac{R_1}{R_2}\right)$，表明 U_{CE4} 仅与 R_1、R_2 有关，若 R_1、R_2 固定不变，则 U_{CE4} 恒定不变，具有恒压源特性。恒压源的特点是内阻很小

（使 V_1、V_2两管基极的电压信号对称相同），而又能使两端电压恒定（提供功放管静态偏压，稳定静态工作点）。这种恒压源提供静态偏置的作用与图 3-37 中的二极管 VD_1、VD_2作用相同，在集成电路中广泛应用。

5. 集成功放电路

随着电子技术的发展，用分列元件组成功放电路在现代电子产品中已基本淘汰，集成功放电路已成为主流应用状态，而且进一步发展到集成功放电路仅是大规模集成功放电路的一部分。

集成功放电路种类很多，在理解分列元件 OCL、OTL 电路的基础上，不难掌握集成功放电路的工作原理和应用。限于篇幅，本书不予展开。

6. CMOS 电路

在电子技术书籍和资料中，常出现的英文 CMOS 缩写。什么叫 CMOS？CMOS 电路由两个不同类型的 MOS 管构成互补对称电路，一个为 PMOS，一个为 NMOS，CMOS 电路如图 3-40 所示，两个 MOS 管中只能有一个导通，另一个必须截止，互为负载，CMOS 具有优良的电气性能，在集成电路和计算机电路中得到了极其广泛的应用。

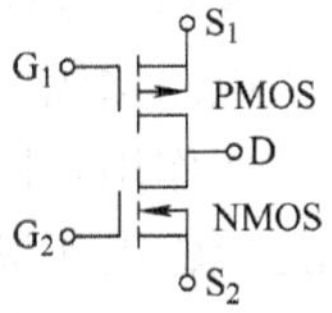

图 3-40　CMOS 电路

【复习思考题】

3.28　什么是功放电路的甲类、乙类工作状态？有何优缺点？

3.29　什么叫互补对称功放电路？简述其工作原理。

3.30　图 7-19 电路中 VD_1VD_2有什么作用？

3.31　OTL 电路中输出电容如何起到 $U_{CC}/2$ 等效电源的作用？该电容大小对电路性能有何影响？

3.32　什么叫自举电路？有什么作用？

3.33　功放电路中的恒压源有什么作用？

3.34　OCL 电路与 OTL 电路有什么区别？为什么 OCL 电路中点电压必须为 0？

3.6　集成运算放大电路

由电阻、电容、电感、二极管及晶体管等在结构上彼此独立的元器件组成的电路称为分立元件电路。集成电路是将上述元器件组成的电路集中制作在一小块硅基片上，封装在一个管壳内，构成一个特定功能的电子电路。集成电路具有体积小、重量轻、耗电省、成本低、可靠性高和电性能优良等突出优点，因而得到了极其广泛的应用，反过来又大大促进了电子技术的飞跃发展，而集成运算放大器是应用最早和最广的集成电路。

3.6.1　集成运放基本概念

1. 集成运放组成框图

集成运算放大器简称集成运放，其符号如图 3-41a 所示。u_N、u_P 分别为其反相输入端和同相输入端，用“－”和“＋”标识；u_O为输出端；U_{CC}、U_{EE}为其正负电源加入端，为简化电路画面，通常不画。框图内“▷”表示信号传输方向，“∞”表示为集成运放理想化。老的教材和技术资料中集成运放常用图 3-41b 表示。

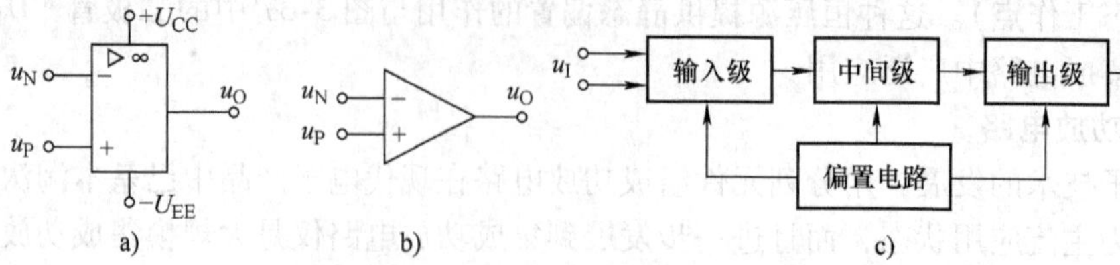

图 3-41 集成运放电路符号和组成框图

a）电路符号 b）集成运放旧符号 c）组成框图

集成运放组成框图如图 3-41c 所示，主要有输入级、中间级和输出级组成。输入级由差动放大电路构成，主要作用是减小运放的零漂；中间级通常由一至二级有源负载放大电路构成，主要作用是提供较高的电压放大倍数；输出级一般由准互补对称电路构成，主要作用是提高运放输出功率和带负载能力。此外，集成运放还有一些辅助电路，如偏置电路（为各级放大电路提供静态偏流），双端变单端电路和过电流保护电路等。

2. 集成运放中的信号

集成运放是一个采用直接耦合方式的多级放大电路，直接耦合方式的最大缺点是零点漂移问题，而解决零漂问题的办法就是在输入级采用差动放大电路。差动放大电路有两种输入信号：差模输入信号和共模输入信号。差模输入信号是大小相等、极性相反的输入信号，用 u_{id}表示；共模输入信号是大小相等、极性相同的输入信号，用 u_{ic}表示。

对集成运放来说，有用的或需要放大的信号是差模信号；无用的或需要抑制的信号为共模信号。为何共模信号是集成运放有害无用、需要抑制的信号呢？因为造成零点漂移的因素主要是由温度变化和电源电压波动引起，而温度变化和电源电压波动因素对集成运放中差动电路的两个放大管的影响是相同的，大小相等、极性相同，因而属于共模信号性质。

3. 集成运放主要参数

集成运放的参数很多，这里介绍几种主要参数。

1）开环差模电压增益 A_{od}。A_{od}是指集成运放未加负反馈时的差模电压放大倍数，A_{od}越大越好，一般 A_{od}为 100～140dB（100000 倍～10000000 倍）。

2）共模抑制比 K_{CMR}。$K_{CMR}=\left|\dfrac{A_{ud}}{A_{uc}}\right|$，$K_{CMR}$定义为差模增益与共模增益之比，主要表明抑制零漂的能力，K_{CMR}越大越好，一般 K_{CMR}为 80～100dB。

3）差模输入电阻 R_{id}。R_{id}是指开环时集成运放差模输入电阻，R_{id}越大越好，一般为几十 kΩ～几 MΩ。

4）输出电阻 R_o。R_o指开环时集成运放输出电阻，R_o越小越好，一般为几十 Ω～几百 Ω。

5）输入失调电压 U_{IO}。U_{IO}是集成运放输出电压为 0 时，加在两个输入端的补偿电压，U_{IO}越小越好，一般小于 1mV。

4. 理想化集成运放

集成运放是一个高放大倍数的直流放大电路，各种不同型号的集成运放性能差别较大，为了便于分析集成运放电路，将集成运放理想化为一个电路模型。

1）理想化集成运放参数的主要要求：

① 开环电压增益 $A_{od}\to\infty$。

② 共模抑制比 $K_{CMR}\to\infty$，即无零漂，各种失调电压失调电流为 0。

③ 差模输入电阻 $R_{id}\to\infty$。

④ 输出电阻 $R_o\to 0$。

除上述四项主要参数外，还要求开环带宽→∞，转换速率→∞，输入偏置电流→0，无干扰和噪声等。

2）理想化集成运放的特点：

① 虚短。图 3-41a 中，$u_{Od}=A_{od}u_{Id}=A_{od}(u_P-u_N)$，$u_P-u_N=\dfrac{u_{Od}}{A_{od}}$，当输出电压 u_{Od}为有限值，且 A_{od}很大时，$\dfrac{u_{Od}}{A_{od}}\to 0$，即：$u_P=u_N$。$u_P$ 和 u_N为集成运放同相输入端和反相输入端的对地电压，其数值相等，相当于短路，但又不是真正的短路，因此称为“虚短”。

需要指出的是，上述结论是在集成运放工作在线性放大状态时推出的。因此，若集成运放不工作在线性放大状态，上述结论不成立。

② 虚断。由于集成运放差模输入电阻 $R_{id}\to\infty$，则集成运放的输入电流 i_I必定趋近于 0，即：$i_I=0$。$i_I=0$，相当于集成运放的两个输入端开路，但不是真正的开路，若真正开路，还有什么信号输入可言？因此称为“虚断”。

虚断结论，不论集成运放是否工作在线性放大状态，均能成立。

3.6.2 集成运放基本输入电路

集成运放有两个输入端，其信号基本输入方式可分为 3 种：反相输入，同相输入和差动输入。

1. 反相输入

反相输入电路如图 3-42 所示，由于同相输入端接地，且同相输入端无输入电流（虚断），$u_P=0$。反相输入端电压 $u_N=u_P=0$（虚短），因此：$i_1=\dfrac{u_I-u_N}{R_1}=\dfrac{u_I}{R_1}$，$i_F=\dfrac{u_N-u_O}{R_f}=\dfrac{-u_O}{R_f}$。又由于反相输入端无输入电流（虚断），根据 KCL，$i_1=i_F$。因此，$\dfrac{u_I}{R_1}=\dfrac{-u_O}{R_f}$，即：

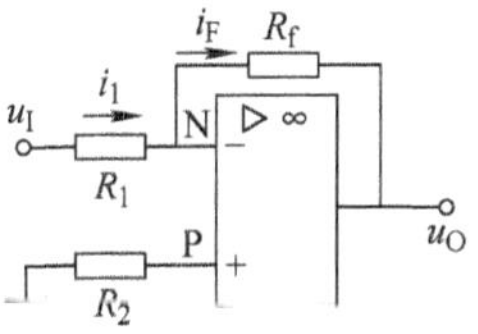

图 3-42 反相输入电路

$$A_u=\frac{u_O}{u_I}=-\frac{R_f}{R_1} \tag{3-21}$$

上式表明，反相输入时，集成运放闭环电压增益取决于 R_f与 R_1比值，需要说明的是：

① 反相输入时，同相输入端接地，$u_N=u_P=0$，反相输入端对地电位为 0，相当于接地，但不是真正接地，称为“虚地”。

② 同相输入端通过电阻 R_2接地，主要是为了减小集成运放输入偏置电流在反相和同相输入端等效电阻上产生不平衡压降而引起运算误差。对于双极型集成运放，一般要求，$\sum R_P=\sum R_N$，即两个输入端的等效电阻相等。此处要求：$R_2=R_1//R_f$。在输入偏置电流很小且要求不高情况下，R_2可去除，同相输入端直接接地，对运算影响一般可忽略不计。

③ 式（3-21）似乎表明，集成运放的电压增益与集成运放本身无关。但是必须明确，该式结论是在理想化集成运放的前提下推出的。因此该式能否成立，与集成运放特性是否符合理想化参数要求有关。

④ 图 3-42 电路所加的负反馈属电压并联负反馈。负反馈信号从输出端取出，反馈到集成运放反相输入端差动输入管的基极，属电压并联负反馈。

根据理想化运放和电压负反馈的特点，反相输入电路的输入电阻（不是集成运放的输入电阻）：$R_i = R_1$；输出电阻：$R_o \to 0$。

2. 同相输入

同相输入电路如图 3-43a 所示，由于同相输入端无输入电流（虚断），因此 $u_P = u_I$，又由于理想化集成运放虚短特性，$u_N = u_P = u_I$，因此：$i_1 = -\dfrac{u_N}{R_1} = -\dfrac{u_I}{R_1}$，$i_F = \dfrac{u_N - u_O}{R_f} = \dfrac{u_I - u_O}{R_f}$，且 $i_F = i_1$，即：$-\dfrac{u_I}{R_1} = \dfrac{u_I - u_O}{R_f}$，整理得：

$$A_u = \frac{u_O}{u_I} = 1 + \frac{R_f}{R_1} \tag{3-22}$$

上式表明，同相输入时，集成运放闭环电压增益为$\left(1 + \dfrac{R_f}{R_1}\right)$，大于或等于 1，且为正值（同相）。与反相输入时相同，要求 $R_2 = R_1 // R_f$，但 R_2 与集成运放运算结果基本无关。

同相输入电路属电压串联负反馈，其负反馈示意电路如图 3-43b 所示，负反馈信号反馈至差动管 V_1 的基极，再通过射极耦合加到差动输入管 V_2 的发射极，因此属电压串联负反馈。其输入电阻：$R_i \to \infty$；输出电阻：$R_o \to 0$。

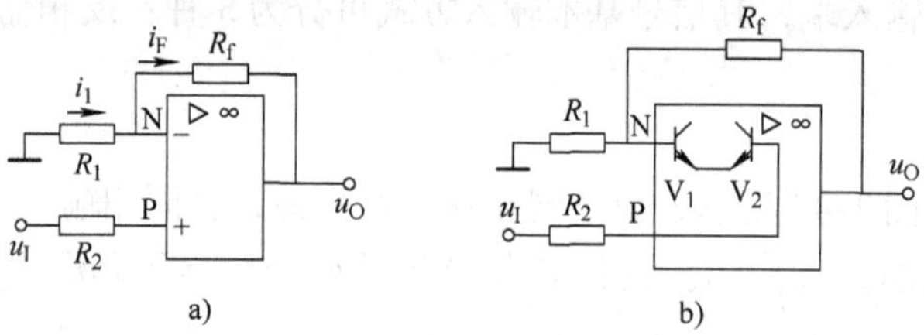

图 3-43　同相输入电路

a）同相输入电路　b）负反馈示意电路

需要指出的是，同相输入方式存在共模输入电压，要求集成运放有较高的共模最大输入电压和共模抑制比。

3. 差动输入

差动输入电路如图 3-44 所示，输入信号 u_{I1}、u_{I2} 分别从反相和同相输入端输入，根据集成运放“虚断”“虚短”特性，可得：$i_1 = \dfrac{u_{I1} - u_N}{R_1}$，$i_F = \dfrac{u_N - u_O}{R_f}$，$i_1 = i_F$，$u_N = u_P = \dfrac{u_{I2} R_3}{R_2 + R_3}$，整理得：

$$u_O = \left(1 + \frac{R_f}{R_1}\right)\frac{R_3}{R_2 + R_3}u_{I2} - \frac{R_f}{R_1}u_{I1} \tag{3-23}$$

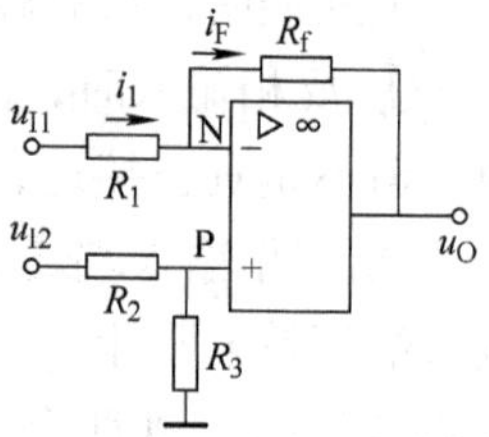

图 3-44　差动输入电路

上式表明，差动输入集成运放电路的输出电压由两部分叠加组成，一部分为同相输入端输入电压（u_{I2}经R_2、R_3分压）作用，增益为$\left(1+\frac{R_f}{R_1}\right)$（与同相输入增益相同）；另一部分为反相输入端输入电压作用，增益为$-\frac{R_f}{R_1}$（与反相输入增益相同）。

【例 3-7】 试按下列电压增益要求设计由集成运放组成的放大电路。（设 $R_f=20k\Omega$）

1）$A_{ud}=2$；2）$A_{ud}=-2$；3）$A_{ud}=-0.5$；4）$A_{ud}=0.5$。

解：1）$A_{ud}=2$，既为正值，又大于 1，应选用同相输入，电路如图 3-43a 所示。

$A_{ud}=1+\frac{R_f}{R_1}=2$，当 $R_f=20k\Omega$ 时，取 $R_1=20k\Omega$，$R_2=R_1//R_f=10k\Omega$。

2）$A_{ud}=-2$，A_{ud}为负值，应选用反相输入，电路如图 3-42 所示。

$A_{ud}=-\frac{R_f}{R_1}=-2$，当 $R_f=20k\Omega$ 时，取 $R_1=10k\Omega$，$R_2=R_1//R_f=6.67k\Omega$。

3）$A_{ud}=-0.5$，A_{ud}为负值，且小于 1，应选用反相输入，电路如图 3-42 所示。

$A_{ud}=-\frac{R_f}{R_1}=-0.5$，当 $R_f=20k\Omega$ 时，取 $R_1=40k\Omega$，$R_2=R_1//R_f=13.3k\Omega$。

4）$A_{ud}=0.5$，A_{ud}既为正值，又小于 1，应选用反相输入电路，反相再反相获得正极性，如图 3-45a 所示。当 $R_f=20k\Omega$ 时，取 $R_{11}=2R_{f1}=40k\Omega$，$R_{12}=R_{11}//R_{f1}=13.3k\Omega$，$u_{O1}=-\frac{R_{f1}}{R_{11}}u_I=-\frac{20}{40}u_I=-0.5u_I$；$R_{21}=R_{f2}=20k\Omega$，$R_{22}=R_{21}//R_{f2}=10k\Omega$，$u_O=-u_{O1}=0.5u_I$。

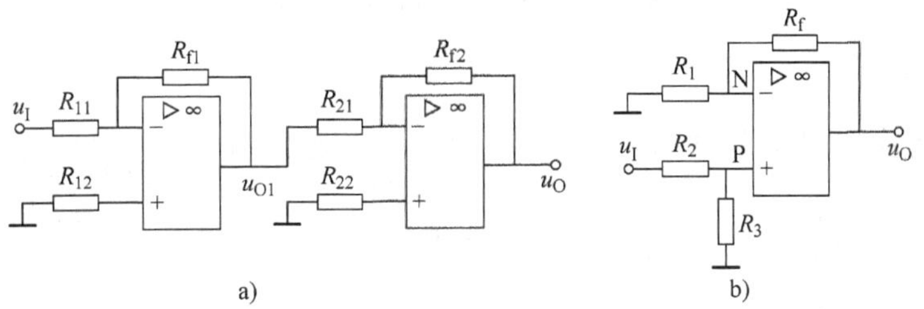

图 3-45 例 3-7 电路

图 3-45b 是利用R_2、R_3分压，减小净输入电压 u_P 值，$A_{ud}=\left(1+\frac{R_f}{R_1}\right)\frac{R_3}{R_2+R_3}=0.5$，当 $R_f=20k\Omega$ 时，取 $R_1=20k\Omega$，$R_3=10k\Omega$，则 $R_2=30k\Omega$。

需要指出的是，$\Sigma R_P=\Sigma R_N$，并不需要严格要求，一般只需相对平衡（阻值接近）就可以了，而电阻值应根据电阻标称值系列取用。

3.6.3 集成运放基本运算电路

根据集成运放基本输入电路，可组成许多基本运算功能电路。

1. 比例运算

比例运算可分为反相比例运算和同相比例运算，图 3-42 和图 3-43a 可分别达到目的，例 3-7 已给出这方面的解答，需要注意的是：

① 反相输入能反相，比例系数可大于 1、等于 1 或小于 1。

② 同相输入能同相，比例系数只能大于 1 或等于 1，若要小于 1，可采用例 3-7 方法。

③ 相位要求有出入时，可再加一级集成运放反相。

④ 比例电阻的选取，从理论上讲，比例运算取决于 R_f 与 R_1 的比值，且无条件限制。但实际上考虑到集成运放电路的输入电阻、反馈电压等因素，R_F 与 R_1 并不宜任取，其阻值既不宜过小（如小于 1kΩ），又不宜过大（如大于 1MΩ），一般在几 kΩ ~ 几百 kΩ 之间为宜。

2. 电压跟随器

利用同相输入电路可构成电压跟随器。同相输入时，$A_{ud}=1+\dfrac{R_f}{R_1}$，若 $R_f=0$ 或 $R_1\to\infty$（开路），则 $A_{ud}=1$。图 3-46 为几种电压跟随器电路，其中图 3-46c 简便有效。需要指出的是，电压跟随器与分列元件组成的射极跟随器（射极输出器）、源极输出器相比，电压跟随特性更好（后两种电路不能真正跟随），$u_O=u_I$。对一些负载能力差的信号，用集成运放电压跟随器隔离，电气特性大为改善（集成运放输入电阻大，对信号源几乎无影响）。

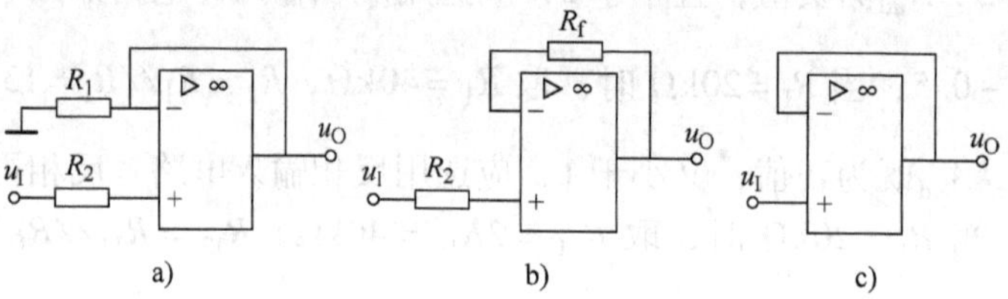

图 3-46　几种电压跟随器电路

a）$R_f=0$　b）$R_1=\infty$　c）$R_f=0$，$R_1=\infty$

3. 加法运算

反相加法运算如图 3-47 所示，$u_N=u_P=0$，反相输入端为虚地，因此：$i_{11}=\dfrac{u_{I1}}{R_{11}}$，$i_{12}=\dfrac{u_{I2}}{R_{12}}$，$i_{13}=\dfrac{u_{I3}}{R_{13}}$，$i_F=\dfrac{-u_O}{R_f}$，$i_{11}+i_{13}+i_{13}=i_F$，即 $\dfrac{u_{I1}}{R_{11}}+\dfrac{u_{I2}}{R_{12}}+\dfrac{u_{I3}}{R_{13}}=\dfrac{-u_O}{R_f}$，整理得：

$$u_O=-\left(\frac{R_f}{R_{11}}u_{I1}+\frac{R_f}{R_{12}}u_{I2}+\frac{R_f}{R_{13}}u_{I3}\right) \tag{3-24}$$

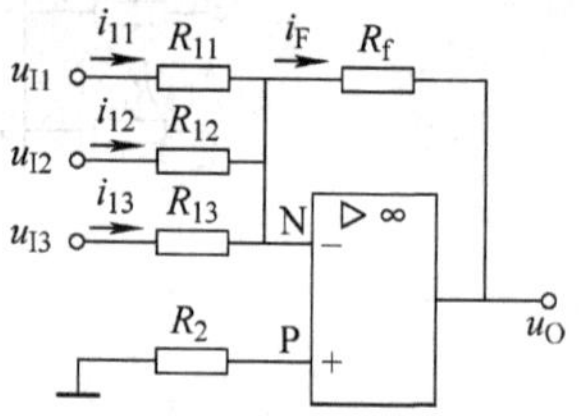

图 3-47　反相加法电路

上式表明，图 3-47 电路能将多个输入信号 u_{I1}、u_{I2}、u_{I3} 按一定比例相加并反相后输出。反相加法典型应用，例如彩色电视机中的色彩，就是由三基色红、绿、蓝按一定比例相加后得到。

4. 减法运算

图 3-44 电路，若取 $R_2=R_1$，$R_3=R_f$，可实现比例减法：

$$u_O=\frac{R_f}{R_1}(u_{I2}-u_{I1}) \tag{3-25}$$

若取 $R_1=R_2=R_3=R_f$，可实现减法运算：

$$u_O=u_{I2}-u_{I1} \tag{3-26}$$

【例 3-8】　电路如图 3-44 所示，$R_1=R_2=R_3=R_f=51\text{k}\Omega$，$u_{I1}$、$u_{I2}$ 波形如图 3-48a、b 所示，试画出输出电压 $u_O(t)$ 波形。

解：图 3-44 电路，当 $R_1 = R_2 = R_3 = R_f$时，构成减法器电路。

$u_O = u_{I2} - u_{I1} = u_{I2} + (-u_{I1})$。

画出 $u_O(t)$波形如图 3-48c 所示。解题步骤：

① 先画出 $-u_{I1}$波形（将 u_{I1}反相）。

② 再将 u_{I2}与（$-u_{I1}$）相加。

5. 积分运算

积分运算电路如图 3-49 所示，同相输入端接地，反相输入端虚地，$u_N = 0$，因此：

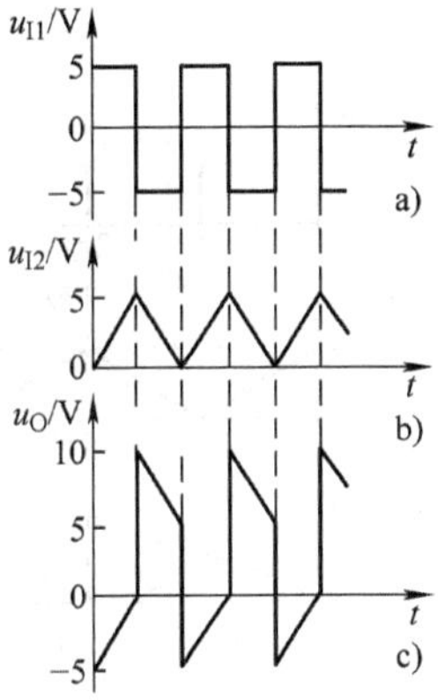

图 3-48　例 3-8 波形

a）u_{I1}　b）u_{I2}　c）u_O

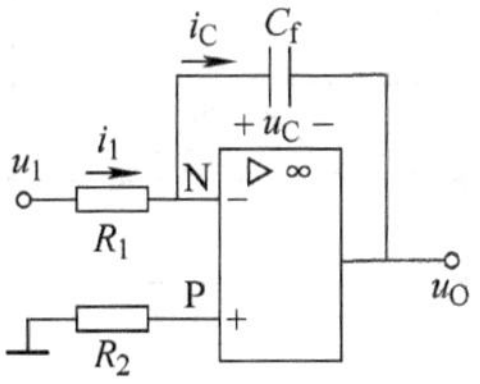

图 3-49　积分电路

$u_O = -u_C$，$i_1 = \dfrac{u_I}{R_1}$，$i_C = C_f\dfrac{du_C}{dt}$，$i_1 = i_C$，整理得：

$$u_O = -\frac{1}{R_1 C_f}\int u_I dt \tag{3-27}$$

上式表明，输出电压 u_O与输入电压 u_I成积分关系。考虑到初始条件时，$u_O(t)$表达式可写为定积分形式：

$$u_O(t) = u_O(t_0) - \frac{1}{R_1 C_f}\int_{t_0}^{t} u_I(t) dt \tag{3-27a}$$

【例 3-9】 已知电路如图 3-49 所示，$R_1 = R_2 = 10k\Omega$，$C_f = 10nF$，$u_C(0_-) = 0$，$u_I(t)$波形如图 3-50a 所示，试求输出电压 $u_O(t)$，并画出 $u_O(t)$波形。

解：由于 $u_I(t)$为方波，属分段函数，在一定区间内为直流（常数），因此：

$$u_O(t) = u_O(t_0) - \frac{1}{R_1 C_f}\int_{t_0}^{t} u_I(t) dt = u_O(t_0) - \frac{1}{10\times10^3\times10\times10^{-9}}u_I(t)(t-t_0)$$

$$= u_O(t_0) - 10000u_I(t)(t-t_0)$$

上式表明，在一定区间内，$u_O(t)$为 t 的一次函数，即为一条直线。只需求解其中两点，即可确定该直线。因此，分段（区间）求解如下：

$u_O(0) = u_C(0_-) = 0$

$u_O(0.1ms) = u_O(0) - 10000\times5\times(0.1-0)\times10^{-3} = -5V$

$u_O(0.3ms) = u_O(0.1ms) - 10000\times(-5)\times(0.3-0.1)\times10^{-3} = 5V$

$u_O(0.5\text{ms}) = u_O(0.3\text{ms}) - 10000 \times 5 \times (0.5 - 0.3) \times 10^{-3} = -5\text{V}$

依次类推，画出 $u_O(t)$ 波形为三角波，如图 3-50b 所示。

同理，若 $u_I(t)$ 为图 3-51a 所示矩形波，则可导出 $u_O(t)$ 为锯齿波，如图 3-51b 所示。

由集成运放组成的积分电路称为有源积分电路，与无源积分电路相比，有什么区别呢？两者都能将矩形波转换为锯齿波。但无源 *RC* 积分电路输出的锯齿波如图 3-51c 所示，线性度差、幅度小、带负载能力差，不如集成运放组成的有源积分电路输出的锯齿波线性度好、幅度大、带负载能力强。锯齿波主要用于电视机、示波器扫描电压，锯齿波线性度好，图形失真小。

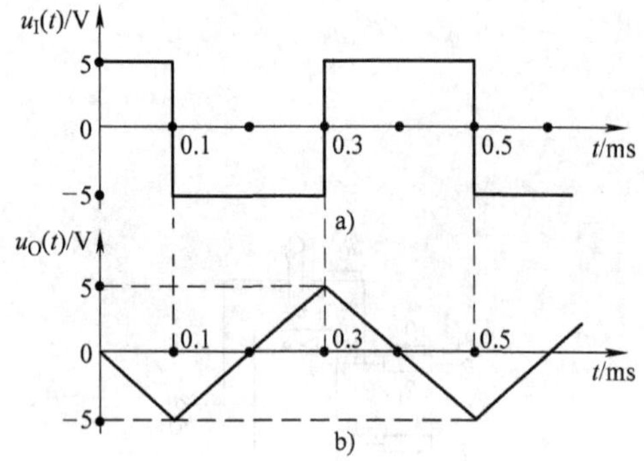

图 3-50　例 3-9 输入输出波形

a）输入波形　b）输出波形

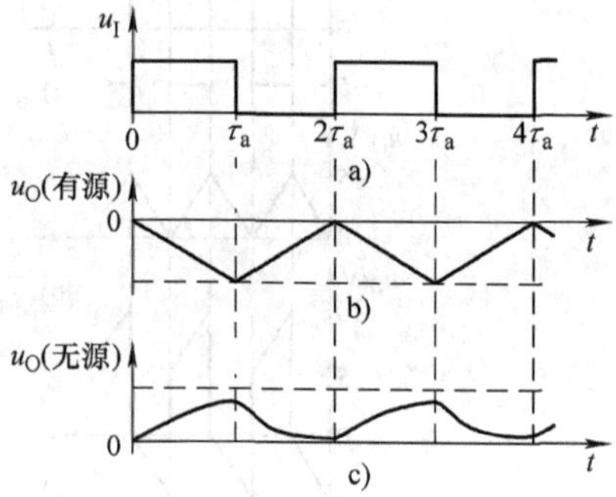

图 3-51　有源积分和无源积分波形

a）u_I　b）有源积分　c）无源积分

除此以外，集成运放还可实现微分运算、指数运算、对数运算、乘法运算和除法运算等，需要指出的是，上述各种运算，包括加、减、积分、微分、指数和对数运算均为模拟运算，与计算器中的运算（数字运算）相比，性质完全不同。

3.6.4　电压比较器电路

集成运放除用作线性放大，还常用于电压比较。放大应用时，工作在负反馈状态。既能放大直流信号（变化缓慢的信号），又能放大交流信号。用于电压比较时，工作在开环或正反馈状态，由于集成运放放大倍数很高，又未加负反馈，因此一般不能稳定工作在线性区，而主要工作在非线性区。此时“虚短”和“虚地”等概念一般不再适用，但“虚断”概念仍能成立，在非线性应用中，输入端电流仍趋于 0。

1. 电压比较器的工作原理

由集成运放构成的电压比较器电路如图 3-52a 所示。电压比较器是将集成运放两个输入端的电压进行比较，根据比较结果（大于或小于），输出高电平或低电平。常用于信号检测、自动控制和波形转换等电路中。

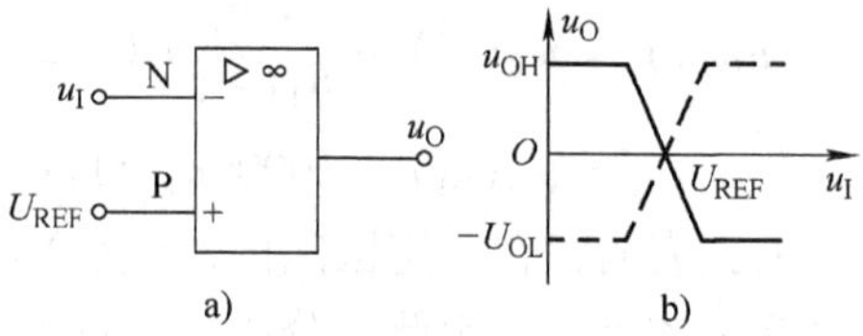

图 3-52　电压比较器及其传输特性

a）电压比较器电路　b）传输特性

若输入信号 u_I 由反相输入端输入，基准电压 U_{REF} 由同相输入端输入，不加负反馈，则：

$$U_O = A_{od}(u_P - u_N) = A_{od}(U_{REF} - u_I) = \begin{cases} +U_{OH}，当 U_{REF} > U_I 时 \\ -U_{OL}，当 u_I > U_{REF} 时 \end{cases} \tag{3-28a}$$

由于A_{od}很大，u_I与U_{REF}之间稍有微小差值，均能使开环状态的集成运放输出电压达到正饱和（最大正输出电压U_{OH}）或负饱和（最大负输出电压U_{OL}），其传输特性如图3-52b中实线所示。

若输入信号u_I由同相输入端输入，基准电压U_{REF}由反相输入端输入，不加负反馈，则：

$$U_O = A_{od}(u_P - u_N) = A_{od}(u_I - U_{REF}) = \begin{cases} +U_{OH}，当 u_I > U_{REF} 时 \\ -U_{OL}，当 U_{REF} > u_I 时 \end{cases} \tag{3-28b}$$

其传输特性如图3-52b中虚线所示。

电压比较器输出电平发生跳变的输入电压称为门限电压或阈值电压，用U_{TH}表示，上述电路中$U_{TH} = U_{REF}$。若$U_{TH} = U_{REF} = 0$，则上述电压比较器可构成过零比较器。

2. 集成电压比较器

由集成运放组成的电压比较器，其传输特性中的线性一般不陡峭，在要求较高的场合，尚不理想。集成电压比较器具有高精度和高灵敏度的特点。如LM311（单电压比较器）、LM339（双电压比较器）和LM393（四电压比较器）等。

需要指出的是，集成运放和集成电压比较器输出端结构不一样，因此电路连接不相同。集成运放输出端一般为互补对称电路，输出端可直接驱动负载；集成电压比较器输出端一般为OC门，即集电极开路，需外接上拉电阻。

【复习思考题】

3.35 简述差模信号与共模信号的含义。为什么共模信号是有害需抑制的信号？

3.36 理想化集成运放主要有那些理想化要求？

3.37 理想化集成运放有什么特点？有否条件？

3.38 什么叫“虚地”？什么情况下产生虚地？

3.39 如何理解集成运放反相和同相输入时输入输出电压关系仅与外接电阻R_1R_f有关？

3.40 集成运放反相和同相输入放大器分别属于什么反馈？为什么？

3.41 集成运放输入端电阻和负反馈电阻的取值范围有否限制？

3.42 集成运放电压跟随器与分列元件组成的射极跟随器和源极输出器相比有什么不同？

3.43 集成运放的加减运算电路与计算器的加减运算有何不同？

3.44 集成运放工作在非线性状态时，虚短、虚断、虚地概念是否成立？

3.7 习题

3.7.1 选择题

3.1 在常温下，硅二极管开启电压约________，导通后在较大电流时正向压降为________；锗二极管的开启电压约________，导通后在较大电流时正向压降为________。（A. 0.2V；B. 0.3V；C. 0.5V；D. 0.7V）

3.2　温度升高后，二极管正向压降将________，反向电流将________。（A. 增大；B. 减小；C. 不变；D. 不定）

3.3　硅二极管与锗二极管相比，一般情况，反向电流较________，正向压降较________。（A. 大；B. 小；C. 不定；D. 相等）

3.4　晶体管工作在饱和区时，PN 结偏置为________；工作在放大区时，PN 结偏置为________；工作在截止区时，PN 结偏置为________。（A. 发射结正偏，集电结正偏；B. 发射结正偏，集电结反偏；C. 发射结反偏，集电结正偏；D. 发射结反偏，集电结反偏）

3.5　温度升高时，晶体管参数 β ________，I_{CBO} ________，$|U_{BE}|$ ________。（A. 变大；B. 变小；C. 不变；D. 不定）

3.6　测得晶体管在放大工作状态时，$I_B = 30\mu A$ 时，$I_C = 2.4mA$；$I_B = 40\mu A$ 时，$I_C = 3mA$。则该晶体管交流电流放大系数 β 为________。（A. 80；B. 60；C. 75；D. 90）

3.7　已知共射基本放大电路处于放大工作状态下，电路中集电极电阻 R_C 的作用（多选）是________。（A. 放大电流；B. 调节 I_{BQ}；C. 调节 I_{CQ}；D. 将放大后的电流信号转换为电压信号；E. 防止交流信号对地短路）

3.8　共射基本放大电路中直流电源 U_{CC} 的作用（多选）是________。（A. 放大电流；B. 调节 I_{BQ}；C. 调节 I_{CQ}；D. 作为晶体管电流放大的能源；E. 提供晶体管静态偏置）

3.9　共射基本放大电路有输入信号且处于放大状态时，基极电流是________。（A. 直流电流；B. 交流电流；C. 交直流电流并存；D. 不定）。基极电流应用________表示。（A. I_B；B. I_b；C. i_B；D. i_b；E. 都可以）

3.10　已知共射基本放大电路如图 3-19a 所示，输入电压为正弦波，试选择一个合适的答案填空。

1）若发现电路出现饱和失真，为消除失真，可________。（A. 减小 R_P；B. 减小 R_C；C. 减小 U_{CC}；D. 增大 β）

2）若用直流电压表测得 $U_{CE} \approx U_{CC}$，有可能是因为________；若测得 $U_{CE} \approx 0$，有可能是因为________。（A. R'_B 开路；B. R'_B 短路；C. R_L 开路；D. R_L 短路）

3）若在输出不失真条件下，减小 R_P，则输出电压将________。（A. 减小；B. 不变；C. 增大；D. 不定）

4）将 RP 调至输出电压最大且刚好不失真，若保持 RP 不变，并增大输入电压，则输出电压波形将________。（A. 顶部失真；B. 底部失真；C. 顶部和底部均失真；D. 不失真）

3.11　晶体管对温度敏感的参数中，________是温度升高，数值下降的。（A. I_{CBO}；B. I_{CEO}；C. β；D. $|U_{BE}|$）

3.12　共射基本放大电路，温度升高时，I_{BQ} ________，I_{CQ} ________，U_{BEQ} ________，U_{CEQ} ________。（A. 增大；B. 减小；C. 不变或基本不变；D. 变化不定）

3.13　分压式偏置电路稳定静态工作点的关键是________。（A. 晶体管 β 足够大；B. R_{B1}、R_{B2} 足够大；C. R_C 足够大；D. R_E 足够大）

3.14　既能放大电压，又能放大电流的是________组态电路；只能放大电压，不能放大电流的是________组态电路；不能放大电压，只能放大电流的是________组态电路。（A. 共射；B. 共基；C. 共集；D. 不定）

3.15　单级放大电路，输入电压为正弦波，观察输出电压波形。若电路为共射电路，则

u_o与u_i相位________；若电路为共基电路，则u_o与u_i相位________；若电路为共集电路，则u_o与u_i相位________。(A. 同相；B. 反相；C. 正交；D. 不定)

3.16 构成反馈通路的元器件是________。(A. 只能是电阻元件；B. 只能是晶体管或集成运放等有源器件；C. 只能是无源器件；D. 可以是无源器件，也可以是有源器件)

3.17 为了稳定静态工作点，应引入________；为了稳定放大倍数，应引入________；为了提高增益，应适当引入________；为了抑制温漂，应引入________；为了改变输入输出电阻，应引入________；为了展宽频带，应引入________。(A. 直流负反馈；B. 交流负反馈；C. 交流正反馈；D. 直流正反馈)

3.18 希望放大电路输出电流稳定，应引入________；希望带负载能力强，应引入________；负载电阻较大，希望能得到有效的功率传输，应引入________；欲减小电路从信号源索取的电流，在放大电路中应引入________。(A. 电压负反馈；B. 并联负反馈；C. 电流负反馈；D. 串联负反馈)

3.19 在负反馈电路中产生自激振荡的条件是________。(A. 附加相移$\Delta\varphi = \pm 2n\pi$，$|\dot{A}\dot{F}| \geqslant 1$；B. 附加相移$\Delta\varphi = \pm 2(n+1)\pi$，$|\dot{A}\dot{F}| \geqslant 1$；C. 附加相移$\Delta\varphi = \pm(2n+1)\pi$，$|\dot{A}\dot{F}| < 1$；D. 附加相移$\Delta\varphi = \pm 2n\pi$，$|\dot{A}\dot{F}| < 1$)

3.20 乙类互补对称功放电路避免交越失真的措施是________。(A. 选P_{CM}大的功放管；B. 自举电路；C. 增大U_{CC}；D. 使功放管工作在甲乙类状态)

3.21 互补对称功放电路的最大效率是________。(A. $\pi/4$；B. $\pi/8$；C. 50%；D. 90%)

3.22 差模信号是________的信号，共模信号是________的信号。(A. 大小相等、极性相反；B. 大小不等、极性相反；C. 大小相等、极性相同；D. 大小不等、极性相同)

3.23 理想化集成运放参数的主要要求（多选）应为________。(A. $A_{od}\to 0$；B. $A_{od}\to\infty$；C. $K_{CMR}\to\infty$；D. $K_{CMR}\to 0$；E. $R_{id}\to 0$；F. $R_{id}\to\infty$；G. $R_o\to\infty$；H. $R_o\to 0$)

3.24 理想化集成运放的特点（多选）应为________。(A. 虚短；B. 虚断；C. 虚地；D. 虚节点；E. 虚回路)

3.25 集成运放基本输入电路（可多选）中，存在共模输入电压的是________。两个输入端中有一个是“虚地”的是________。(A. 反相输入；B. 同相输入；C. 差动输入；D. 以上都有)

3.26 由集成运放组成的电压比较器的工作状态主要是________。(A. 开环或正反馈状态；B. 深度负反馈状态；C. 放大状态；D. 线性工作状态)

3.7.2 分析计算题

3.27 试根据图 3-53 电路判断二极管工作状态（导通或截止），并求U_{AB}（设 VD 为理想二极管）。

3.28 试根据图 3-54 电路判断二极管工作状态（导通或截止），并求U_{AB}（设VD_1、VD_2均为理想二极管）。

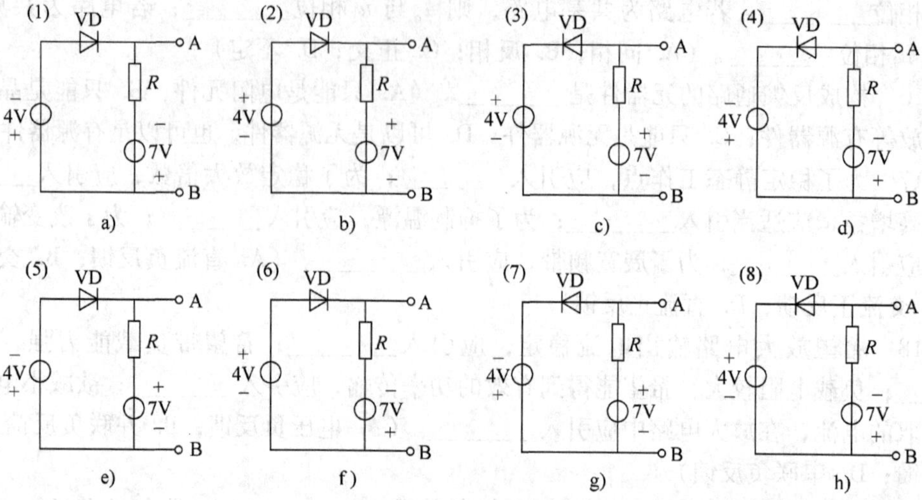

图 3-53　习题 3.27 电路

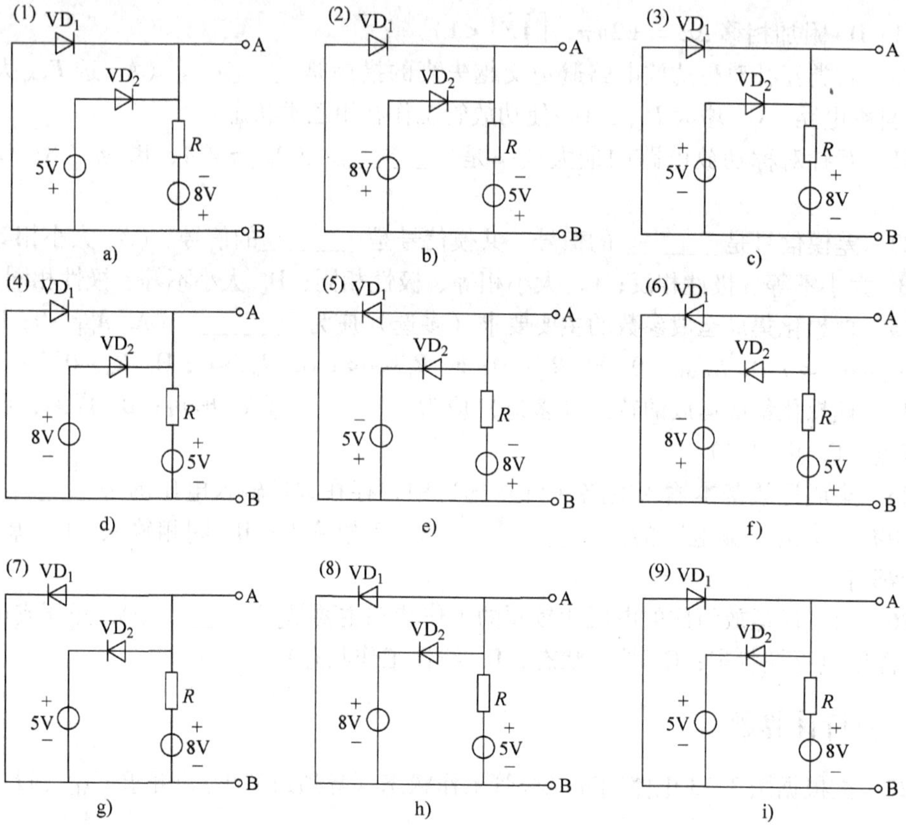

图 3-54　习题 3.28 电路

3.29　已知电路如图 3-55 所示，$u_i = 10\sin\omega t$（V），u_i波形如图 3-56 中虚线所示，$E = 5V$，试沿虚线画出 u_o波形。

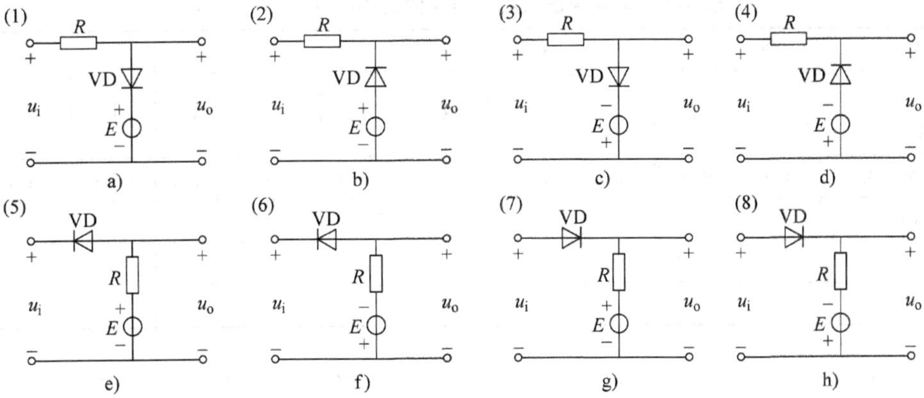

图 3-55　习题 3.29 电路

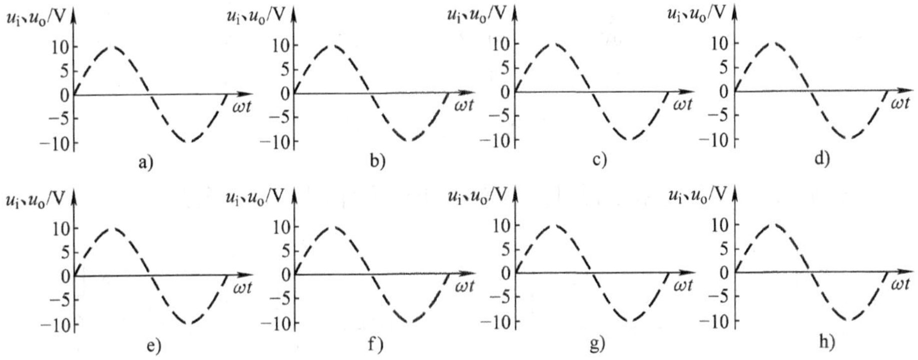

图 3-56　习题 3.29u_i 波形

3.30　测得工作在放大状态下的晶体管两个电极电流如图 3-57 所示，试求另一个电极电流，并标出电流实际方向；判断 C、B、E 电极及 NPN 或 PNP 型；估算β值。

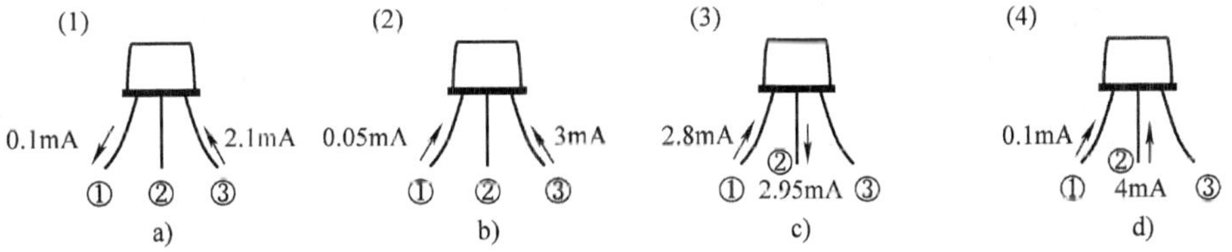

图 3-57　习题 3.30 电路

3.31　已测得晶体管各极对地电压值为 U_1、U_2、U_3、U_4，如表 3-3 所示，且已知其工作在放大区，试判断其硅管或锗管，NPN 型或 PNP 型？并确定其 E、B、C 三极。

3.32　已测得图 3-58 电路中几个晶体管对地电压值，已知这些晶体管中有好有坏，试判断其好坏。若好，则指出其工作状态（放大、截止、饱和）；若坏，则指出损坏类型（击穿、开路）。

表 3-3　晶体管各极对地电压值为 U_1、U_2、U_3、U_4

晶体管编号	V_1管			V_2管			V_3管			V_4管		
晶体管电极编号	1	2	3	1	2	3	1	2	3	1	2	3
对地电位/V	3.2	3.9	9.8	6.0	13.5	13.7	-2.3	-5	-1.6	-3.6	-1.7	-4.2
电极名称												
硅管或锗管												
NPN 或 PNP												

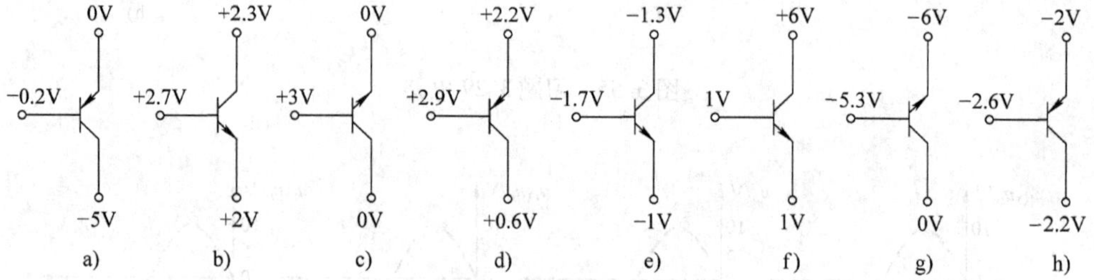

图 3-58　习题 3-32 电路

3.33　试判断图 3-59 电路是否可能具有电压放大作用？为什么？

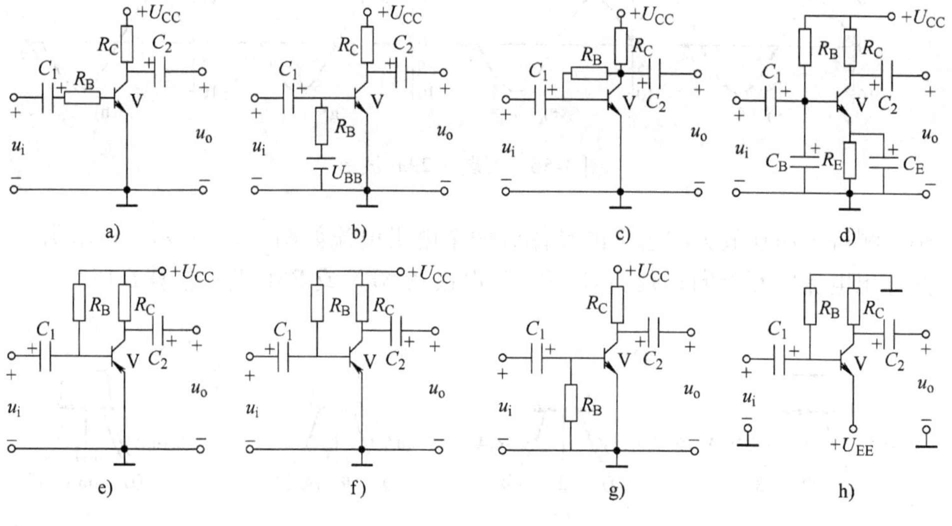

图 3-59　习题 3.33 电路

3.34　已知共射基本放大电路如图 3-19a 所示，$U_{CC}=12\text{V}$，$R_B=240\text{k}\Omega$，$R_C=3\text{k}\Omega$，$U_{BEQ}=0.7\text{V}$，$\beta=40$，$R_L=3\text{k}\Omega$，$r_{bb'}=200\Omega$，$R_s=0.3\text{k}\Omega$，$u_s=20\sin\omega t$（mV），试求：

1）电路静态工作点。2）r_{be}、A_u、R_i、R_o、u_o。

3.35　已知共射基本放大电路如图 3-60 所示，$U_{CC}=15\text{V}$，$R_C=5.1\text{k}\Omega$，$R_B=300\text{k}\Omega$，$R_P=1\text{M}\Omega$，$\beta=100$，$U_{BEQ}=0.7\text{V}$，$U_{CES}=0.1\text{V}$，试求：

1）若 RP 调至中点，求静态工作点。

2）若要使 $U_{CEQ}=7V$，求 RP 值。

3）若要使 $I_{CQ}=1.5mA$，求 RP 值。

4）若不小心，RP 调至 0，将出现什么情况？如何防止晶体管进入饱和区？

3.36 分压式偏置电路如图 3-61 所示，已知 $U_{CC}=15V$，$\beta=100$，$r_{bb'}=200\Omega$，$U_{BEQ}=0.7V$，$R_{B1}=62k\Omega$，$R_{B2}=20k\Omega$，$R_C=3k\Omega$，$R_E=1.5k\Omega$，$R_L=5.6k\Omega$，$C_1=C_2=10\mu F$，$C_E=47\mu F$，试求：1）静态工作点。2）r_{be}、R_i、R_o、A_u。3）若 R_L 开路，再求 A_u。4）若 C_E 开路，再求 R_i、A_u。

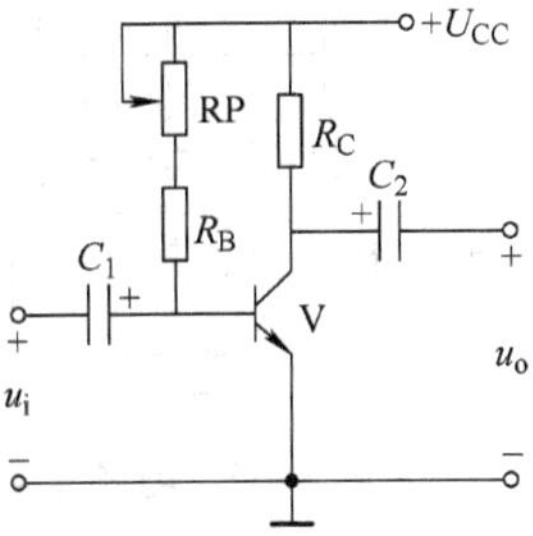

图 3-60 习题 3.35 电路

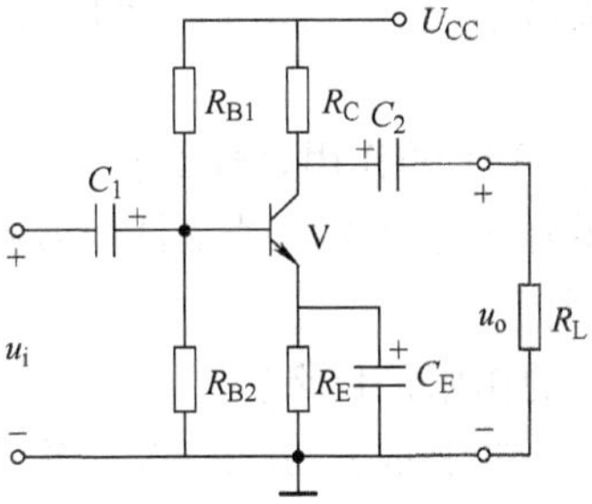

图 3-61 习题 3.36 电路

3.37 已知共集电路如图 3-62 所示，$U_{CC}=15V$，$R_B=240k\Omega$，$R_E=10k\Omega$，$U_{BEQ}=0.6V$，$\beta=50$，$r_{bb'}=300\Omega$，$R_L=5.1k\Omega$，$R_s=1k\Omega$，$C_1=C_2=10\mu F$，试求：1）静态工作点。2）r_{be}、A_u、R_i、R_o。3）若 R_L 断开，再求 A_u、R_i。

3.38 已知电路如图 3-63 所示，有两个输出端 u_{o1} 和 u_{o2}。试写出从两个输出端分别输出的电压增益表达式。若 $R_C=R_E$，试画出两个输出端输出的电压波形（设 u_i 为正弦波）。

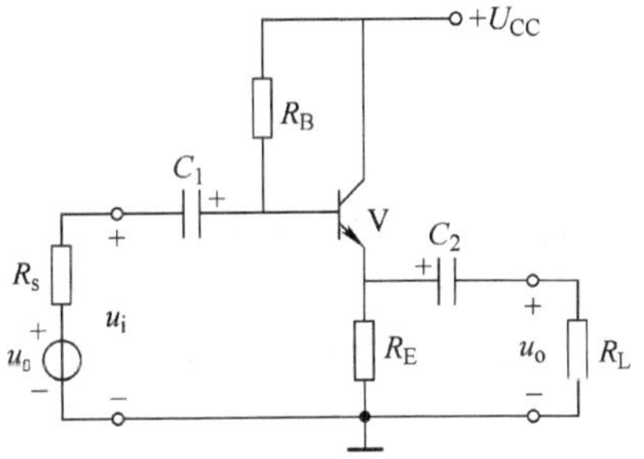

图 3-62 习题 3.37 电路

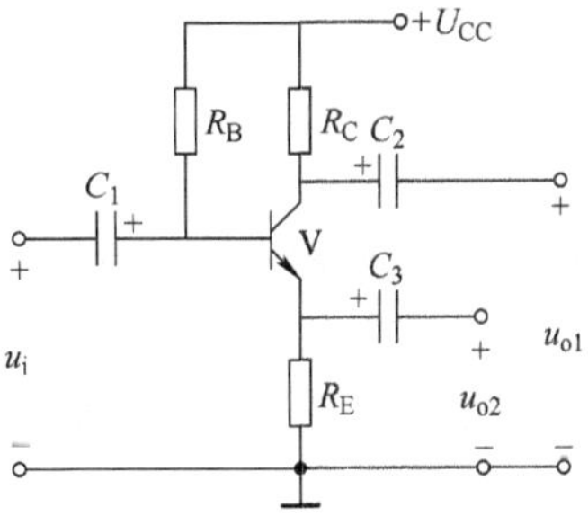

图 3-63 习题 3.38 电路

3.39 已知共基极电路如图 3-64 所示，$R_{B1}=47k\Omega$，$R_{B2}=18k\Omega$，$R_C=1.3k\Omega$，$R_E=2.7k\Omega$，$R_L=1.2k\Omega$，$U_{CC}=12V$，$\beta=60$，$U_{BEQ}=0.6V$，$r'_{bb}=300\Omega$，$C_1=C_2=10\mu F$，$C_B=47\mu F$，试求：1）静态工作点。2）r_{be}、A_u、R_i、R_o。

3.40 已知某放大电路闭环增益 $A_f=150$，要求开环增益 A 的相对变化量为 10% 时，其闭环增益相对变化量为 0.5%，试求该电路的开环增益 A 和反馈系

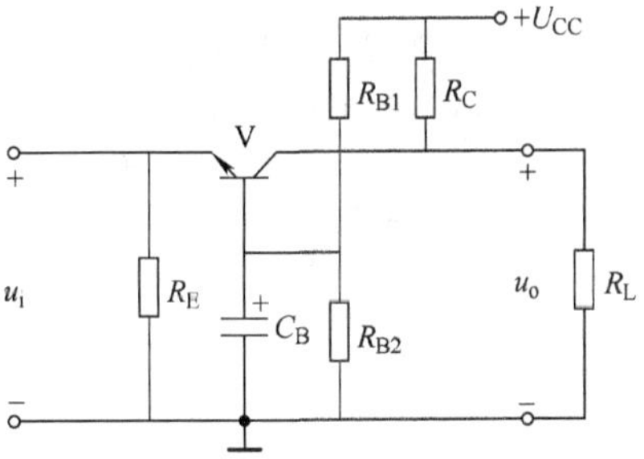

图 3-64 习题 3.39 电路

数 F。

3.41　已知某电压串联负反馈放大电路开环电压增益 $A_u=2000$，电压反馈系数 $F_u=0.95\%$，若因受温度影响使 A_u 的变化达到 $\pm10\%$ 时，求闭环电压增益 A_{uf} 的变化范围。

3.42　已知功放电路如图 3-65 所示，试回答下列问题：

1）电路名称。

2）$U_A=$？若需提高 U_A，调何元件最为合适？增大还是减小？

3）若需减小 V_1、V_2 电流，调何元件最为合适？增大还是减小？

4）VD_1、VD_2 的作用是什么？

5）C_2 的作用是什么？若最低信号频率 $f_L=50Hz$，C_2 至少应取多大？

6）R_3C_3 的作用是什么？

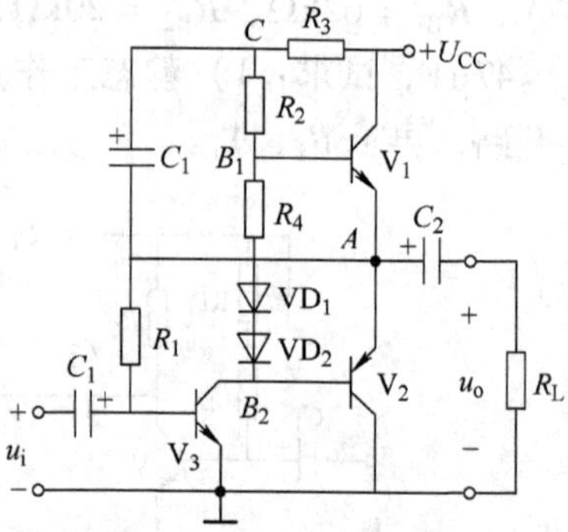

图 3-65　习题 3.42 电路

3.43　已知集成运放电路如图 3-66 所示，$R_f=100k\Omega$，$R_1=10k\Omega$，$R_2=10k\Omega$，$R_3=10k\Omega$，$u_{I1}=0.1V$，$u_{I2}=0.2V$，试求输出电压 u_O。

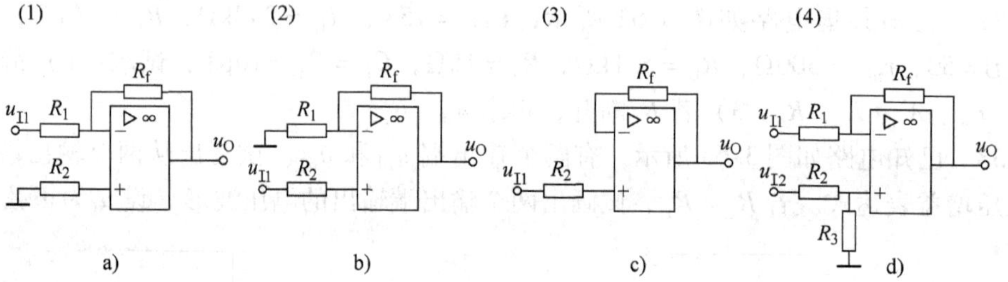

图 3-66　习题 3.43 电路

3.44　按下列输入输出电压关系，画出集成运放电路，并标出电阻值（限用一个运放，$R_f=20k\Omega$）。

1）$u_O=u_I$。2）$u_O=-u_I$。3）$u_O=2u_I$。4）$u_O=-2u_I$。5）$u_O=0.5u_I$。6）$u_O=-0.5u_I$。

3.45　已知集成运放电路如图 3-67 所示，试求输出电压 u_O。

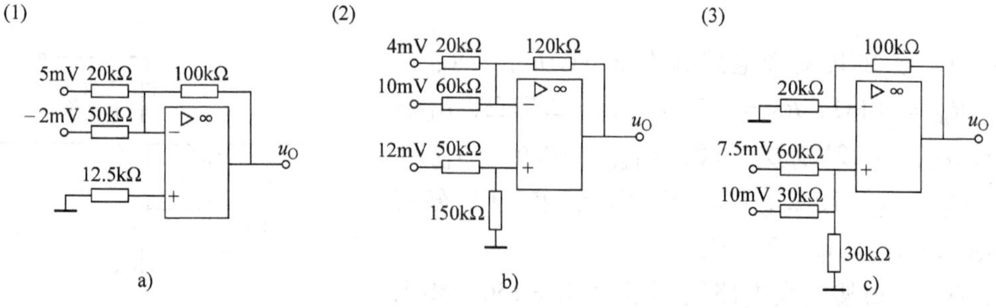

图 3-67　习题 3.45 电路

3.46　已知积分运算电路如图 3-49 所示，输入电压 $u_I(t)$ 波形如图 3-68 所示，$u_C(0)=0$，$R_1=R_2=100\text{k}\Omega$，$C_f=0.5\mu\text{F}$，试画出输出电压 u_O 波形。

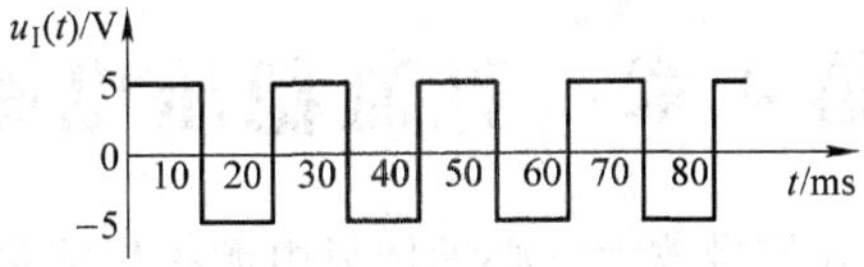

图 3-68　习题 3.46 输入输出波形

第 4 章　直流稳压电路

电子电路之所以能将输入信号放大，必须依靠电源提供能量，这个电源通常为直流稳压电源。图 4-1 为直流稳压电源组成框图及每一框图输入输出电压波形。

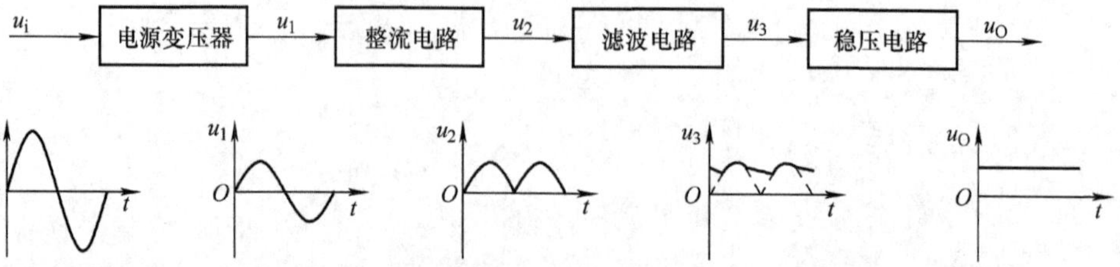

图 4-1　直流稳压电源组成框图及每一框图输入输出电压波形

（1）电源变压器

电源变压器的作用是将较高的交流电网电压（例如单相 AC 220V）变换为较低的适用的交流电压（电子电路通常需要较低的电压），同时还可起到与电网安全隔离的作用。

（2）整流电路

整流电路的作用是将交流电压变换为单向脉动直流电压，这种电压含有很大的脉动成分（纹波），一般不适合电子电路应用。

（3）滤波电路

滤波电路的作用是将单向脉动电压变得稍稍平滑些，但仍含有不少脉动成分，还不能适应要求较高的电子电路。

（4）稳压电路

稳压电路的作用是将含有脉动成分的直流电压变换为稳恒直流电压。

4.1　电源变压器

变压器是电工、电子技术中的常用电气设备，是利用互感耦合实现从一个电路向另一个电路传输能量或信号的一种器件。

1. 变压器基本结构

变压器虽然种类很多，但基本结构均相同。主要由铁心和绕组两部分组成。铁心通常用表面涂有绝缘漆膜的薄硅钢片叠成，以减小涡流形成。绕组通常由一次线圈和二次线圈组成。

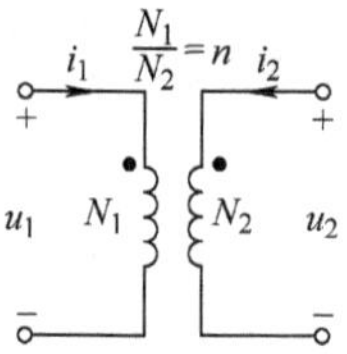

图 4-2　理想变压器电路模型

2. 理想变压器特性

由于铁心变压器铁心材料的磁导率 μ 很大，线圈绕组的直流电阻很小，且在制作工艺上采取一系列措施，使其接近理想变压器的条件。因此，可以当作理想变压器分析计算。理想变压器电路模型如图 4-2 所示，

N_1为一次线圈匝数，N_2为二次线圈匝数，n 称为匝数比，$n = N_1/N_2$。理想变压器具有下列特性：

1）一、二次线圈绕组电压比等于匝数比。

$$\frac{U_1}{U_2} = \frac{N_1}{N_2} = n \tag{4-1}$$

2）一、二次线圈绕组电流比等于匝数比的倒数。

$$\frac{I_1}{I_2} = \frac{N_2}{N_1} = \frac{1}{n} \tag{4-2}$$

3）一、二次阻抗比等于匝数比的平方。

理想变压器具有阻抗变换作用，如图 4-3 所示，$Z_1 = \frac{\dot{U}_1}{\dot{I}_1} = \frac{n\dot{U}_2}{\dot{I}_2/n} = n^2\left(\frac{\dot{U}_2}{-\dot{I}_2}\right) = n^2 Z_2$，即：

$$\frac{Z_1}{Z_2} = \left(\frac{N_1}{N_2}\right)^2 = n^2 \tag{4-3}$$

上式表明，理想变压器二次侧的负载阻抗 Z_2 折合到一次侧，将变换为 $n^2 Z_2$。同理，若将一次侧阻抗 Z_1 折合到二次侧，将得到 Z_1/n^2的阻抗。变压器的阻抗变换作用在电子技术中得到广泛应用，阻抗匹配后能获得最大功率传输。

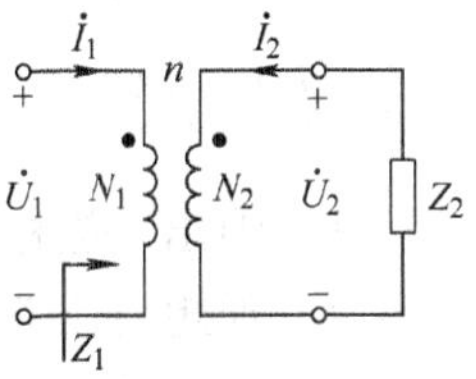

图 4-3　理想变压器阻抗变换

从上述三个特点可得出：理想变压器既不耗能，又不储能。它将一次线圈输入的能量全部从二次线圈输出。在传输过程中，仅将电压和电流按变比作数值变换。理想变压器纯粹是一种变换信号和传输电能的元件。

【例 4-1】 已知理想变压器一次线圈绕组 $N_1 = 200$ 匝，接在 220V 正弦电压上，测得二次线圈绕组端电压为 22V，试求变压器变比 n 及二次线圈绕组匝数。

解：$n = \frac{U_1}{U_2} = \frac{220}{22} = 10$

$N_2 = \frac{N_1}{n} = \frac{200}{10} = 20$ 匝

【例 4-2】 已知扩音机输出变压器，$N_1 = 300$，$N_2 = 60$，二次线圈原来接 16Ω 扬声器，现若改接 8Ω 扬声器，并要求一次侧输入阻抗保持不变，二次线圈匝数应改为多少？

解：原一次侧输入阻抗：$R_i = \left(\frac{N_1}{N_2}\right)^2 R_L = \left(\frac{300}{60}\right)^2 \times 16\Omega = 400\Omega$

现接 $R'_L = 8\Omega$，则 $N'_2 = \frac{N_1}{\sqrt{\frac{R_i}{R'_L}}} = \frac{300}{\sqrt{\frac{400}{8}}} \approx 42.4$ 匝，取 $N'_2 = 43$ 匝

3. 铁心变压器功率损耗

变压器理想化是不消耗能量的，但实际变压器还是要耗损一定的功率，主要包括：

1）铜损。是指交变电流在线圈直流电阻上产生的损耗，与线圈的直流电阻和交变电流的大小有关。因此，线圈线径越粗，线圈直流电阻越小，铜损越小。变压器负载电流增大

时，不仅使二次线圈电流 I_2 增大，而且根据式（5-2），一次线圈电流 I_1 也随着增大，使铜损增大。负载电流过大时，将使线圈绕组发烫，甚至烧毁。

2）铁损。是指在交变磁通作用下，铁心中的能量损耗。铁损主要由两部分组成：磁滞损耗和涡流损耗。

磁滞损耗由于铁磁性物质磁滞特性而引起，与铁磁性物质磁滞回线面积成正比。因此，变压器铁心通常选用磁滞回线面积较小的铁磁性材料，例如硅钢、坡莫合金及铁氧体等。

交变磁通不仅能在线圈中产生感应电动势，而且也能在同样是导体的铁心中产生感应电动势和感应电流，感应电流在铁心中垂直于磁通方向的平面内一圈一圈回旋流动，称为涡流。涡流在具有一定电阻的铁心中流动，当然要消耗能量。涡流损耗是涡流在铁心中流动产生的损耗，而涡流的大小与铁心的电阻有关，严格讲是与垂直于磁通方向平面内的铁心电阻有关。为了减小涡流损耗，在钢中加入适量硅，炼成硅钢，以增加其电阻率。并将其加工成片状，表面涂上绝缘层（清漆），以阻断涡流流动。或将铁、锰、镁、锌、铜等金属氧化物粉末按一定比例混合压铸烧结成电阻率很高的铁氧体等。需要说明的是，涡流损耗虽然有害，但也有变害为利的应用，例如利用涡流的中频炼钢炉和加热食品的电磁炉等。

【复习思考题】

4.1　画出直流稳压电源组成框图和输入输出电压波形，并叙述每一部分的功能。

4.2　理想变压器有什么特性？

4.3　实际变压器有哪些功率耗损？主要与哪些因素有关？如何减小？

4.2　整流电路

整流电路是利用二极管单向导电特性将交流电压变换为单向脉动直流电压。整流电路按其电路结构可分为半波整流、全波整流和桥式整流。

4.2.1　半波整流

1. 工作原理

半波整流电路如图 4-4a 所示，u_2 为变压器次级电压，VD 为半波整流二极管，u_O 为输出电压，R_L 为负载电阻。u_2 正半周，VD 正偏导通；u_2 负半周，VD 反偏截止。在负载 R_L 上得到一个半波单向脉动电压，如图 4-4b 所示。

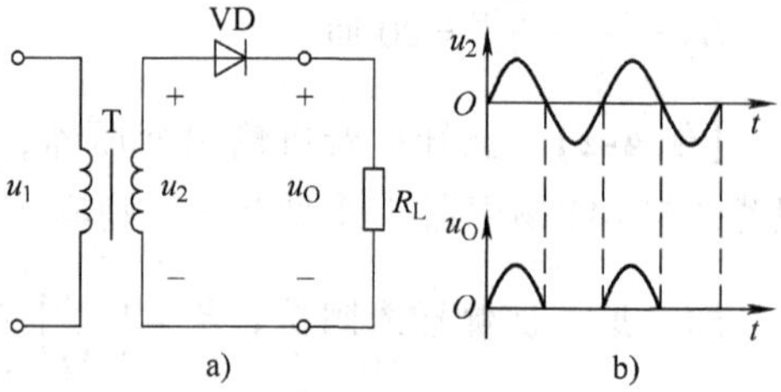

图 4-4　半波整流电路
a）电路　b）输入输出电压波形

2. 输出电压

整流电路的输出电压因属于非正弦波，一般不以有效值表示，而以平均值表示。

$$U_O = \frac{1}{2\pi}\int_0^{\pi} U_{2m}\sin\omega t\,\mathrm{d}\omega t = \frac{\sqrt{2}}{\pi}U_2 \approx 0.45U_2 \tag{4-4}$$

其中 U_2 为变压器次级电压 u_2 的有效值。

二极管二端所承受的最大反向电压：$U_{Drm}=\sqrt{2}U_2$。

4.2.2 全波整流

1. 工作原理

全波整流电路如图 4-5a 所示，变压器二次侧由两个匝数相同的绕组顺向串联组成，每个绕组电压为 u_2。u_2 正半周，VD_1 导通，VD_2 截止；u_2负半周，VD_1 截止，VD_2 导通。负载 R_L 上由于正负半周均有电流流过，且方向相同。得到一个全波单向脉动电压，如图 4-5b 所示。

实际上，全波整流相当于两个半波整流电路。

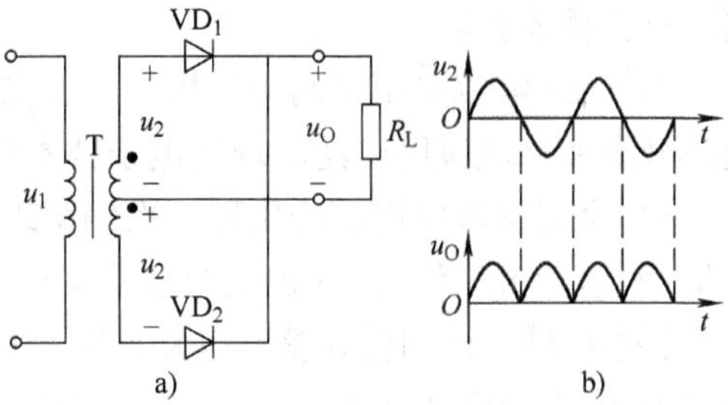

图 4-5 全波整流电路

a）电路 b）输入输出电压波形

2. 输出电压

$$U_O=\frac{1}{\pi}\int_0^{\pi}U_{2m}\sin\omega t\mathrm{d}\omega t=\frac{2\sqrt{2}}{\pi}U_2\approx 0.9U_2 \tag{4-5}$$

二极管所承受的最大反向电压：$U_{Drm}=2\sqrt{2}U_2$。

4.2.3 桥式整流

1. 工作原理

桥式整流电路如图 4-6a 所示，有 4 个二极管 VD_1 ~ VD_4组成。u_2正半周，VD_1、VD_3导通，VD_2、VD_4截止（电流实际流向如实线所示）；u_2负半周，VD_2、VD_4导通，VD_1、VD_3截止（电流实际流向如虚线所示）。负载R_L上正负半周均有电流流过，且方向相同，得到一个与图 4-5b 相同波形的全波单极性脉动电压。

综上所述，桥式整流中 4 个二极管分成两组，轮流导通。在实际应用中，4 个整流二极管常封装在一起，称为桥堆，其电路表达形式如图 4-6b 所示。

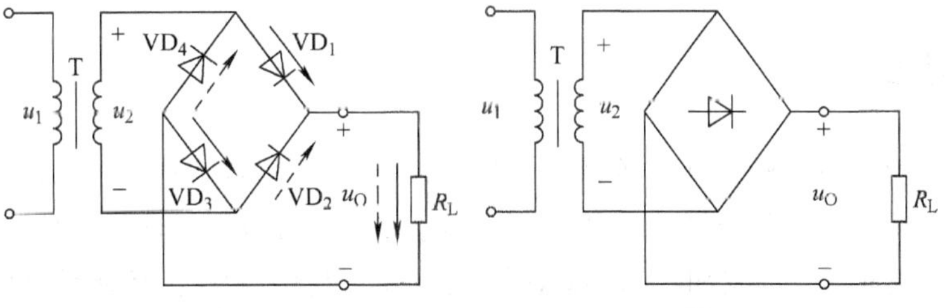

图 4-6 桥式整流电路

a）二极管组成电路 b）桥堆组成电路

2. 输出电压

由于桥式整流输出波形与全波整流输出波形相同，因此输出电压 U_O与全波整流时相同，但二极管承受的最大反向电压为$\sqrt{2}U_2$。

3. 桥式整流与全波整流比较

桥式整流与全波整流相比，有关问题说明如下：

1）从输出波形角度看，桥式整流也属于全波整流，但习惯上，因其二极管组成桥式电路，称为桥式整流。

2）桥式整流多用了两个二极管，这在早期的电子线路中，因二极管价格原因，桥式整流不及全波整流应用广泛。现代电子技术中，二极管价格低廉，因此全波整流已很少见。

3）全波整流中用的变压器二次侧绕组需双线并绕，工艺复杂，且绕组利用率只有50%（两个绕组轮流工作），这也是全波整流让位于桥式整流的重要原因。

【例4-3】 已知桥式整流电路如图4-6a所示，分析下列情况下电路正负半周工作状态：1）VD_1反接；2）VD_1短路；3）VD_1开路；4）VD_1、VD_2均反接；5）VD_1、VD_2、VD_3均反接；6）$VD_1 \sim VD_4$均反接。

解：1）VD_1反接，u_2正半周时，无输出电流，$u_O=0$；u_2负半周时，u_2短路，变压器初次级线圈均流过很大电流，轻则VD_1、VD_2和变压器温度大大上升，发烫；重则VD_1、VD_2击穿，变压器烧毁损坏（轻重主要取决于u_2的电压值和短路时间的长短）。

2）VD_1短路，u_2正半周时，正常工作；u_2负半周时，同VD_1反接情况。

3）VD_1开路，u_2正半周时，无输出电流，$u_O=0$；u_2负半周，正常工作。整个电路相当于半波整流，$u_O=0.45\ U_2$。

4）VD_1、VD_2均反接，电路正负半周均截止，无输出电流，$u_O=0$。

5）VD_1、VD_2、VD_3均反接，与情况1）状态相似。

6）$VD_1 \sim VD_4$均反接，正负半周均能整流工作，输出电压极性相反。

【复习思考题】

4.4 若将半波整流电路中的二极管VD反接，会出现什么情况？画出输出电压波形。

4.5 全波整流电路，若需输出负电压，整流二极管应如何连接？

4.6 为什么全波整流不如桥式整流应用广泛？

4.3 滤波电路

整流电路虽然能将交流电压转换成为单向脉动电压（属直流电压），但对大多数电子电路，用作直流电源，尚不符合要求，因此必须滤去其脉动成分。非正弦周期电压电流一般是由直流成分（平均值）、基波和一系列高次谐波组成，利用电感电容对不同频率的交流信号呈现不同阻抗的特点，可以滤去大部分脉动成分。

1. 电容滤波工作原理

图4-7为桥式整流电容滤波电路，图4-8为单相桥式整流电容滤波$u_C(u_C=u_O)$、i_D波形。为便于叙述其工作原理，忽略其过渡过程。

1）设$t=0$时，$u_C=0$，接通电源后，随着u_2增大，电容C开始充电。当u_2过峰值下降至$u_2<u_C$时，电容C开始通过R_L放电，放电时间常数$\tau_d=R_LC$，一般τ_d较大，u_C放得较慢，因此还没等电容上电压放光，u_2已上升到$u_2=u_C$，对应于图4-8a中ab段。

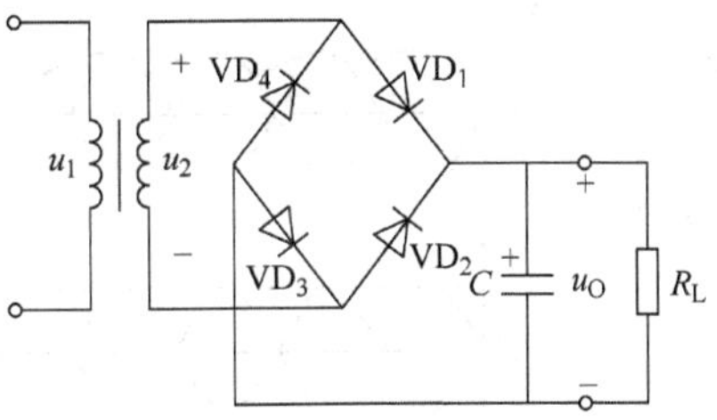

图 4-7　桥式整流电容滤波电路

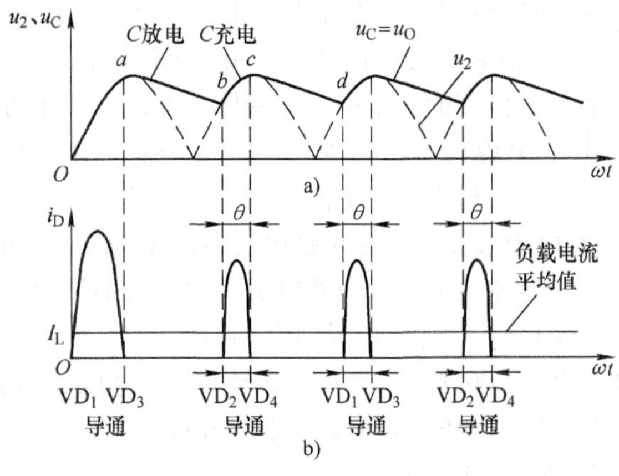

图 4-8　单相桥式整流电容滤波电路

a）u_2、u_O、u_C 波形　b）二极管电流 i_D 的波形

2）当 $u_2>u_C$ 后，电容 C 又开始充电，充电时间常数 $\tau_c=(R_L//R_S)C\approx R_SC$，其中 R_S 为从电容 C 两端向桥式整流电路看进去的戴维南等效电路的入端电阻，它包括整流二极管正向导通电阻和变压器二次线圈的直流电阻，一般 R_S 很小，因此电容 C 充电充得很快，对应于图 4-8a 中的 bc 段。

3）当电容电压上升至 $u_C=u_2$（此时 u_2 已开始下降）时，电容 C 再次进入放电周期如图 4-8a 中的 cd 段。

4）如此反复循环，得到图 4-8a 所示 u_C 波形。

5）电容 C 充电的时间也是整流二极管导通的时间，由于 C 充电时间很短，因此整流二极管导通的时间也很短。因横坐标 ωt 的单位是弧度，所以整流二极管导通时间称为导通角，用 θ 表示。根据能量守恒的概念，从变压器副边输出的电荷量应等于负载上输入的电荷量，而整流二极管导通角 θ 很小，因此整流二极管导通时的瞬时电流 i_D 比负载电流 I_L 大得多，如图 4-8b 所示。

2. 电容滤波输出电压平均值

电容滤波输出电压平均值一般很难精确计算，主要取决于放电时间常数 τ_d，即 R_L 和 C 的大小。R_L、C 越大，输出电压平均值越高；$R_L\to\infty$（开路）时，$U_O=\sqrt{2}U_2$；$C\to 0$ 时，桥式整流，$U_O=0.9U_2$；即输出电压平均值介于 $0.9\sim1.4U_2$ 之间，R_LC 对 u_O 的影响如图 4-9 所示。一般来说，满足 $R_LC\geqslant(3\sim5)\dfrac{T}{2}$ 时（T 为输入交流电压周期，工频电，$T=20\text{ms}$），可用下式估算：

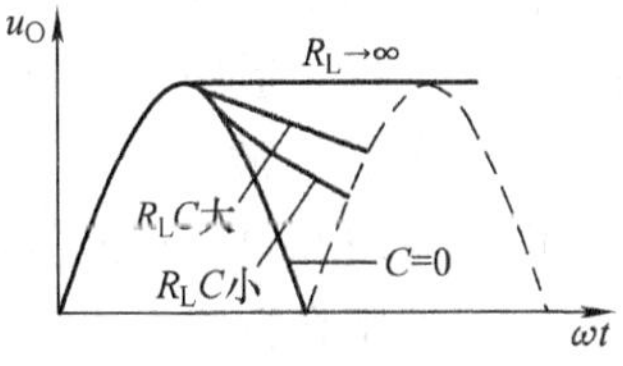

图 4-9　R_LC 对 u_O 的影响

$$U_O=1.2U_2\text{（桥式整流）}\tag{4-6a}$$

$$U_O=1.0U_2\text{（半波整流）}\tag{4-6b}$$

3. 电容滤波的特点

1）电路简单、轻便。

2）输出电压平均值升高（原因是电容储能）。

3）外特性较差（即输出电压平均值随负载电流增大而很快下降，带负载能力差）。

4）对整流二极管有很大的冲击电流，选管参数要求较高。整流二极管的冲击电流主要体现在以下两个方面：

① 若电容初始电压为0，开机瞬间，相当于短路，整流二极管会流过很大的电流。

② 由于整流二极管导通角较小，导通时电流很大。

故电容滤波适用于负载电流变化不大的场合。

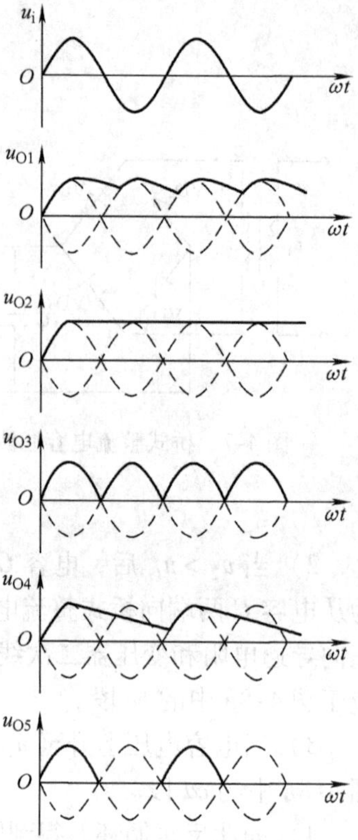

图4-10　例4-4u_O 波形

【例4-4】　已知电路如图4-7所示，$U_2 = 12V$，$f = 50Hz$，$R_L = 100\Omega$，试求下列情况下输出电压平均值u_O。

1）正常工作，并求滤波电容容量。

2）R_L开路。

3）C开路。

4）VD_2开路。

5）VD_2、C同时开路。

6）分别定性画出1）、2）、3）、4）、5）题U_O波形。

解：1）正常工作：$U_{O1} = 1.2U_2 = (1.2\times12)V = 14.4V$。

最小电容量：$C = (3\sim5)\dfrac{T}{2R_L} = (3\sim5)\dfrac{0.02}{2\times100} = 300\sim500\mu F$

2）若R_L开路，$U_{O2} = \sqrt{2}U_2 = \sqrt{2}\times12V = 17.0V$。

3）若C开路，$U_{O3} = 0.9U_2 = 0.9\times12V = 10.8V$。

4）若VD_2开路，相当于半波整流，$U_{O4} = 1.0U_2 = 12V$。

5）若VD_2、C同时开路，$U_{O5} = 0.45U_2 = 5.4V$。

6）分别定性画出1）、2）、3）、4）、5）题u_O波形如图4-10所示。

4. 电感滤波和复式滤波

（1）电感滤波

电感滤波是利用电感对脉动成分呈现较大感抗的原理来减少输出电压中的脉动成分。其主要特点是输出特性较平坦，整流二极管电流为连续波形。缺点是铁心质重体大价高，且易引起电磁干扰。适用于输出电流较大、负载变化较大的场合。

（2）复式滤波

电容滤波和电感滤波各有优缺点，复式滤波是将电阻电感电容组合，可进一步提高滤波效果。元件组合方式有RC滤波和LC滤波，结构型式有π型和Γ型。

【复习思考题】

4.7　电容滤波有什么主要特点？

4.8　电容滤波输出电压平均值与哪些因素有关？如何估算？有什么条件？

4.9　如何理解电容滤波中整流二极管的冲击电流？

4.10　电感滤波有什么主要特点？

4.4 稳压管稳压电路

4.4.1 稳压二极管

稳压二极管是一种特殊的面接触硅二极管，由于其在电路中在一定条件下能起到稳定电压的作用，故称为稳压管，图 4-11a 为其在电路中的符号。

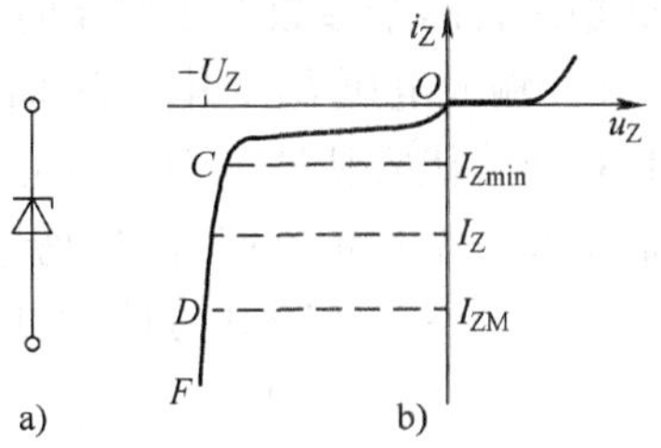

图 4-11 稳压二极管符号及伏安特性
a) 符号 b) 伏安特性

1. 伏安特性

稳压管的伏安特性与普通二极管的伏安特性相似，如图 4-11b 所示，其与普通二极管伏安特性的区别在于反向击穿特性很陡，反向击穿时，电流虽然在很大范围内变化，但稳压管两端的电压变化却很小。

2. 稳压工作条件

稳压管稳压工作时工作在伏安特性反向击穿段，因此其工作条件为：

① 电压极性反偏。

② 有合适的工作电流。

有合适的工作电流表示电流既不能太小，又不能太大，如图 4-11b 中 *CD* 段。若电流小了，工作在图 4-11b 中 *OC* 段，电流稍有变化，电压变化很大，不能稳压。若电流大了，如图 4-11b 中 *DF* 段，超出稳压管最大稳定电流 I_{ZM}，有可能超出稳压管最大功耗，发生热击穿而损坏。合适的工作电流依靠与稳压管串联的合适电阻加以调节。

3. 主要特性参数

1）稳定电压 U_Z。稳压管流过规定电流时两端的反向电压值，即稳压管的反向击穿值或稳压值。

2）稳定电流 I_Z。稳压管处于稳压工作时的电流参考值。如图 1-13b 中，$I_{Zmin} < I_Z < I_{ZM}$，应用稳压管时，应使其电流工作在 I_Z附近。

3）最大耗散功率 P_{ZM}和最大工作电流 I_{ZM}。P_{ZM}和 I_{ZM}是保证稳压管不被热击穿的极限参数，两个参数通常给出一个，另一个可由 $P_{ZM} = I_{ZM} \times U_Z$计算而得。

4）动态电阻 r_Z。$r_Z = du_Z/di_Z$，r_Z是稳压管的质量参数，表明其伏安特性反向击穿部分的陡峭程度，r_Z越小，稳压管稳压特性越好。

5）电压温度系数 α_Z。α_Z是稳压管稳定电压 U_Z随温度变化的特性，定义为当稳压管电流为 I_Z时，温度每改变 1℃，稳定电压 U_Z变化的百分比。一般 U_Z低于 6V 的稳压管 α_Z为负值，U_Z高于 6V 的稳压管 α_Z为正值，U_Z在 6V 附近的稳压管 α_Z最小。

4.4.2 硅稳压管稳压电路

1. 电路和工作原理

硅稳压管组成的稳压电路如图 4-12 所示，其中 U_I为输入电压，U_O为输出电压，VS 为稳压管（处于反偏状态），*R* 为限流电阻（提供稳压管合适工作电流，使 $I_{Zmin} < I_Z < I_{ZM}$），R_L为负载电阻。按图 4-12 电路，可列出 KVL 和 KCL 方程：

$U_O = U_I - I_R R = U_Z$

$I_R = I_Z + I_L$

其稳压过程可从两个方面分析，一是输入电压 U_I变化，二是负载电阻 R_L变化，看电路能否起稳压作用。所谓稳压，就是当硅稳压管两个参数发生变化时，仍能保持输出电压稳定。

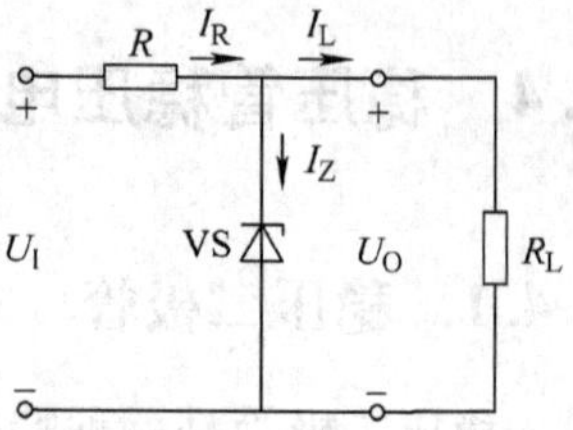

图 4-12 硅稳压管组成的稳压电路

1）输入电压 U_I变化。设 U_I上升引起 U_O上升，即 U_Z变大，根据稳压管伏安特性可知，U_Z稍有增大，就能引起 I_Z增大很多，从而引起一系列负反馈过程而稳定输出电压 U_O，其过程如下：

$$U_I\uparrow\rightarrow U_O\uparrow(U_Z\uparrow)\rightarrow I_Z\uparrow\rightarrow I_R\uparrow(I_R=I_Z+I_L)\rightarrow U_R\uparrow(U_R=I_RR)\rightarrow U_O\downarrow(U_O=U_I-I_RR)$$

维持U_O基本不变

若 U_I下降，其过程相反。

2）负载 R_L变化（输出电流 I_L变化）。稳压过程如下：

$$R_L\downarrow\rightarrow I_L\uparrow(I_L=U_O/R_L)\rightarrow I_R\uparrow(I_R=I_Z+I_L)\rightarrow U_R\uparrow\rightarrow U_O\downarrow(U_Z\downarrow)\rightarrow I_Z\downarrow\rightarrow I_R\downarrow\rightarrow U_R\downarrow\rightarrow U_O\downarrow$$

维持U_O基本不变

综上所述，硅稳压管组成的稳压电路中，稳压管是通过自身的电流调节作用，并通过限流电阻 R，转化为电压调节作用，从而达到稳定电压的目的。

2. 元件选择

硅稳压管稳压电路的稳压性能主要取决于限流电阻 R 和稳压管动态电阻 r_Z。稳压管动态电阻 r_Z越小，电流调节作用越明显；限流电阻 R 越大，电压调节作用越明显。但是限流电阻 R 大小受到其他参数（如输入电压 U_I、负载电流 I_L、稳压管电流 I_{Zmin}和 I_{ZM}、电阻功耗、电路效率等）的限制，一般可按下式求取：$\dfrac{U_{Imax}-U_Z}{I_{ZM}+I_{Lmin}} < R < \dfrac{U_{Imin}-U_Z}{I_{Zmin}+I_{Lmax}}$。

3. 适用场合

硅稳压管电流变化范围不大，即电流调节范围有限，因此，硅稳压管稳压电路适用于负载电流较小，且变化不大的场合。

【复习思考题】

4.11 为什么稳压管处于稳压工作状态时必须有合适的工作电流？

4.12 稳压管稳压电路中，稳压管和限流电阻 R 各起什么作用？

4.5 线性串联型稳压电路

稳压管稳压电路在负载电流较小，且变化不大的场合，简单实用而被广泛应用，但在要求输出电流较大，负载电流变化较大，输出电压可调、稳压精度较高的场合，不太适用。线性串联型稳压电路能获得较好的稳压效果。

4.5.1 线性串联型稳压电路概述

1. 基本电路

图 4-13a 为线性串联型稳压电路的基本电路，线性串联型稳压电路可分为 4 个组成部

分：基准、取样、比较放大和调整。

① 基准。由 R_3、VS 组成稳压管稳压电路，提供基准电压。

② 取样。由 R_1、R_2组成输出电压分压取样电路。

③ 比较放大。由 V_2、R_4组成比较放大电路，将基准电压和取样电压比较并放大。

④ 调整。V_1为调整管，根据比较放大的信号控制和调整输出电压。

2. 工作原理

稳压电路在某种原因下输出电压发生变化时能稳定输出电压，其控制过程如下：

$$U_O\uparrow\rightarrow U_{B2}\uparrow\left(U_{B2}=\frac{U_O R_2}{R_1+R_2}\right)\rightarrow U_{BE2}\uparrow(U_{BE2}=U_{B2}-U_Z)\rightarrow I_{C2}\uparrow\rightarrow U_{B1}\downarrow(U_{B1}=U_I-I_{C2}R_4)\rightarrow U_O\downarrow(U_O=U_{B1}-U_{BE1})$$

线性串联型稳压电路是一个二级直流放大器，射极输出，从负反馈角度看，是一个电压串联负反馈电路。电压负反馈，能稳定输出电压。

3. 输出电压

根据$\dfrac{U_O R_2}{R_1+R_2}=U_{B2}=U_{BE2}+U_Z\approx U_Z$，可得出：

$$U_O\approx\left(1+\frac{R_1}{R_2}\right)U_Z \tag{4-7}$$

为了使输出电压可调，可在 R_1、R_2之间串入一个电位器。调节电位器，即调节了取样分压比，调节了输出电压，如图 4-13b 所示。

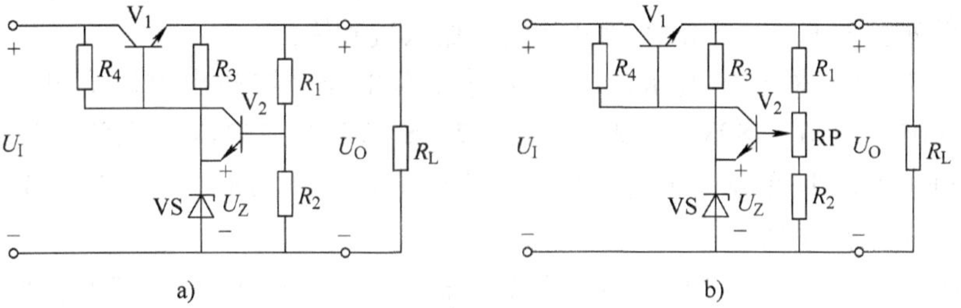

图 4-13　串联型稳压电路

a）基木电路　b）输出电压可调电路

4. 性能分析

稳压电路的主要技术指标有稳压系数、输出电阻和温度系数，线性串联型稳压电路的性能主要与调整管、比较放大电路的增益以及基准电压的稳定有关。

（1）调整管 V_1

① 线性串联型稳压电路要求调整管工作在放大状态，β 越大，效果越好。因此，通常用复合管组成调整管。

② 线性串联型稳压电路的输出电流须全部流过调整管，即输出电流受制于调整管 I_{CM}。

③ 因调整管工作在放大状态，且输出较大电流。因此，调整管功耗较大，即输出电流同时受制于调整管 P_{CM}。为减小调整管 P_{CM}，输入输出压差（U_I-U_O）不宜过大，一般视输出电流大小取 2～5V，同时选饱和压降 U_{CES}小的调整管。一般情况下，调整管应加装散热

片。

（2）比较放大电路增益

据理论分析，线性串联型稳压电路的稳压系数，输出电阻均与比较放大电路增益 A_{u2} 有关。A_{u2} 越大，电路稳压性能越好。$A_{u2}=\dfrac{\beta_2 R_4}{R_1//R_2+r_{be2}+(1+\beta_2)r_Z}$，其中 r_Z 为稳压管动态电阻，从该式看出，欲增大 A_{u2}，主要从以下几点着手：

① 提高比较放大管 V_2 的 β 值。

② 增大 V_2 管集电极负载电阻 R_4，但 R_4 过大会减小 V_2 管的动态范围，因此改进电路中常用恒流源代替 R_4。

③ 选用动态电阻 r_Z 较小的稳压管，基准电压 U_{REF} 的稳定对串联型稳压电路的性能有很大影响，稳压管的 r_Z 越小，稳压性能越好。

4.5.2 三端集成稳压电路

目前在电子设备中，采用分列元件组成线性串联型稳压电路，已很少见，普遍应用的是集成稳压电路。其中广泛应用的是输出电压固定的三端集成稳压器 78/79 系列和输出电压可调的三端集成稳压器 LM317/337。

1. 输出电压固定的集成稳压器 78/79 系列

78/79 系列集成稳压器内部具有过电流、过热和安全工作区 3 种保护，稳压性能优良可靠，使用简单方便，价格低廉，体积小，国内外有许多生产厂商制造生产。图 4-14 为 78/79 系列集成稳压器 TO220 封装外形正视图。78 系列引脚 1、2、3 依次为输入端、公共端和输出端；79 系列引脚 1、2、3 依次为公共端、输入端和输出端。

1）分类。78 系列输出正电压，79 系列输出负电压；按输出电压高低（以 78 系列为例）可分为 7805、7806、7808、7809、7812、7815、7818、7824V（末两位数字为输出电压值）；按输出电流大小可分 78L（0.1A）、78M（0.5A）、78（1.5A）、78T（3A）、78H（5A）及 78P（10A）系列。

2）典型应用电路。图 4-15 为 78 系列集成稳压器典型应用电路（79 系列应用电路电解电容 C_3 及二极管 VD 应反接，输入电压必须为负极性），说明如下：

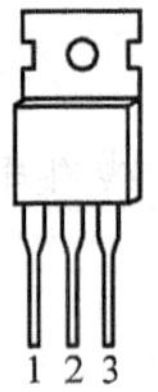

图 4-14　三端集成稳压器

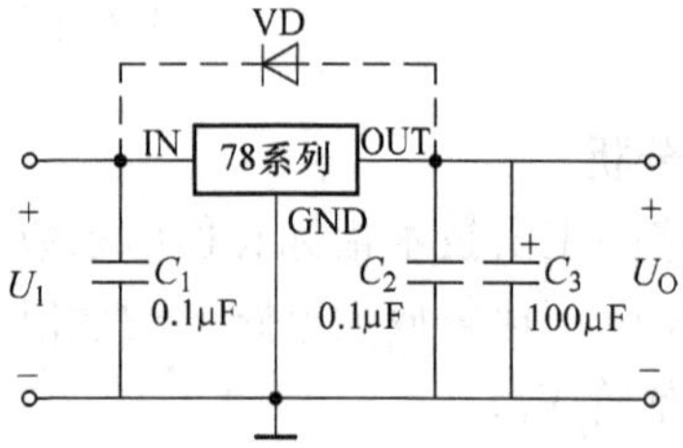

图 4-15　78 系列集成稳压器典型应用电路

① 电容 C_1 用于输入端高频滤波，包括滤除电源中高频噪声和干扰脉冲。

② 电容 C_2、C_3 用于输出端滤波，改善负载的瞬态响应，并消除来自负载电路的高频噪声。需要指出的是多数教材和技术资料有关三端集成稳压器的电路中，没有大容量电容 C_3，这是不合理的。实验表明，如 78 系列（1.5A）输出电流大于 200mA 后，输出电压纹波明

显增大。因此应根据负载电流的大小在输出端接大容量电解电容，一般取 100 ~ 1000μF，负载电流越大，电容容量应越大。

③ 负载电流较大时，集成稳压器应加装散热片，否则，集成稳压器将因温升过高而进入过热保护状态（输出限流）。

④ 图 4-15 电路中二极管 VD 的作用是输入端短路时提供 C_3 放电通路，防止 C_3 两端电压击穿集成稳压器内调整管 be 结。但在集成稳压器输出电压不高的情况下，也可不接。注意稳压器浮地故障，当 78 系列集成稳压器公共端断开时，输入输出电压几乎同电位，将引起负载端高电压。78/79 系列三端集成稳压器内部有完善的保护电路，一般不会损坏。

⑤ 78 系列集成稳压器输入电压不得高于 35V（7824 允许 40V），不得低于 -0.8V；输入输出电压最小压差约 2V。

⑥ 78/79 系列集成稳压器输出最大电流是在 3 种保护电路未作用时的极限参数，实际上，还未到输出最大电流极限值，3 种保护电路已动作。增大输出电流并保持稳压的途径是加装大散热片和在输出端接大容量电容。

⑦ 当需要输出正负两组电源时，可按图 4-16 连接。

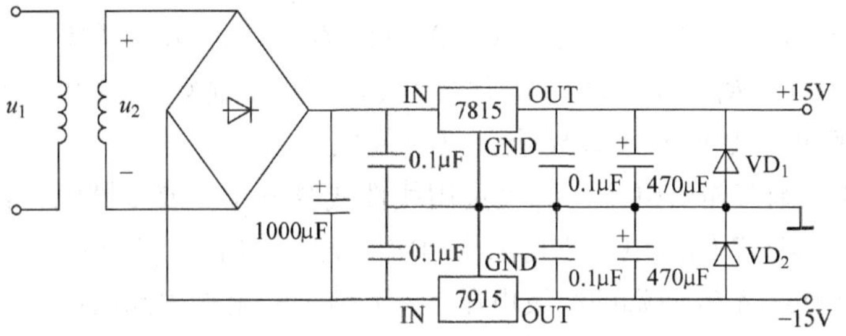

图 4-16　正负电源输出稳压电路

【例 4-5】 试设计一个输出电压电流 5V/0.5A 的稳压电路，并画出电路。

解： 1）选择集成稳压器芯片：输出电压电流 5V/0.5A，选 7805。

2）确定输入电压范围：集成稳压器输入电压既不能过高，又不能过低。输入电压过高，集成稳压器功耗大，容易进入过热保护状态；输入电压过低，接近或小于最小压差 2V，输出电压纹波将增大，直至不能稳压。一般来说，取输入最小电压比输出电压高 2 ~ 3V，输入最大电压比输出电压高 5 ~ 9V。输出电流较小时取下限值，输出电流较大时取上限值。因此取输入电压范围为 8 ~ 12V。

3）选择输入输出端电容，C_1、C_3 为 0.1μF（聚苯乙烯电容）；C_2、C_4 为 470μF（铝电解电容）。电路如图 4-17 所示。

4）7805 加装散热片。

2. 输出电压可调的集成稳压器 LM317/337

LM317/337 为输出电压可调集成稳压器。317 输出正电压，337 输出负电压。TO220 封装外形正视图同图 4-14。引脚 1、2、3 依次为调整端（Adjust）、输出端和输入端。图 4-18 为 LM317 典型应用电路（LM337 电路连接与图 4-18 相似，但二极管、电解电容极性应反接，输入电压也必须是负极性）。

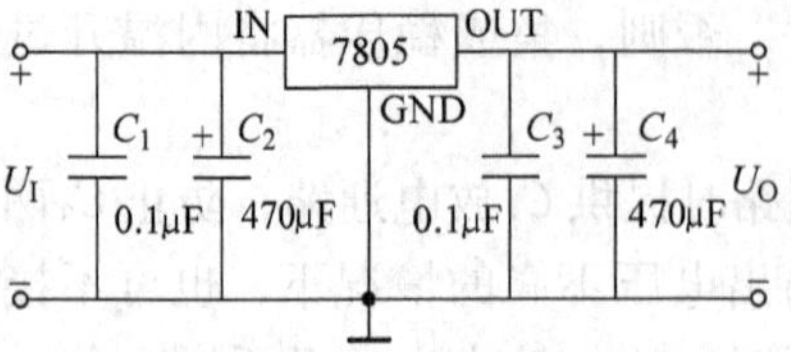

图 4-17　例 4-5 电路

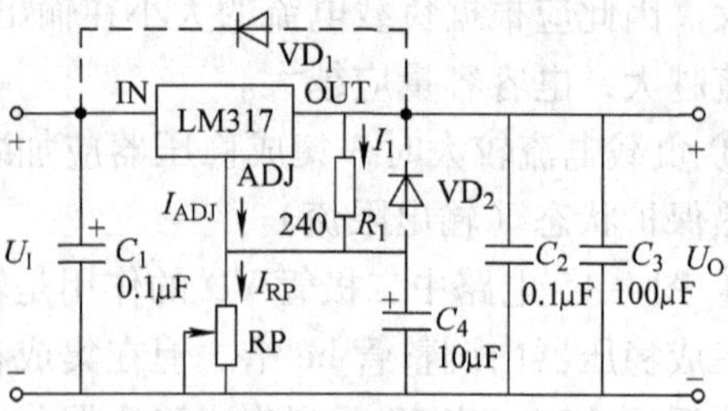

图 4-18　LM317 典型应用电路

LM317/337 有两个特点：一是输出端与 Adj 端之间有一个稳定的带隙基准电压 $U_{REF}=1.25V$；二是 $I_{ADJ}<50\mu A$。因此，按图 4-18，输出电压：

$$U_O = I_1R_1 + (I_1 + I_{ADJ})R_P \approx I_1(R_1 + R_P) = \frac{U_{REF}}{R_1}(R_1 + R_P) = \left(1 + \frac{R_P}{R_1}\right)U_{REF} \tag{4-8}$$

上式表明，输出电压 U_O与取决于 R_P与 R_1的比值，调节 R_P即能调节输出电压 U_O。对图 4-18 电路，说明如下。

① R_1的取值范围应适当，一般取 120 ~ 240Ω。$I_1=U_{REF}/R_1=(10\sim5)mA$，满足 $I_1>>I_{ADJ}$，I_{ADJ}可忽略不计，R_1越小，输出电压精度及稳压性能越好；但 R_1过小，功耗过大，热稳定性变差，一般可选用 RJX/0.25W 电阻（金属膜）。

② 调节 R_P即可调节输出电压，R_P可选用线性线绕电位器或多圈电位器。其最大阻值视输入输出电压值。LM317 输入电压不得高于 40V。输入输出电压最小压差约 2V。

③ 电容 C_4用于旁路 R_P两端的纹波电压。VD_2用于输出端短路时提供 C_4放电回路，VD_1用于输入端短路时提供 C_3的放电回路，以防损坏 LM317。

【复习思考题】

4.13　线性串联型稳压电路的基本电路由哪几部分组成，各有什么作用?

4.14　线性串联型稳压电路的输出电压与哪些因素有关? 如何使输出电压可调?

4.15　线性串联型稳压电路的稳压性能主要与哪些因素有关?

4.16　叙述输出电压固定的三端集成稳压器输出电压正负、输出电压高低、输出电流大小分类概况。

4.17　应采取什么措施保障 78 系列集成稳压器有足够的输出电流?

4.6　开关型直流稳压电路

78/79 系列和 LM317/337 系列三端集成稳压器属于线性稳压电路，其内部调整管必须工作在线性放大区，调整管 U_{CE}较大，同时输出电流全部流过调整管，因此调整管功耗很大，整个电源效率很低，一般只有 30% ~60%。特别是当输入输出压差大、输出电流大时，不但电源效率很低，也使调整管工作可靠性降低。开关型稳压电路中的调整管工作在截止与饱和两种状态，管耗很小，电源效率明显提高，可达 70% ~90%，近年来发展迅速，得到广泛应用。

4.6.1 开关型直流稳压电路概述

1. 工作原理

图 4-19 为开关型稳压电路工作原理示意图，电路由开关元件、控制电路和滤波器组成。其中开关元件由功率晶体管或功率 MOSFET 担任，工作在饱和导通或截止状态，由控制电路根据输出电压的高低组成闭环控制系统。开关元件饱和导通时，$U_D = U_I$；截止时，$U_D = 0$。因此 U_D为矩形脉冲波，其包络线为输入电压 U_I，如图 4-20 所示。此矩形脉冲再经过 LC 滤波器，得到比较平滑的直流电压。

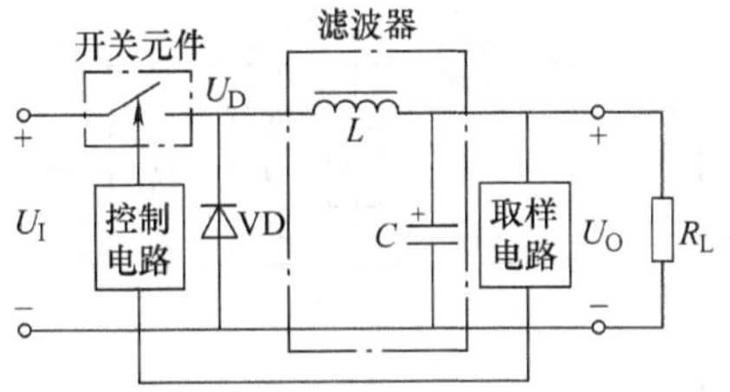

图 4-19 开关型稳压电路工作原理示意图

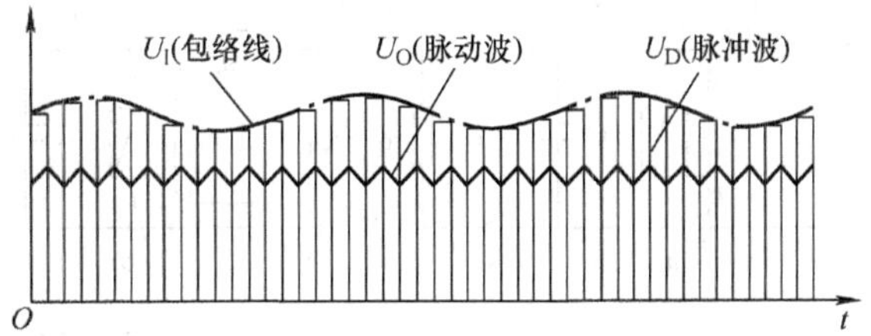

图 4-20 开关型稳压电路 U_I、U_D、U_O 波形

LC 滤波器工作原理示意图如图 4-21 所示。开关元件导通时，LC 充电储能，同时负载 R_L中有电流流过；开关元件截止时，L 与 C 中储能向负载放电，二极管 VD 提供放电时的电流通路，称为续流二极管。显然，输出电压 U_O的大小与一个周期中开关元件导通的时间 t_{on}成正比。

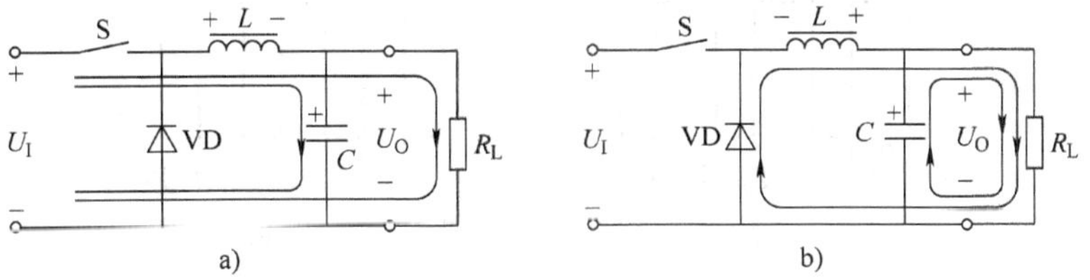

图 4-21 LC 滤波器工作原理示意图

a）S 导通 b）S 截止

$$U_O = \frac{t_{on}}{T} U_I = q U_I \tag{4-9}$$

其中 T 为矩形脉冲周期，q 称为矩形脉冲的占空比，$q = t_{on}/T$。

读者可能有疑问的是，仅凭 LC 滤波能否达到稳压的目的？若能达到稳压目的，那么还要稳压电路做什么？需要指出的是，开关型稳压电路中的 LC 滤波与普通 LC 滤波不一样。普通 LC 滤波是对 100Hz（50Hz 电源桥式整流后为 100Hz）脉动电压滤波，而开关型稳压电路中的 LC 滤波器是对高频脉冲波（早期多为 20 ~ 50kHz，目前多为 200 ~ 500kHz，已有大量 1MHz 以上应用）滤波，因此较小的 LC 元件即能达到很好的滤波效果，电感元件 L 中的磁心也不是普通的低频磁心，而是一种特殊的高频磁心，体积很小，L 线圈匝数很少，开关频率越高，L 可越小。当然，与线性串联型稳压电路相比，开关型稳压电路输出电压中含有较多的高频脉动成分，这是开关型稳压电路的缺点。

2. 开关型稳压电路分类

开关型稳压电路发展很快，种类很多，各有优缺点和不同用途。主要分类情况如下：

（1）串联型和并联型

按开关元件连接方式，开关型稳压电路可分为串联型（Buck）和并联型（Boost），串联型的开关元件与负载串联，属降压型变换，如图 4-19 所示。并联型的开关元件与负载并联，属升压型变换，如图 4-22a 所示。并联型开关稳压电路工作原理是，开关元件导通时，L 充电，C 放电，如图 4-22b 所示；开关元件截止时，L 上的反电势与 U_I 叠加，向 C 充电，如图 4-22c 所示，C 上充得的电压将大于 U_I，因此负载 R_L 上可获得比 U_I 更高的电压。

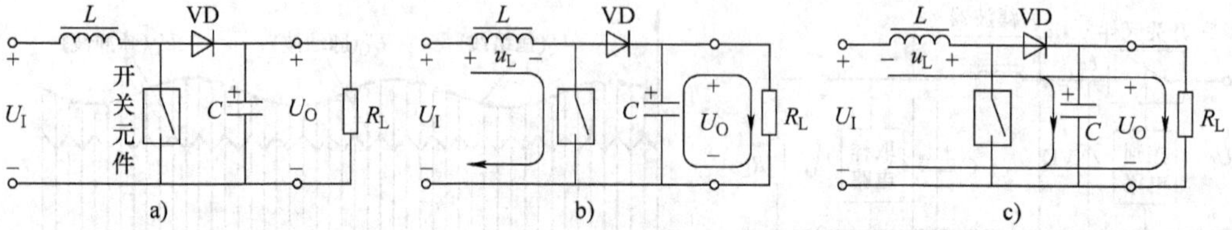

图 4-22　并联型开关稳压电路原理图

a）电路组成　b）L 充电　c）L 放电

（2）脉宽调制型和频率调制型

脉宽调制型（Pulse Width Modulation，PWM）是在开关元件开关周期 T 不变条件下，改变导通脉冲宽度 t_{on}，从而改变占空比 q，改变输出电压 U_O，如图 4-23a 所示。

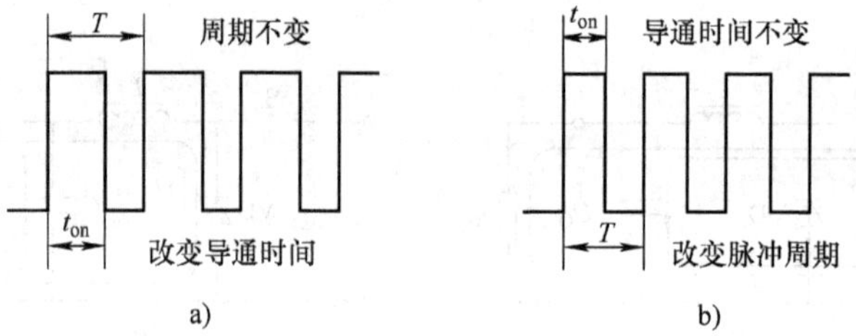

图 4-23　开关电源调制型式

a）PWM　b）PFM

频率调制型（Pulse Frequency Modulation，PFM）是在开关元件导通脉冲宽度 t_{on} 不变的条件下，改变开关元件工作频率，从而改变占空比 q，改变输出电压 U_O，如图 4-23b 所示。

（3）AC－DC 变换型和 DC－DC 变换型

AC－DC 变换型与 DC－DC 变换型的区别是指开关型稳压电源的输入电压是交流 AC 还是直流 DC，但即使输入电压是交流 AC，也需将其整流滤波变换为直流电压后再输入开关型稳压电路。

（4）正激式和反激式

正激式变换是在开关元件导通时传递能量，如图 4-24a 所示，开关元件导通时，VD_1 导通（注意变压器 T 同名端），LC 充电；开关元件截止时，VD_1 截止，LC 放电（VD_2 为续流二极管）。

反激式变换是在开关元件截止时传递能量，如图 4-24b 所示，开关元件导通时，VD 截止（注意变压器T同名端），变压器T副边储能；开关元件截止时，VD导通，变压器T副边在开关元件导通时储存的能量通过VD向电容C充电。显然，反激式变换电路简单，但对元件要求较高。

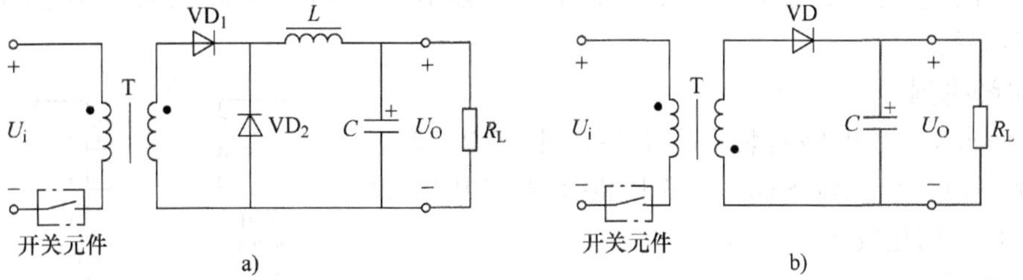

图4-24　正激式和反激式开关电源

a）正激式　b）反激式

3. 开关电源中的开关元件

开关元件在开关型稳压电路中是一个很关键的元件，要求高频、大电流、通态电压低、驱动控制简单等，目前常用MOSFET、VMOS和IGBT，小功率开关电源也使用双极型晶体管，其中以IGBT最为理想。

4. 开关电源与线性电源性能比较

与串联型线性电源相比，开关电源的主要优点是效率高；调整管功耗低，不需要较大的散热器；用轻量的高频变压器替代笨重的工频变压器，体小量轻。表4-1为开关型稳压电源与串联型线性稳压电源性能比较。

表4-1　开关型稳压电源与串联型线性稳压电源性能比较

	串联型线性稳压电源	开关型稳压电源
效率	低（30%～60%）	高（70%～90%）
尺寸	大	小
重量	重	轻
电路	简单	复杂
稳定度	高（0.001%～0.1%）	普通（0.1%～3%）
纹波（p－p）	小（0.1～10mV）	大（10～200mV）
暂态反应速度	快（50μs～1ms）	普通（500μs～10ms）
输入电压范围	窄	宽
成本	低	普通
电磁干扰	无	有

4.6.2　Top Switch单片集成开关电源电路

用分列元件或小规模集成电路构建开关电源，线路复杂、成本高及效率低，美国动力（Power Integration）公司推出的Top Switch系列单片集成电路，能构成各种小型化开关电源，并能在价格上与线性稳压电源相竞争，广泛用于仪器仪表、笔记本式计算机、移动电话、电视机、VCD和DVD、摄录像机、手机电池充电器、功率放大器及LED电源等领域。

1. 产品分类

Top Switch 系列单片集成电路第一代产品为 Top 100/200 系列（用于 100W 以内），第二代产品为 Top Switch－Ⅱ系列（用于 150W 以内），后来又推出的 Top Switch－GX 系列（用于 250W 以内）。另外，还有比 Top Switch 功率较小的 TINY Switch 系列（用于 20W 以内）单片集成电路。

2. 引脚排列

Top Switch 单片电路封装形式主要 3 种：TO－220、DIP－8 和 SMD－8。Top Switch－Ⅱ封装引脚图如图 4-25 所示，但均可简化成 3 个引脚。

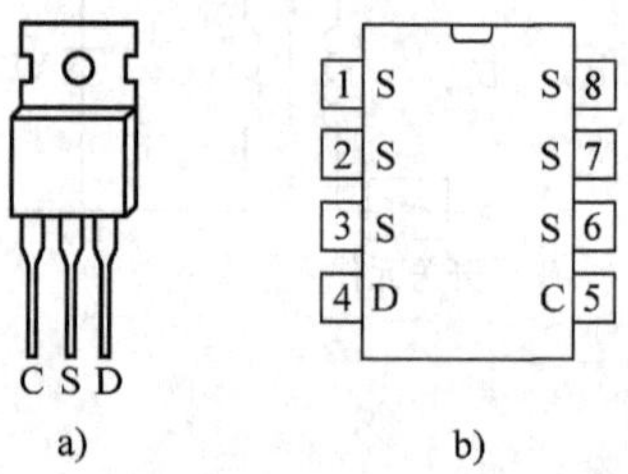

图 4-25　Top Switch－Ⅱ封装引脚图
a）TO－220　b）DIP－8 或 SMD－8

3. 性能特点

1）片内含脉宽调制器、功率开关场效应晶体管（MOSFET）、自动偏置电路、保护电路、高压启动电路和环路补偿电路，能通过高频变压器使输出端与电网完全隔离，使用安全可靠。

2）宽输入交流电压范围（85～265V、47～440Hz），开关频率典型值为 100kHz，占空比调节范围是 1.7%～67%。

3）芯片体积小，重量轻；外围电路简单，成本低廉；芯片本身功耗很低，电源效率可达 80% 以上。

4. 典型应用电路

图 4-26 为 Top Switch－Ⅱ典型应用电路，其工作原理是利用反馈电流来调节占空比 q，达到稳定输出电压的目的。

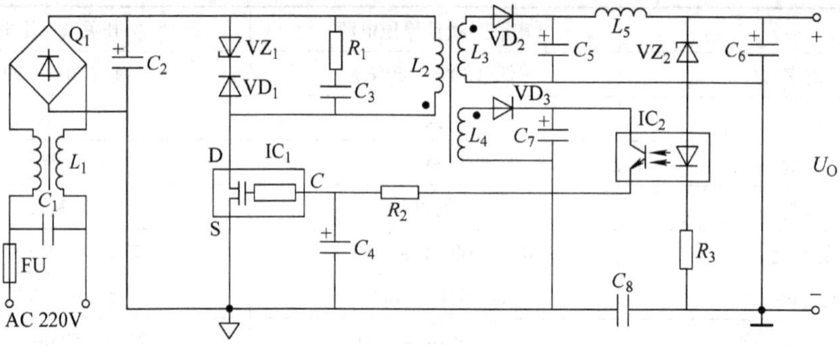

图 4-26　Top Switch－Ⅱ典型应用电路

1）FU 为熔丝，电容 C_1 和扼流圈 L_1 主要用于抑制交流电网中各种干扰脉冲，Q_1 为桥式整流，电容 C_2 滤波后得到较为平滑的直流电压。

2）IC_1 为 Top Switch－Ⅱ单片集成电路，片内集成的大功率 MOSFET 管，漏极 D 接 C_2 滤波后的直流高压，源极 S 直接接地；MOSFET 管在片内 100kHz 高频振荡器激励下，将高压直流电斩波为高频脉冲。VZ_1 为瞬态电压抑制二极管，与超快恢复二极管 VD_1 串联，用于吸收超高压，防止损坏 IC_1 中的 MOSFET 管。R_1、C_3 用于吸收 L_2 反电势尖峰电压。

3）L_2、L_3 和 L_4 组成高频电源变压器。其中，L_3 为主输出绕组，高频脉冲波经 VD_2 半波整流，C_5、L_5、C_6 π 型滤波，输出平稳直流电压。C_8用于隔离输入和输出接地。L_4为辅绕组，经 VD_3半波整流，C_7滤波，提供光耦合器 IC_2 中光敏晶体管电流。因 L_2与 L_3同名端相反，图 4-26 电路为反激式开关电源。

4）VZ_2、R_3 组成稳压电路，当主输出直流电压升高时，稳压管 VZ_2中电流增大，经与其串联的光耦合器 IC_2中发光二极管耦合，导致光敏晶体管电流增大，驱动 Top Switch – Ⅱ控制端 C，调节高频脉冲的占空比减小，从而降低主输出直流电压。

需要说明的是，为便于理解，图 4-26 电路适当做了简化。有的应用电路将高频电源变压器增加若干输出绕组，再分别整流滤波，可输出不同的直流电压，但其稳压特性随主绕组输出电压变化。有的应用电路用稳压特性更好的 TL431 代替 VZ_2（电路须适当更改）。限于篇幅，本书未予展开。

【复习思考题】

4.18　串联型线性稳压电源与开关型稳压电源的效率各为多少？为什么串联型线性稳压电源效率低而开关型稳压电源效率高？

4.19　开关型稳压电路输出电压如何计算？

4.20　同样是 *LC* 滤波，为什么开关型稳压电路中的 *LC* 滤波器所需 *LC* 数值小得多？

4.21　比较串联型线性稳压电源和开关型稳压电源的优缺点。

4.22　Top Switch – Ⅱ系列单片集成电路有哪些性能特点？

4.23　试分析图 4-26 Top Switch – Ⅱ典型应用电路的工作原理。

4.7　习题

4.7.1　选择题

4.1　已知桥式整流电路，试求：

1）若变压器副边电压有效值 $U_2=20V$，输出电压平均值 $U_O=$________。（A. 20V；B. 18V；C. 9V；D. 10V）

2）若输出电流平均值为 I_O，整流二极管电流平均值 $I_D=$________。（A. $I_O/4$；B. $I_O/2$；C. I_O；D. $I_O/\sqrt{2}$）

3）若变压器副边电压有效值为 U_2，每个整流二极管最大反向电压 $U_{Drm}=$________。（A. $2\sqrt{2}U_2$；B. $\sqrt{2}U_2$；C. $U_2/\sqrt{2}$；D. U_2）

4）若一个整流二极管开路，则输出________。（A. 半波整流波形；B. 全波整流波形；C. 无波形；D. 不能整流）

4.2　滤波电路的主要目的是________。（A. 将交流变直流；B. 将交直流混合量中的交流成分全部去掉；C. 将交直流混合量中的交流成分去掉一部分；D. 将高频变为低频）

4.3　已知桥式整流电容滤波电路，变压器副边电压 $u_2=10\sqrt{2}\sin\omega t$（V），$R_LC>3T$，在下列情况下，测得输出电压平均值 U_O数值可能为：1）正常情况下，$U_O=$________。2）滤波电容虚焊时，$U_O=$________。3）负载电阻 R_L开路时，$U_O=$________。4）一只整流二极管和滤波电容同时开路时，U_O =________。(A. 14V；B. 12V；C. 9V；D. 4.5V)

4.4 桥式整流电容滤波电路，变压器副边电压有效值 $U_2=20V$，参数满足 $R_LC>(3\sim5)T/2$。输出电压平均值 U_O =________，(A. 28V；B. 24V；C. 20V；D. 18V)；接入电容滤波后，比未接入电容时，输出电压平均值________，(A. 升高；B. 降低；C. 不变；D. 不定)；整流二极管导通角________，(A. 变大；B. 变小；C. 不变；D. 不定)；外特性________。(A. 变好；B. 变差；C. 不变；D. 不定)

4.5 下列条目中，属于电容滤波特点（多选）的是________；属于电感滤波特点的是________。(A. 轻便；B. 整流二极管电流波形连续；C. 外特性较差；D. 笨重；E. 输出电压升高；F. 输出电压降低；G. 输出电压基本不变；H. 整流二极管导通角小；I. 对整流二极管有冲击电流；J. 有电磁干扰)

4.6 硅稳压管稳压电路中，稳压管的作用是________，限流电阻 R 的作用是________。(A. 电压调节；B. 电流调节；C. 阻抗调节；D. 负载调节)

4.7 硅稳压管组成的稳压电路，只适用于________的场合。(A. 输出电压不变，负载电流变化较小；B. 输出电压可调，负载电流不变；C. 输出电压可调，负载电流变化较小；D. 输出电压不变，负载电流变化较大)

4.8 线性串联型稳压电路，选择（多选）下列________因素，能有效提高稳压性能。(A. 调整管 β 大；B. 调整管 β 小；C. 稳压管动态电阻 r_z 大；D. 比较放大电路增益高；E. 稳压管动态电阻 r_z 小；F. 比较放大电路增益低；G. 取样分压比低)

4.9 输出电压固定的三端集成稳压器在使用时，要求输入电压绝对值比输出电压绝对值至少________。(A. 大于 1V；B. 大于 2V；C. 大于 5V；D. 相等)

4.10 输出电压可调集成稳压器 LM317/337 芯片的特点（多选）是________；(A. 输入端与 Adj 端之间有一个稳定的带隙基准电压 U_{REF}；B. 输出端与 Adj 端之间有一个稳定的带隙基准电压 U_{REF}；C. $I_{ADJ}>50\mu A$；D. $I_{ADJ}<50\mu A$；E. $U_{REF}=1V$；F. $U_{REF}=1.25V$；G. $U_{REF}=2V$；H. $U_{REF}=2.5V$)

4.11 开关型稳压电源效率比串联型线性稳压电源高的主要原因是________。(A. 输入电源电压较低；B. 内部电路元件较少；C. 采用 LC 平滑滤波电路；D. 调整管处于开关状态)

4.12 开关型稳压电源中的 LC 滤波器与线性电源中的 LC 滤波器相比，其特点（多选）为________。(A. 高频滤波；B. 低频滤波；C. L 磁心体积大；D. L 磁心体积小；E. L 线圈匝数多；F. L 线圈匝数少；G. C 容量大；H. C 容量小)

4.7.2 分析计算题

4.13 已知半波整流电路如图 4-4 所示，输入电压为 AC 220V，变压器变比为 10∶1，$R_L=10\Omega$，试求：1）变压器副边电压有效值 U_2；2）输出电压平均值 U_O；3）负载电流平均值 I_O；4）输出电压有效值是否等于输出电压平均值？若不同，写出输出电压有效值表达式。

4.14 已知全波整流电路如图 4-5 所示，$U_2=12V$，$R_L=8\Omega$，试求：1）输出电压平均值 U_O；2）负载电流平均值 I_O；3）整流二极管平均电流 I_D；4）整流二极管承受的最大反向电压 U_{Drm}；5）若 VD_1 反接、开路、短路，会出现什么情况？6）若 VD_1、VD_2 均反接会出现什么情况？

4.15 已知桥式整流电路如图 4-6a 所示，$U_2=8V$，$R_L=5\Omega$，试求：1）输出电压平均

值 U_O；2）负载电流平均值 I_O；3）整流二极管平均电流 I_D；4）整流二极管承受的最大反向电压 U_{Drm}；5）若 VD_2反接、开路、短路，会出现什么情况？6）分析桥式整流 4 个整流二极管中，两个反接，3 个反接和 4 个反接各会出现什么情况？

4.16　已知桥式整流电容滤波电路如图 4-7 所示，$U_2 = 10V$，$R_L = 100\Omega$，输入电压为工频 50Hz，试估算滤波电容取值和输出电压平均值。

4.17　已知桥式整流电容滤波电路如图 4-7 所示，$U_2 = 10V$，有 5 位同学用直流电压表测得输出电压 U_O值：1）12V；2）14V；3）10V；4）9V；5）4.5V。试分析电路工作是否正常？若不正常试指出故障情况。

4.18　已知桥式整流电容滤波电路如图 4-7 所示，有 5 位同学用示波器观察输出电压波形，如图 4-8 所示，试分析电路工作是否正常？若不正常，试指出电路故障情况。

4.19　已知稳压管稳压电路如图 4-27 所示，U_I足够大且极性为正，R 能使稳压管中电流工作于稳压状态，$U_{Z1} = 5V$，$U_{Z2} = 8V$，正向导通时，$U_{on} = 0.7V$，试求输出电压 U_O。

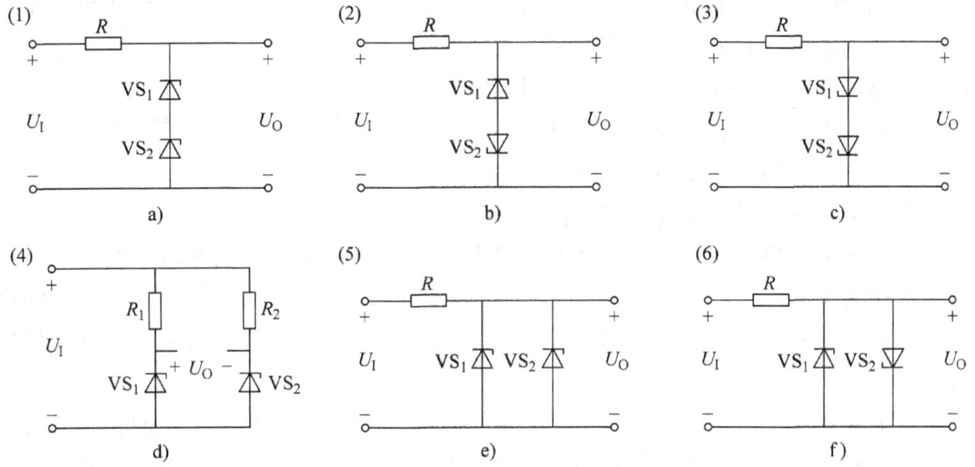

图 4-27　习题 4.19 电路

4.20　已知稳压管稳压电路如图 4-12 所示，U_I波动范围为 17 ~ 20V，R_L变化范围为 510Ω ~ 1kΩ，稳压管 $U_Z = 6.2V$，$I_{Zmax} = 20mA$，$I_{Zmin} = 5mA$，试求 R 取值范围。

4.21　已知稳压管稳压电路如图 4-28 所示，u_1为 AC 220V，$U_C = -12V$，$U_O = -8V$，$R_L = 200\Omega$，$R = 80\Omega$，试求：1）画出整流二极管 VD_1 ~ VD_4，滤波电容 C（包括极性），稳压管 VS；2）选取稳压管参数：U_Z、I_Z；3）选取滤波电容值；4）计算变压器副边电压有效值 U_2；5）忽略滤波电容充放电电流，计算整流二极管 U_{Drm}、I_D。

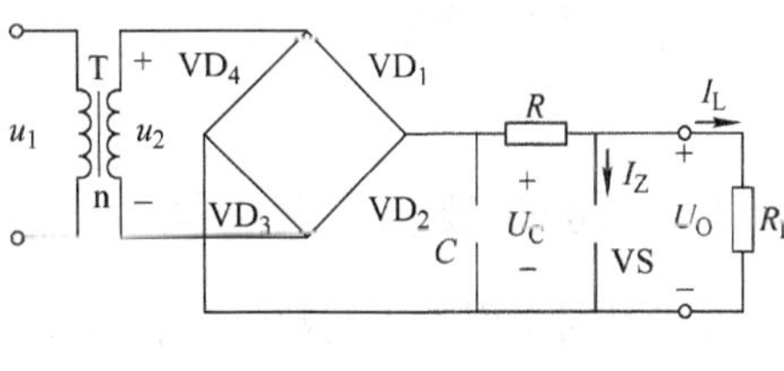

图 4-28　习题 4.21 电路

4.22　已知稳压电路如图 4-13b 所示，$R_1 = R_2 = R_p = 2k\Omega$，$U_Z = 6.2V$，$U_I$足够大，$R_3$、$R_4$取合适阻值，试求调节 RP 时 U_O的范围。

4.23　试设计一个输出电压电流 12V/0.5A 的稳压电路，并画出电路。

4.24　已知开关型稳压电路，输入电压平均值 $U_I = 100V$，开关元件导通时间占整个周期的 1/3，试估算其输出电压平均值 U_O。

第 5 章　数字逻辑基础

电子电路根据其处理信号不同可以分为模拟电子电路和数字电子电路。

在时间上和数值上都是连续变化的信号，称为模拟信号。如音频信号、视频信号及温度信号等，其信号电压波形如图 5-1a 所示。处理模拟信号的电子电路称为模拟电路。如各类放大器、稳压电路等。

在时间上和数值上都是离散（变化不连续）的信号，称为数字信号。如脉冲方波、计算机和手机中的信号等，其信号电压波形如图 5-1b 所示。处理数字信号的电子电路称为数字电路。如各类门电路、触发器及寄存器等。

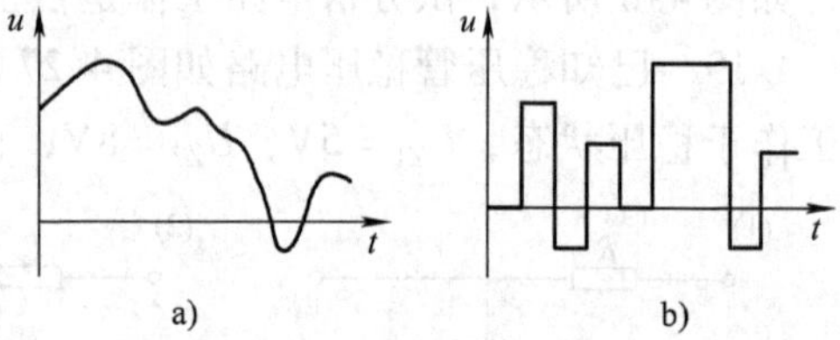

图 5-1　模拟信号和数字信号
a）模拟信号　b）数字信号

数字电路已十分广泛地应用于数字通信、自动控制、家用电器、仪器仪表及计算机等各个领域。如手机、计算机、数字视听设备、数字照相机等。可以这样认识，数字电路的发展标志着电子技术发展进入了一个新的阶段，进行了一场新的革命。当今电子技术的飞速发展是以数字化作为主要标志的。当然这并不是说数字化可以代替一切，信号的放大、转换和功能的执行等都离不开模拟电路，模拟电路是电子技术的基础，两者互为依存，互相促进，缺一不可。

与模拟电路相比，数字电路的主要特点是：①内部晶体管主要工作在饱和导通或截止状态。②只有两种状态：高电平和低电平，便于数据处理。③抗干扰能力强。其原因是高低电平间容差较大，幅度较小的干扰不足以改变信号的有无状态。④电路结构相对简单，功耗较低，便于集成。⑤在计算机系统中得到广泛应用。

5.1　数制与编码

5.1.1　二进制数和十六进制数

人们习惯于用十进制数，但在数字电路和计算机中，通常采用二进制数和十六进制数。有些场合也用其他进制数，如时间，分秒的进位用 60，即 60 进制。

1. 十进制数（DeCimal Number）

十进制数有 10 个数码（数符）：0、1、2、3、4、5、6、7、8、9，进位规则是“逢十进一”，其数值可表达为：

$$[N]_{10} = d_{i-1} \times 10^{i-1} + d_{i-2} \times 10^{i-2} + \cdots + d_1 \times 10^1 + d_0 \times 10^0 = \sum_{n=0}^{i-1} d_n \times 10^n$$

其中，$[N]_{10}$中的下标 10 说明数 N 是十进制数，十进制数也可用 $[N]_D$表示，更多情况下，下标 10 或 D 省略不标。10^{i-1}、10^{i-2}、…、10^1、10^0称为十进制数各数位的权。

例如，$1234 = 1 \times 10^3 + 2 \times 10^2 + 3 \times 10^1 + 4 \times 10^0$

2. 二进制数（Binary Number）

二进制数只有两个数码：0 和 1。进位规则是“逢二进一”。其数值可表达为：

$$[N]_2 = b_{i-1} \times 2^{i-1} + b_{i-2} \times 2^{i-2} + \cdots + b_1 \times 2^1 + b_0 \times 2^0 = \sum_{n=0}^{i-1} b_n \times 2^n$$

其中，$[N]_2$中的下标 2 说明数 N 是二进制数，二进制数也可用 NB 表示。例如，1011B。尾缀 B 一般不能省略。2^{i-1}、2^{i-2}、…、2^1、2^0称为二进制数各数位的权。

例如，$10101011\text{ B} = 1 \times 2^7 + 0 \times 2^6 + 1 \times 2^5 + 0 \times 2^4 + 1 \times 2^3 + 0 \times 2^2 + 1 \times 2^1 + 1 \times 2^0 = 171$

为什么要在数字电路和计算机中采用二进制数呢?

① 二进制数只有两个数码 0 和 1，可以代表两个不同的稳定状态，如灯泡的亮和暗、继电器的合和开、信号的有和无、电平的高和低、晶体管的饱和导通和截止。因此，可用电路来实现这两种状态。

② 二进制基本运算规则简单，操作方便。

但是二进制数也有其缺点，数值较大时，位数过多，不便于书写和识别。因此，在数字系统中又常用十六进制数来表示二进制数。

3. 十六进制数（HexadeCimal Number）

十六进制数有 16 个数码：0、1、…、9、A、B、C、D、E、F。其中 A、B、C、D、E、F 分别代表 10、11、12、13、14、15。进位规则是“逢十六进一”。其数值可表达为：

$$[N]_{16} = h_{i-1} \times 16^{i-1} + h_{i-2} \times 16^{i-2} + \cdots + h_1 \times 16^1 + h_0 \times 16^0 = \sum_{n=0}^{i-1} h_n \times 16^n$$

其中，$[N]_{16}$中的下标 16 说明数 N 是十六进制数，十六进制数也可用 NH 表示。例如，A3H。尾缀 H 一般不能省略。16^{i-1}、16^{i-2}、…、16^1、16^0称为十六进制数各位的权。

例如，$\text{AB H} = 10 \times 16^1 + 11 \times 16^0 = 160 + 11 = 171$

十六进制数与二进制数相比，大大缩小了位数，缩短了字长。一个 4 位二进制数只需要用 1 位十六进制数表示，一个 8 位二进制数只需用两位十六进制数表示，转换极其方便，例如上例中 AB H = 10101011 B = 171。

十六进制数、二进制数和十进制数对应关系表如表 5-1 所示。

表 5-1　十六进制数、二进制数和十进制数对应关系表

十进制数	十六进制数	二进制数	十进制数	十六进制数	二进制数
0	00H	0000B	11	0BH	1011B
1	01H	0001B	12	0CH	1100B
2	02H	0010B	13	0DH	1101B
3	03H	0011B	14	0EH	1110B
4	04H	0100B	15	0FH	1111B
5	05H	0101B	16	10H	0001 0000B
6	06H	0110B	17	11H	0001 0001B
7	07H	0111B	18	12H	0001 0010B
8	08H	1000B	19	13H	0001 0011B
9	09H	1001B	20	14H	0001 0100B
10	0AH	1010B	21	15H	0001 0101B

需要指出的是，除二进制数、十六进制数外，早期数字系统中还推出过八进制数，现早已淘汰不用。

4. 不同进制数间相互转换

（1）二进制数、十六进制数转换为十进制数

二进制数、十六进制数转换为十进制数只需按各数位的权展开相加即可。

（2）十进制整数转换为二进制数

【例 5-1】 将十进制数 41 转换成二进制数。

解：十进制整数转换成二进制整数用“除 2 取余法”。先用 2 去除整数，然后用 2 逐次去除所得的商，直到商为 0 止，依次记下得到的各个余数。第一个余数是转换后的二进制数的最低位，最后一个余数是最高位。如图 5-2a 所示，$41=(b_5b_4b_3b_2b_1b_0)B=101001B$。

（3）十进制整数转换为十六进制数

【例 5-2】 将十进制数 8152 转换成十六进制数。

解：十进制数整数转换成十六进制数用“除 16 取余法”。将十进制数连续用基数 16 去除，直到商为 0 止，依次记下得到的各个余数。第一个余数是转换后的十六进制数的最低位，最后一个余数是最高位。如图 5-2b 所示，$8152=(h_3h_2h_1h_0)H=1FD8H$。

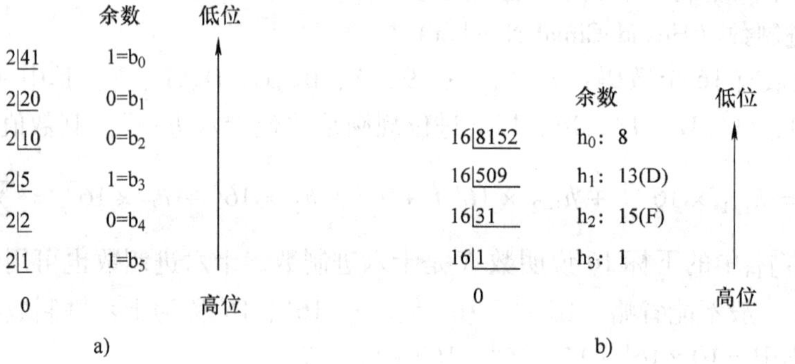

图 5-2 十进制整数转换成二进制数和十六进制数

a）转换成二进制数 b）转换成十六进制数

（4）二进制数与十六进制数相互转换

前述 4 位二进制数与 1 位十六进制数有一一对应关系，如表 5-1 所示。相互转换时，只要用相应的数值代换即可。二进制数整数转换为十六进制数时，应从低位开始自右向左每 4 位一组，最后不足 4 位用零补足。

【例 5-3】 11100010011100 B = 0011 1000 1001 1100 B = 389C H

3 8 9 C

【例 5-4】 5DFE H = 101 1101 1111 1110 B = 101110111111110 B

5 D F E

5. 二进制数加减运算

（1）二进制数加法运算

运算规则：①0 + 0 = 0。②0 + 1 = 1 + 0 = 1。③1 + 1 = 10，向高位进位 1。

运算方法：两个二进制数相加时，先将相同权位对齐，然后按运算规则从低到高逐位相

加，若低位有进位，则必须同时加入。

【例 5-5】 计算 10100101 B + 11000011 B。

解：如图 5-3a 所示，10100101 B + 11000011 B = 101101000 B。

（2）二进制数减法运算

运算规则：①0 - 0 = 0。②1 - 0 = 1。③1 - 1 = 0。④0 - 1 = 1，向高位借位 1。

运算方法：两个二进制数相减时，先将相同权位对齐，然后按运算规则从低到高逐位相减。不够减时可向高位借位，借 1 当 2。

【例 5-6】 计算 10100101 B - 11000011 B。

解：如图 5-3b 所示，10100101 B - 11000011 B = 11100010 B（借位 1）。

	10100101 B	加数		10100101 B	被减数
+	11000011 B	加数	−	11000011 B	减数
	101101000 B	和	借位1	11100010 B	差
	a)			b)	

图 5-3　二进制数加法运算和减法运算

a）加法运算　b）减法运算

读者可能感到奇怪的是，二进制数减法怎么会出现差值比被减数和减数还要大的现象？在数字电路和计算机中，无符号二进制数减法可无条件向高位借位，不出现负数（二进制负数另有表达方法，不在本书讨论范围）。实际上该减法运算是 110100101 B - 11000011 B。

（3）二进制数移位

二进制数移位可分为左移和右移。左移时，若低位移进位为 0，相当于该二进制数乘 2；右移时，若高位移进位为 0，移出位作废，相当于该二进制数除以 2。

例如，1010 B 左移后变为 10100 B，10100 B = 1010 B × 2；1010 B 右移后变为 0101 B，0101 B = 1010 B /2。

5.1.2　BCD 码

人们习惯上是用十进制数，而数字系统必须用二进制数分析处理，这就产生了二 - 十进制代码，也称为 BCD 码（Binary Coded DeCimal）。BCD 码种类较多，有 8421 码、2421 码和余 3 码等，其中 8421 BCD 码最为常用。8421 BCD 码用 $[N]_{8421BCD}$ 表示，常简化为 $[N]_{BCD}$。

1. 编码方法

BCD 码是十进制数，逢十进一，只是数符 0 ~ 9 用 4 位二进制码 0000 ~ 1001 表示而已。8421 BCD 码每 4 位以内按二进制进位；4 位与 4 位之间按十进制进位。十进制数与 8421 BCD 码对应关系如表 5-2 所示。

表 5-2　十进制数与 8421 BCD 码对应关系

十进制数	8421 BCD 码	十进制数	8421 BCD 码
0	0000	5	0101
1	0001	6	0110
2	0010	7	0111
3	0011	8	1000

但是 4 位二进制数可有 16 种状态，其中 1010、1011、1100、1101、1110 和 1111 六种状态舍去不用，且不允许出现，这 6 种数码称为非法码或冗余码。

2. 转换关系

（1）BCD码与十进制数相互转换

由表5-2可知，十进制数与8421 BCD码转换十分简单，只要把数符0~9与0000~1001对应互换就行了。

【例5-7】 $[010010010001]_{BCD}=[\underset{4}{\underline{0100}}\ \underset{9}{\underline{1001}}\ \underset{1}{\underline{0001}}]_{BCD}=491$

【例5-8】 $786=[\underset{7}{\underline{0111}}\ \underset{8}{\underline{1000}}\ \underset{6}{\underline{0110}}]_{BCD}=[011110000110]_{BCD}$

（2）BCD码与二进制数相互转换

8421 BCD码与二进制数之间不能直接转换，通常需先转换为十进制数，然后再转换。

【例5-9】 将二进制数01000011B转换为8421 BCD码。

解：$01000011\ B=67=[01100111]_{BCD}$

需要指出的是，决不能把 $[01100111]_{BCD}$ 误认为01100111 B，二进制码01100111 B的值为103，而 $[01100111]_{BCD}$ 的值为67。显然，两者是不一样的。

【复习思考题】

5.1 与模拟电路相比，数字电路主要有什么特点？

5.2 为什么要在数字系统中采用二进制数？

5.3 二进制数减法，为什么有时差值会大于被减数？

5.4 BCD码与二进制码有否区别？如何转换？

5.2 逻辑代数基础

逻辑代数又称为布尔（Boole）代数，是研究逻辑电路的数学工具。逻辑代数与数学代数不同，逻辑代数不是研究变量大小之间的关系，而是分析研究变量之间的逻辑关系。

5.2.1 基本逻辑运算

基本逻辑运算共有3种：与、或、非。

1. 逻辑“与”和“与”运算（AND）

1）逻辑关系。“与”逻辑关系可用图5-4说明。只有当A、B两个开关同时闭合时，灯F才会通电点亮。即只有当决定某种结果的条件全部满足时，这个结果才能产生。

2）逻辑表达式：$F=A\cdot B=AB$

其中“·”表示逻辑“与”，“·”号也可省略。有关技术资料中也有用 $A\wedge B$、$A\cap B$ 表示逻辑“与”。逻辑“与”也称为逻辑乘。

3）运算规则：① 0·0=0；② 0·1=1·0=0；③ 1·1=1。

上述“与”逻辑变量运算规则可归纳为：有0出0，全1出1。

4）逻辑电路符号。“与”逻辑电路符号可用图5-5a表示，矩形框表示门电路，方框中的“&”表示“与”逻辑。图5-5b、c为常用和国际上通用的符号。

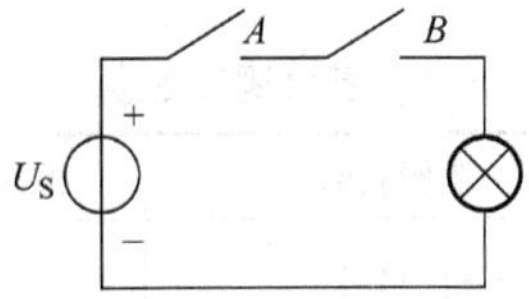

图 5-4　“与”逻辑关系示意图

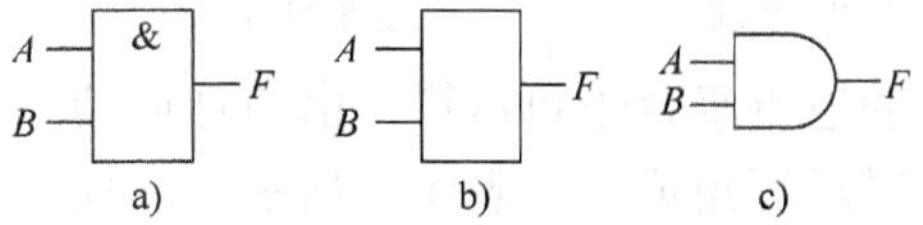

图 5-5　“与”逻辑电路符号
a）国标　b）常用　c）国际

2. 逻辑“或”和“或”运算（OR）

1）逻辑关系。“或”逻辑可用图 5-6 说明。A、B 两个开关中，只需要有一个闭合，灯 F 就会通电点亮。即决定某种结果的条件中，只需其中一个条件满足，这个结果就能产生。

2）逻辑表达式：$F=A+B$。

其中“+”表示逻辑“或”，有关技术资料也用 $A \vee B$、$A \cup B$ 表示逻辑或。逻辑“或”也称为逻辑加。

3）运算规则：① $0+0=0$；② $0+1=1+0=1$；③ $1+1=1$。

上述“或”逻辑变量运算规则可归纳为：有 1 出 1，全 0 出 0。

4）逻辑电路符号。“或”逻辑电路符号可用图 5-7a 表示，矩形框中的“≥1”表示“或”逻辑，图 5-7b、c 为常用和国际上通用的符号。

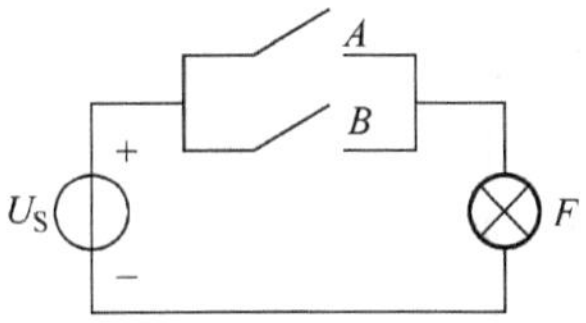

图 5-6　“或”逻辑关系示意图

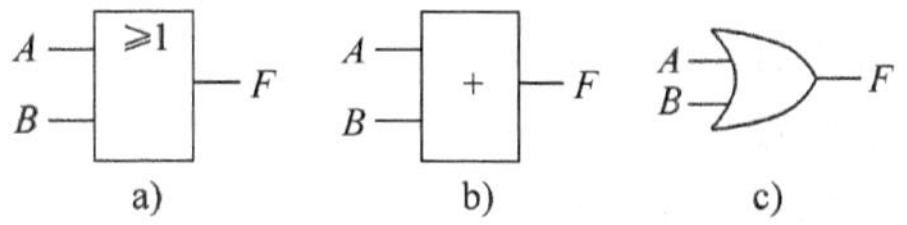

图 5-7　“或”逻辑电路符号
a）国标　b）常用　c）国际

3. 逻辑“非”和“非”运算

1）逻辑关系。逻辑“非”可用图 5-8 说明，只有当开关 A 断开时，灯 F 才会通电点亮；开关 A 闭合时，灯 F 反而不亮。即条件和结果总是相反。

2）逻辑表达式：$F=\overline{A}$，$\overline{A}$ 读作“A 非”。

3）运算规则：① $A=0$，$F=1$；② $A=1$，$F=0$。

4）逻辑电路符号。逻辑“非”的符号可用图 5-9a 表示，矩形框中的“1”表示逻辑值相同，小圆圈表示逻辑“非”，图 5-9b、c 为常用和国际上通用的符号。

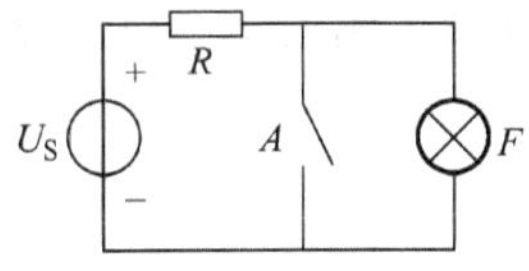

图 5-8　逻辑“非”关系示意图

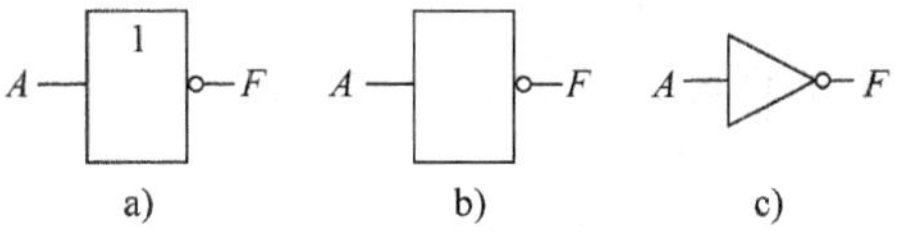

图 5-9　“非”逻辑电路符号
a）国标　b）常用　c）国际

4. 复合逻辑运算

除“与”“或”“非”基本逻辑运算外，广泛应用的还有复合逻辑运算，由两种或两种以上逻辑运算组成，如表5-3所示。在此基础上，还可组合成更复杂的逻辑运算。

需要指出的是，多种逻辑运算组合在一起时，其运算次序应按如下规则进行：

① 有括号时，先括号内，后括号外。

② 有“非”号时应先进行“非”运算。

③ 同时有逻辑“与”和逻辑“或”时，应先进行“与”运算。

例如，表5-3中“异或”运算逻辑表达式中，应先进行B和A的“非”运算；再进行$A\overline{B}$和$\overline{A}B$的“与”运算，最后进行$A\overline{B}$和$\overline{A}B$之间的“或”运算。

表5-3 复合逻辑运算

名　称	逻辑符号	逻辑表达式
与非门	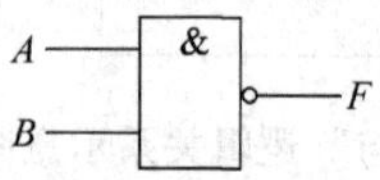	$F=\overline{AB}$
或非门	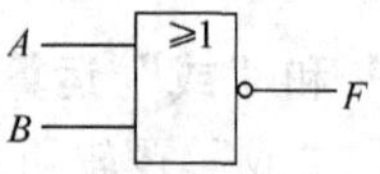	$F=\overline{A+B}$
与或非门	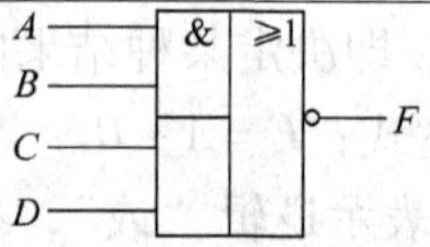	$F=\overline{AB+CD}$
异或门	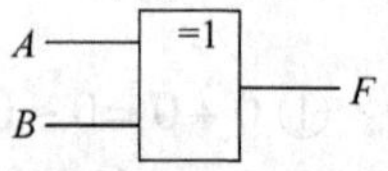	$F=A\oplus B=A\overline{B}+\overline{A}B$
同或门	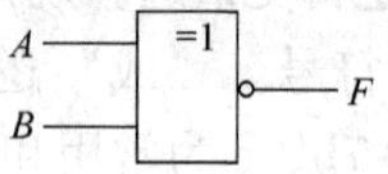	$F=A\odot B=AB+\overline{A}\,\overline{B}$

5.2.2 逻辑代数

1. 逻辑代数的基本定律

1）0-1律：$A\cdot 0=0$　　$A+1=1$。

2）自等律：$A\cdot 1=A$　　$A+0=A$。

3）重叠律：$A\cdot A=A$　　$A+A=A$。

4）互补律：$A\cdot\overline{A}=0$　　$A+\overline{A}=1$。

5）交换律：$A\cdot B=B\cdot A$　　$A+B=B+A$。

6）结合律：$A\cdot(B\cdot C)=(A\cdot B)\cdot C$　　$A+(B+C)=(A+B)+C$。

7）分配律：$A\cdot(B+C)=AB+AC$　　$A+B\cdot C=(A+B)(A+C)$。

8）吸收律：$A(A+B)=A$　　$A+AB=A$。

9）反演律：$\overline{AB}=\overline{A}+\overline{B}$　　$\overline{A+B}=\overline{A}\,\overline{B}$。

10）非非律：$\overline{\overline{A}}=A$。

2. 逻辑代数常用公式

在逻辑代数的运算、化简和变换中，还经常用到以下公式：

（1）$A+\overline{A}B=A+B$

证明：根据分配律，$A+\overline{A}B=(A+\overline{A})\cdot(A+B)=1\cdot(A+B)=A+B$。

上式的含义是：如果两个乘积项，其中一个乘积项的部分因子恰是另一个乘积项的补，则该乘积项中的这部分因子是多余的。

（2）$AB+A\overline{B}=A$

证明：$AB+A\overline{B}=A(B+\overline{B})=A\cdot 1=A$。

上式的含义是：如果两个乘积项中的部分因子互补，其余部分相同，则可合并为公有因子。

（3）$AB+\overline{A}C+BC=AB+\overline{A}C$

证明：$AB+\overline{A}C+BC=AB+\overline{A}C+(A+\overline{A})BC=AB+\overline{A}C+ABC+\overline{A}BC=AB(1+C)+\overline{A}C(1+B)=AB\cdot 1+AC\cdot 1=AB+\overline{A}C$。

上式的含义是：如果两个乘积项中的部分因子互补（例如 A 和 $\overline{A}$），而这两个乘积项中的其余因子（例如 B 和 C）都是第三乘积项中的因子，则这个第三乘积项是多余的（例如 BC）。也可反过来理解：如果两个乘积项中的部分因子互补（例如 A 和 $\overline{A}$），其余部分不同（例如 B 和 C），则可扩展一项其余部分的乘积（例如 BC）。

【例 5-10】 求证：$AB+BCD+\overline{A}C+\overline{B}C=AB+C$。

证明： $\underline{AB}+BCD+\underline{\overline{A}C}+\overline{B}C=AB+\overline{A}C+\underline{BC}+\underline{BCD}+\overline{B}C$

$=AB+\overline{A}C+\underline{BC}+\underline{\overline{B}C}$

$=AB+\underline{\overline{A}C}+\underline{C}$

$=AB+C$

【复习思考题】

5.5　逻辑代数中的“1”和“0”与数学代数中的“1”和“0”有否区别？

5.6　多种逻辑运算组合在一起时，其运算次序有什么规则？

5.3　逻辑函数

5.3.1　逻辑函数及其表示方法

1. 逻辑函数定义

输入输出变量为逻辑变量的函数称为逻辑函数。

在数字电路中，逻辑变量只有逻辑 0 和逻辑 1 两种取值，它们之间没有大小之分，不同于数学中的 0 和 1。

逻辑函数的一般表达式可写为：$F=f(A、B、C、\cdots)$。

2. 逻辑函数的表示方法

逻辑函数的表示方法主要有真值表、逻辑表达式、逻辑电路图、波形图和卡诺图等。

（1）真值表

真值表是将输入逻辑变量各种可能的取值和相应的函数值排列在一起而组成的表格。

现以三人多数表决逻辑为例，说明真值表的表示方法。

设三人为 A、B、C，同意为 1，不同意为 0；表决为 Y，有两人或两人以上同意，表决通过，通过为 1，否决为 0。因此，ABC 为输入量，Y 为输出量。列出输入输出量之间关系的表格如表 5-4 所示。

列真值表时，应将逻辑变量所有可能取值列出。例如，两个逻辑变量可列出 4 种状态：00、01、10、11；3 个逻辑变量可列出 8 种状态：000、001、010、011、100、101、110、111；n 个逻辑变量可列出 2^n 种状态，按 $0\rightarrow(2^n-1)$ 排列，既不能遗漏，又不能重复。这种所有输入变量的组合称为最小项，最小项主要有以下特点：

① 每项都包括了所有输入逻辑变量。

② 每个逻辑变量均以原变量或反变量形式出现一次。

用真值表表示逻辑函数，直观明了。但变量较多时，较烦琐。

（2）逻辑表达式

逻辑表达式是用各逻辑变量相互间与、或、非逻辑运算组合表示的逻辑函数，相当于数学中的代数式、函数式。

如上述三人多数表决通过的逻辑表达式为：

$$Y=\overline{A}BC+A\overline{B}C+AB\overline{C}+ABC$$

表 5-4　三人多数表决真值表

输入			输出
A	B	C	Y
0	0	0	0
0	0	1	0
0	1	0	0
0	1	1	1
1	0	0	0
1	0	1	1
1	1	0	1

上式表示，A、B、C 三人在投票值为 011、101、110、111 时表决通过，即 $Y=1$。

书写逻辑表达式的方法是：把真值表中逻辑值为 1 的所有项相加（逻辑或）；每一项中，A、B、C 的关系为“与”，变量值为 1 时取原码，变量值为 0 时取反码。

（3）逻辑电路图

逻辑电路图是用规定的逻辑电路符号连接组成的电路图。

逻辑电路图可按逻辑表达式中各变量之间与、或、非逻辑关系用逻辑电路符号连接组成。图 5-10 为三人多数表决逻辑电路图。

（4）波形图

波形图是逻辑函数输入变量每一种可能出现的取值与对应的输出值按时间顺序依次排列的图形，也称为时序图。波形图可通过实验观察，在逻辑分析仪和一些计算机仿真软件工具中，常用这种方法给出分析结果。图 5-11 为三人多数表决逻辑函数波形图。

（5）卡诺图

卡诺图是按一定规则画出的方格图，是真值表的另一种形式，主要用于化简逻辑函数。

真值表、逻辑表达式、逻辑电路图、波形图和卡诺图具有对应关系，可相互转换。对同一逻辑函数，真值表、卡诺图和波形图具有唯一性；逻辑表达式和逻辑电路图可有多种不同的表达形式。

3. 逻辑函数相等概念

逻辑函数的逻辑表达式和逻辑电路图往往不是唯一的，但真值表是唯一的。因此，若两个逻辑函数具有相同的真值表，则认为该两个逻辑函数相等。

例如，上述三人多数表决逻辑函数 $F=ABC+AB\overline{C}+\overline{A}BC+A\overline{B}C$。化简后，也可表达为：$F=AB+BC+CA$，或 $F=\overline{\overline{AB}\cdot\overline{BC}\cdot\overline{CA}}$，其逻辑电路图分别如图 5-12a 和图 5-12b 所示。因此，逻辑函数的逻辑表达式和逻辑电路图可有多种形式。当然，我们希望得到最简逻辑表达式和逻辑电路，显然图 5-12 比图 5-10 简洁，这就需要对逻辑函数化简。

逻辑函数化简，通常要求化简为最简与或表达式。符合最简与或表达式的条件是：

① 乘积项个数最少。

② 每个乘积项中变量最少。

变换和化简逻辑表达式，一般可有两种方法：公式法和卡诺图法。

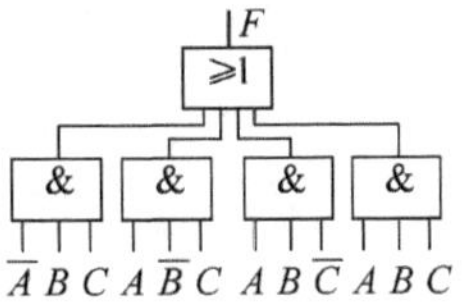

图 5-10　三人多数表决逻辑电路图

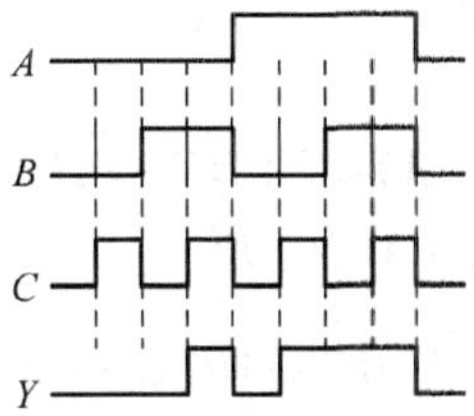

图 5-11　三人多数表决逻辑函数波形图

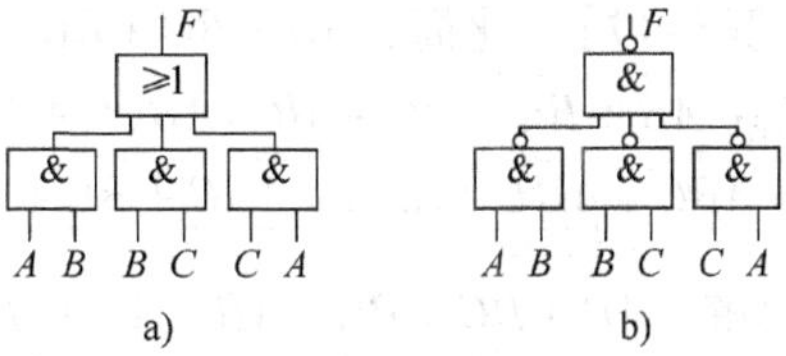

图 5-12　三人多数表决逻辑电路

a) $F = AB + BC + CA$　b) $F = \overline{\overline{AB} \cdot \overline{BC} \cdot \overline{CA}}$

5.3.2　公式法化简逻辑函数

公式法化简逻辑函数是运用逻辑代数公式，消去多余的“与”项及“与”项中多余的因子。公式法化简一般有以下几种方法：并项法、吸收法、消去法和配项法。

1. 并项法

并项法是利用 $AB + A\overline{B} = A$ 将两个乘积项合并为一项，合并后消去一个互补的变量。

【例 5-11】 化简：$A\overline{B}C + A\overline{B}\,\overline{C}$

解：$A\overline{B}C + A\overline{B}\,\overline{C} = A\overline{B}(C + \overline{C}) = A\overline{B}$

【例 5-12】 化简：$A(B + C) + A \cdot \overline{B + C}$

解：$A(B + C) + A \cdot \overline{B + C} = A[(B + C) + (\overline{B + C})] = A$

说明：将$(B + C)$看作一个变量，$(B + C)$与$(\overline{B + C})$互补。

2. 吸收法

吸收法是利用公式 $A + AB = A$ 吸收多余的乘积项。

【例 5-13】 化简：$\overline{A}B + \overline{A}BC$

解：$\overline{A}B + \overline{A}BC = \overline{A}B$

说明：将 $\overline{A}B$ 看作是一个变量。

【例 5-14】 化简：$AD + BCD + A\overline{C}D + D + EF$

解：$AD + BCD + A\overline{C}D + D + EF = D(A + BC + \overline{A}C + 1) + EF = D + EF$

说明：若多个乘积项中有一个单独变量，那么其余含有该变量原变量的乘积项都可以被吸收。

3. 消去法

消去法是利用 $A + \overline{A}B = A + B$ 消去多余的因子。

【例 5-15】 化简：$A + \overline{A}B + \overline{A}C$

解：$A + \overline{A}B + \overline{A}C = A + B + C$

说明：若多个乘积项中有一个是单独变量，且其余乘积项中含有该变量的反变量因子，则该反变量因子可以消去。

【例 5-16】 化简：$\overline{A} + ABC + ADE$

解：$\overline{A} + ABC + ADE = \overline{A} + BC + DE$

说明：将 $\overline{A}$ 看作为一个原变量，则 A 是 $\overline{A}$ 的反变量。

4. 配项法

配项法是利用 $X + \overline{X} = 1$，将某乘积项一项拆成两项，然后再与其他项合并，消去多余项。有时多出一项后，反而有利于化简逻辑函数。

【例 5-17】 化简：$A\bar{B}+B\bar{C}+\bar{B}C+\bar{A}B$

解：$A\bar{B}+B\bar{C}+\bar{B}C+\bar{A}B=A\bar{B}(C+\bar{C})+(A+\bar{A})B\bar{C}+\bar{B}C+\bar{A}B$

$=A\bar{B}C+A\bar{B}\bar{C}+AB\bar{C}+\bar{A}B\bar{C}+\bar{B}C+\bar{A}B=\bar{B}C+A\bar{C}+\bar{A}B$

另解：$A\bar{B}+B\bar{C}+\bar{B}C+\bar{A}B=A\bar{B}+B\bar{C}+(A+\bar{A})\bar{B}C+\bar{A}B(C+\bar{C})$

$=A\bar{B}+B\bar{C}+A\bar{B}C+\bar{A}\bar{B}C+\bar{A}BC+\bar{A}B\bar{C}=A\bar{B}+B\bar{C}+\bar{A}C$

上述两种解法表明，用公式法化简，方法不是唯一的，结果也不是唯一的。

配项法的另一种方法是利用公式 $AB+\bar{A}C=AB+\bar{A}C+BC$，增加一项再化简。

【例 5-18】 化简 $AB+BCD+\bar{A}C+\bar{B}C$

解：$AB+BCD+\bar{A}C+\bar{B}C=AB+\bar{A}C+BC+BCD+\bar{B}C=AB+\bar{A}C+BCD+C=AB+C$

5.3.3 卡诺图化简逻辑函数

卡诺图是根据真值表按相邻原则排列而成的方格图，是真值表的另一种形式。

1. 卡诺图

卡诺图主要有如下特点：

① n 变量卡诺图有 2^n 个方格，每个方格对应一个最小项。

② 相邻两个方格所代表的最小项只有一个变量不同。

图 5-13a、b 分别为 3 变量和 4 变量逻辑函数卡诺图，其中 m_i 为最小项编号。一般来说，二变量较简，化简时不需要用卡诺图；5 变量及 5 变量以上卡诺图较繁杂，且与 3 变量、4 变量原理相同，也不予研究，本书例题和习题全部为 3 变量或 4 变量卡诺图。

2. 合并卡诺圈

卡诺图的主要功能是合并相邻项。其方法是将最小项为 1（称为 1 方格）的相邻项圈起来，称为卡诺圈。一个卡诺圈可以包含多个 1 方格，一个卡诺圈可以将多个 1 方格合并为一项。因此，卡诺图可以化简逻辑函数。举例说明如下：

A \ BC	00	01	11	10
0	m_0	m_1	m_3	m_2
1	m_4	m_5	m_7	m_6

a)

AB \ CD	00	01	11	10
00	m_0	m_1	m_3	m_2
01	m_4	m_5	m_7	m_6
11	m_{12}	m_{13}	m_{15}	m_{14}
10	m_8	m_9	m_{11}	m_{10}

b)

图 5-13 卡诺图

a）3 变量 b）4 变量

（1）3 变量卡诺圈合并

图 5-14 为 3 变量卡诺图。其中：

图 5-14a，变量 AB 必须取 0；变量 C 既可取 0，又可取 1，属无关项。因此 $F=\overline{A}\,\overline{B}$。

图 5-14b，左右两个最小项为 1 的方格应看作为相邻项，可合并。变量 AC 必须取 0；变量 B 既可取 0，又可取 1，属无关项。因此，$F=\overline{A}\,\overline{C}$。

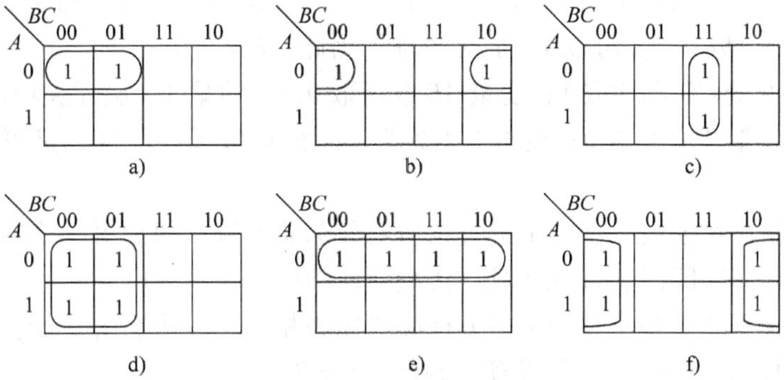

图 5-14　3 变量卡诺图

a) $F=\overline{A}\,\overline{B}$　b) $F=\overline{A}\,\overline{C}$　c) $F=BC$　d) $F=\overline{B}$　e) $F=\overline{A}$　f) $F=\overline{C}$

图 5-14c，变量 BC 必须取 1；变量 A 既可取 0，又可取 1，属无关项。因此，$F=BC$。

图 5-14d，变量 B 必须取 0；变量 AC 既可取 0，又可取 1，属无关项。因此 $F=\overline{B}$。

图 5-14e，变量 A 必须取 0；变量 BC 既可取 0，又可取 1，属无关项。因此，$F=\overline{A}$。

图 5-14f，左右 4 个最小项为 1 的方格应看作为相邻项，可合并。变量 C 必须取 0；变量 AB 既可取 0，又可取 1，属无关项。因此，$F=\overline{C}$。

（2）4 变量卡诺圈合并

图 5-15 为 4 变量卡诺图。其中：

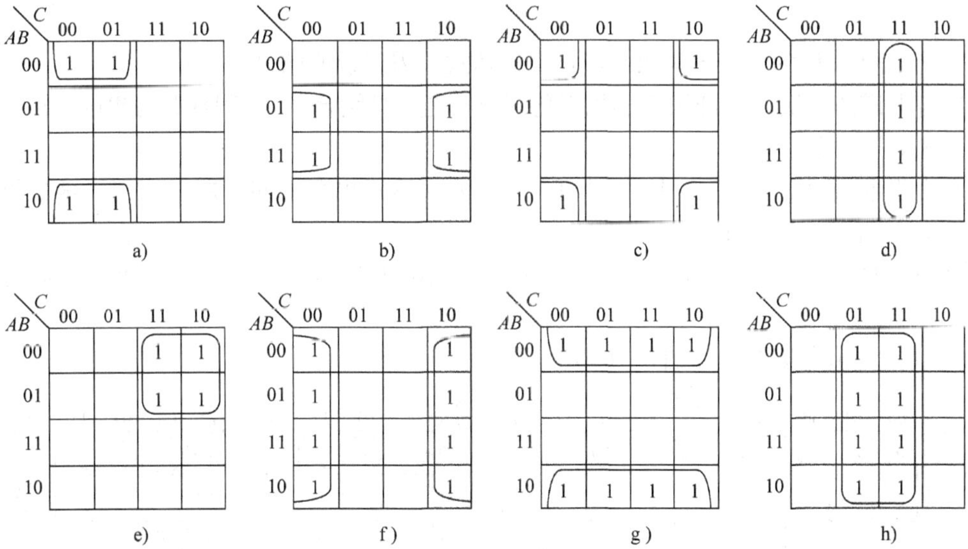

图 5-15　四变量卡诺图

a) $F=\overline{B}\,\overline{C}$　b) $F=B\overline{D}$　c) $F=\overline{B}\,\overline{D}$　d) $F=CD$　e) $F=\overline{A}C$　f) $F=\overline{D}$　g) $F=\overline{B}$　h) $F=D$

图5-15a，变量BC必须取0；变量AD既可取0，又可取1，属无关项。因此$F=\overline{B}\,\overline{C}$。

图5-15b，变量B必须取1；变量D必须取0；变量AC既可取0，又可取1，属无关项。因此，$F=B\overline{D}$。

图5-15c，上下左右4个角最小项为1的方格应看作为相邻项，可合并。变量BD必须取0；变量AC既可取0，又可取1，属无关项。因此，$F=\overline{B}\,\overline{D}$。

图5-15d，变量CD必须取1；变量AB既可取0，又可取1，属无关项。因此$F=CD$。

图5-15e，变量A必须取0；变量C必须取1；变量BD既可取0，又可取1，属无关项。因此，$F=\overline{A}C$。

图5-15f，左右4个最小项为1的方格应看作为相邻项，可合并。变量D必须取0；变量ABC既可取0，又可取1，属无关项。因此，$F=\overline{D}$。

图5-15g，上下4个最小项为1的方格应看作为相邻项，可合并。变量B必须取0；变量ACD既可取0，又可取1，属无关项。因此，$F=\overline{B}$。

图5-15h，变量D必须取1；变量ABC既可取0，又可取1，属无关项。因此，$F=D$。

3. 卡诺图化简逻辑函数

利用卡诺圈合并，可化简逻辑函数。步骤如下。

1）画卡诺图。

2）化简卡诺图。化简卡诺图需要遵循以下规则。

① 卡诺圈内的1方格应尽可能多，卡诺圈越大，消去的乘积项数越多。但卡诺圈内的1方格个数必须为2^n个，即2、4、8、16等，不能是其他数字。

② 卡诺圈的个数应尽可能少，卡诺圈数即与或表达式中的乘积项数。

③ 每个卡诺圈中至少有一个1方格不属于其他卡诺圈。

④ 不能遗漏任何一个1方格。若某个1方格不能与其他1方格合并，可单独作为一个卡诺圈。

3）根据化简后的卡诺图写出与或逻辑表达式。需要说明的是：

① 若卡诺图为最简（即按上述规则化简至不能再继续合并），则据此写出的与或表达式为最简与或表达式。

② 由于卡诺图圈法不同，所得到的最简与或表达式也会不同。即一个逻辑函数可能有多种圈法，而得到多种最简与或表达式。

【例5-19】 化简：$F(ABCD)=\sum m(0,1,3,5,6,9,11,12,13,15)$，写出其最简与或表达式。

解：1）画出卡诺图，如图5-16a所示。

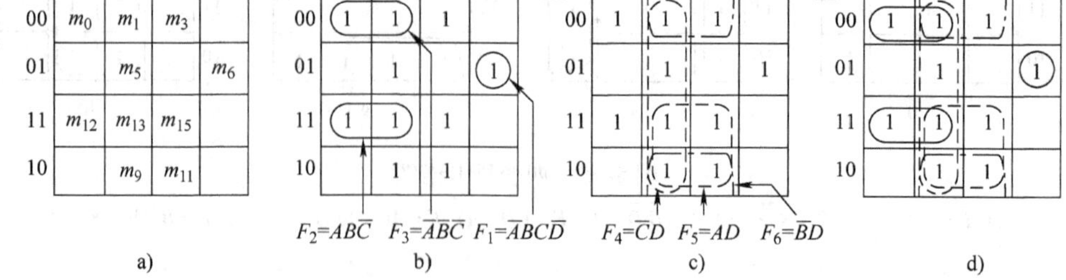

图5-16 例5-19卡诺图

2）化简卡诺图。

化简卡诺图具体操作如下：

① 先找无相邻项的 1 方格，称为孤立圈。本题只有一个孤立圈，$F_1 = \overline{A}BC\,\overline{D}$，如图 5-16b中所示。

② 再找只能按一条路径合并的两个相邻 1 方格。本题有两个：$F_2 = AB\,\overline{C}$；$F_3 = \overline{A}\,\overline{B}\,\overline{C}$；如图 5-16b 所示。$m_1m_3$、$m_9m_{11}$、$m_{13}m_{15}$因有两条以上路径，暂不管它。

③ 然后再找只能按一条路径合并的 4 个相邻 1 方格。本题有 3 个：$F_4 = \overline{C}D$；$F_5 = AD$；$F_6 = \overline{B}D$，如图 5-16c 所示。

3）最终可化简的卡诺图如图 5-16d 所示，写出最简与或表达式：

$$F = F_1 + F_2 + F_3 + F_4 + F_5 + F_6 = \overline{A}BC\,\overline{D} + AB\,\overline{C} + \overline{A}\,\overline{B}\,\overline{C} + \overline{C}D + AD + \overline{B}D$$

4. 卡诺图化简的特点

卡诺图化简法的优点是简单、直观，而且有一定的操作步骤可循，化简过程中易于避免差错，便于检验逻辑表达式是否化至最简，初学者容易掌握。但逻辑变量超过 5 个（含）时，将失去简单直观的优点，也就没有太大的实用意义了。

公式法化简的优点是它的使用不受条件限制，但化简时没有一定的操作步骤可循，主要靠熟练、技巧和经验；且一般较难判定逻辑表达式是否化至最简。

【复习思考题】

5.7　逻辑函数主要有哪几种表示方法？相互间有什么关系？

5.8　什么叫最小项和最小项表达式？

5.9　两个逻辑函数符合怎样的条件可以认为相等？

5.10　什么叫卡诺圈？画卡诺圈应遵循什么规则？

5.4　习题

5.4.1　选择题

5.1　数字电路抗干扰能力强的原因是________。（A. 电路结构相对较简单；B. 内部晶体管主要工作在放大状态；C. 功耗较低；D. 高低电平间容差较大）

5.2　下列因素中，不属于数字电路采用二进制数原因的是________。（A. 可以代表两种不同状态；B. 运算规则简单；C. 便于书写；D. 便于计算机数据处理）

5.3　下列尾缀字母中，二进制数为________；十进制数为________；十六进制数为________。（A. A；B. B；C. C；D. D；E. E；F. H）

5.4　BCD 码是________。（A. 二进制码；B. 十进制码；C. 二－十进制码；D. ASCII 码）

5.5　下列运算规则口诀中，与逻辑运算为________；或逻辑运算为________；与非逻辑运算为________；或非逻辑运算为________。（A. 有 0 出 0，全 1 出 1；B. 有 0 出 1，全 1 出 0；C. 有 1 出 1，全 0 出 0；D. 有 1 出 0，全 0 出 1）

5.6　已知某逻辑电路输入变量 AB 和输出函数 Y 的波形如图 5-17 所示，该逻辑门应为

________门。（A. 与非；B. 同或；C. 异或；D. 或非）

5.7 已知某逻辑电路输入变量 AB 和输出函数 Y 的波形如图 5-18 所示，该逻辑门应为________门。（A. 与非；B. 或非；C. 与；D. 异或）

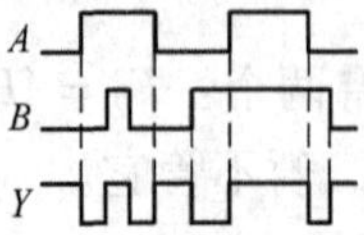

图 5-17 习题 5.6 电路

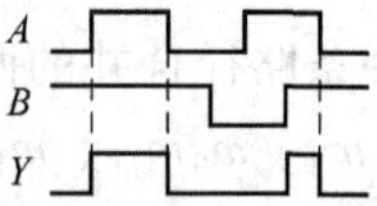

图 5-18 习题 5.7 电路

5.8 下列逻辑函数表示方法中，具有唯一性（多选）的是________。（A. 真值表；B. 逻辑表达式；C. 逻辑电路图；D. 卡诺图）

5.4.2 分析计算题

5.9 试将下列十进制数转换为二进制数。

（1）48 = ____________________；（2）123 = ____________________。

5.10 试将下列二进制数转换为十进制数。

（1）10100101B = ________；（2）01110110B = ________。

5.11 试将习题 5.9 中十进制数直接转换为十六进制数。

（1）48 = ____________；（2）123 = ____________________。

5.12 试将习题 5.10 中二进制数直接转换为十六进制数。

（1）10100101B = ________；（2）01110110B = ________。

5.13 试将下列十六进制数转换为十进制数。

（1）E7H = ____________________；（2）2AH = ____________________。

5.14 试将习题 5.13 中十六进制数直接转换为二进制数。

（1）E7H = ____________________；（2）2AH = ____________________。

5.15 已知下列二进制数 X、Y，试求 $X+Y$、$X-Y$。

（1）$X=01011011B$，$Y=10110111B$；（2）$X=11101100B$，$Y=11111001B$。

5.16 试将十进制数转换成 8421 BCD 码。

（1）34 （2）100

5.17 试将下列二进制数转换成 8421 BCD 码。

（1）10110101B （2）11001011B

5.18 已知门电路和输入信号如图 5-19 所示，试填写 $Y_1 \sim Y_{12}$ 逻辑电平值。

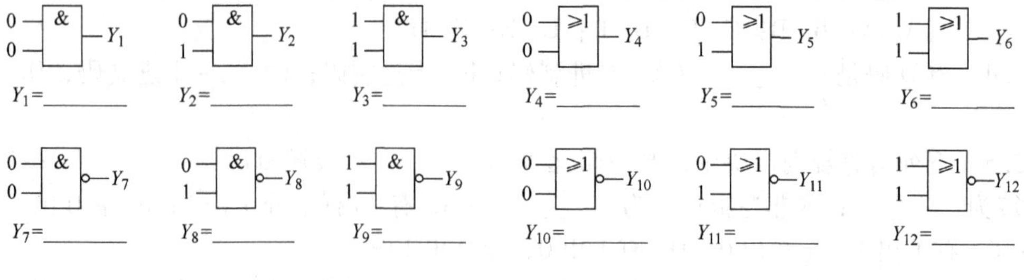

图 5-19 习题 5.18 电路

5.19 已知门电路和输入信号如图 5-20 所示，试写出 $Y_1 \sim Y_6$逻辑电平值。

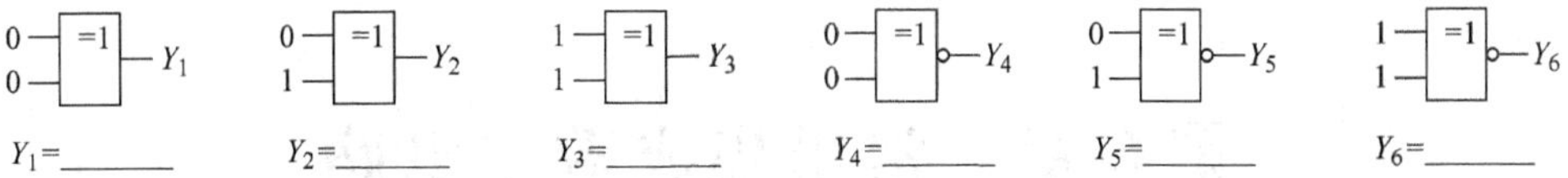

图 5-20 习题 5.19 电路

5.20 已知逻辑电路输入输出信号 A、B、Y_1和 Y_2的波形如图 5-21 所示，试写出其输出逻辑函数 Y_1和 Y_2表达式。

5.21 已知逻辑电路输入输出信号 A、B、Y_1和 Y_2的波形如图 5-22 所示，试写出其输出逻辑函数 Y_1和 Y_2表达式。

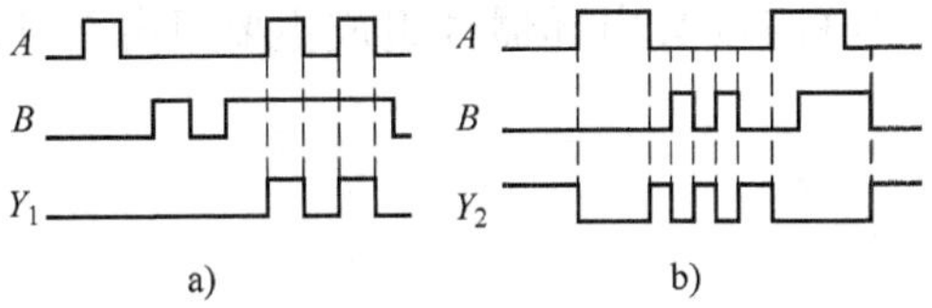

图 5-21 习题 5.20 波形

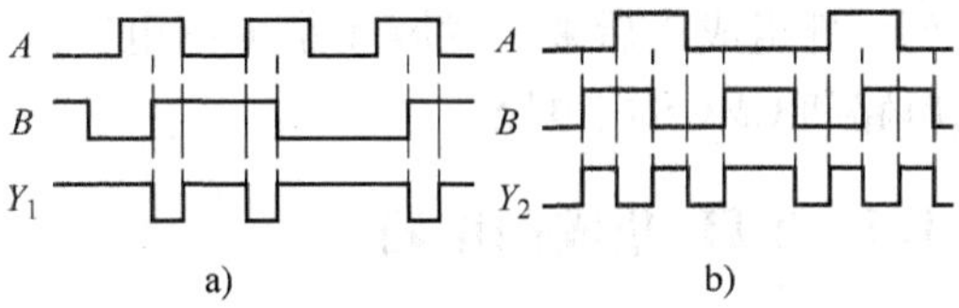

图 5-22 习题 5.21 波形

5.22 已知电路如图 5-23 所示，试写出输出信号表达式（不需化简）。

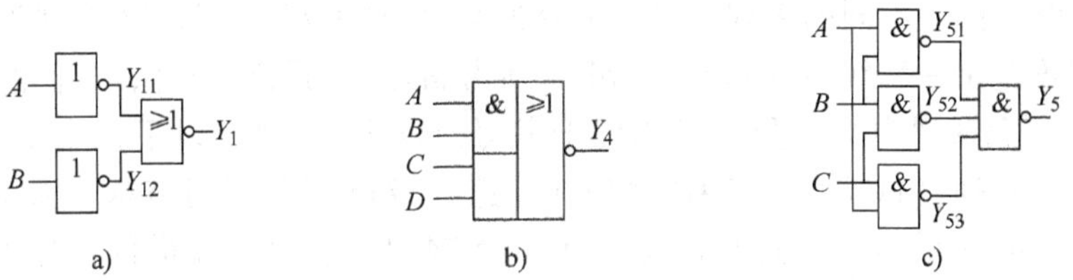

图 5-23 习题 5.22 电路

5.23 试根据下列输出信号表达式，画出逻辑电路图。

1）$Y_1=\overline{\overline{\overline{AB}}\cdot\overline{\overline{CD}}}$；2）$Y_2=\overline{AB+CD}$；3）$Y=(A+B)(C+D)(A+C)$。

5.24 已知下列逻辑电路如图 5-24 所示，试写出其逻辑函数表达式，并化简。

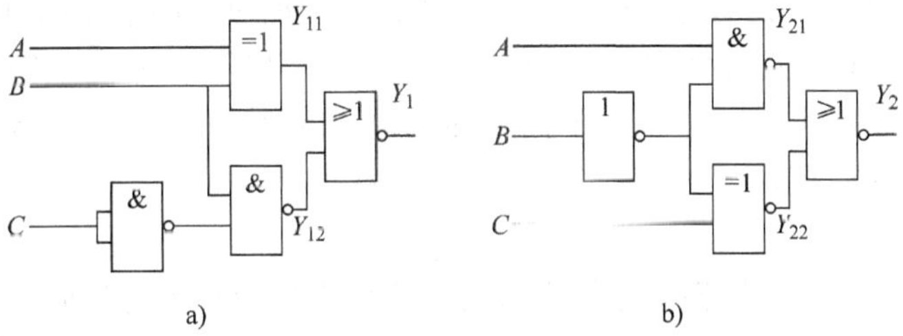

图 5-24 习题 5.24 逻辑电路

5.25 化简下列逻辑表达式。

（1）$Y_1=A+B+C+D+\overline{A}\,\overline{B}\,\overline{C}\,\overline{D}$；（2）$Y_2=A(\overline{A}+B)+B(B+C)+B$；

（3）$Y_3=A\overline{B}+B+\overline{A}B$；（4）$Y_4=ABC+\overline{A}BC+\overline{BC}$。

5.26 试画出下列逻辑函数的卡诺图，并化简为最简与或表达式。

（1）$Y_1=\overline{A}\,\overline{B}\,\overline{C}+\overline{A}\,\overline{B}C+\overline{A}BC+A\overline{B}C$；（2）$Y_2(ABC)=\sum m(1,2,3,4,6)$。

第 6 章　常用集成数字电路

6.1　集成门电路

逻辑门电路是能实现基本逻辑功能的电子电路。早期，门电路通常由二极管和晶体管等分列元件组成；后来，发展成集成门电路。集成门电路按其内部器件组成主要可分为 TTL 门电路和 CMOS 门电路。

6.1.1　TTL 集成门电路

TTL 是晶体管 - 晶体管逻辑（Transistor - Transistor Logic）集成门电路，是双极型器件组成的门电路。

1. 分类概况

TTL 门电路有许多不同的系列，总体可分为 54 系列和 74 系列，54 系列为满足军用要求设计，工作温度范围 -50°C ~ +125°C；74 系列为满足民用要求设计，工作温度范围 0°C ~ +70°C。而每一大系列中又可分为（为便于书写，以 74 为例）以下几个子系列：74 系列（基本型）、74L 系列（低功耗）、74H 系列（高速）、74S 系列（肖特基）及 74LS 系列（低功耗肖特基）、74AS 系列（先进高速肖特基）及 74ALS 系列（先进低功耗肖特基）。其中 74（基本型）子系列为早期 TTL 产品，已基本淘汰。74LS 子系列采用肖特基二极管晶体管，降低饱和程度，开关速度大为提高，以其价廉物美、综合性能较好而应用最广，目前仍是主流应用品种之一。现以 74LS 与非门电路为例，分析 TTL 集成门电路的外部特性和主要参数。

2. 外部特性和主要参数

门电路的特性参数反映了门电路的电气特性，是合理应用门电路的重要依据。若超出这些参数规定的范围，可能会引起逻辑功能的混乱，甚至损坏 TTL 门电路。不同系列的 TTL 门电路的参数含义相同，但数值各有不同。即使同一系列的 TTL 门电路，其特性参数的确切数值也因每一器件而异。

（1）电压传输特性

TTL 门电路的电压传输特性，是指空载时，输出电压与输入电压间的函数关系。

图 6-1 为 74LS 与非门电压传输特性。该传输特性大致可分为 3 个区域：截止区、转折区和饱和区。截止区是输入电压 u_I 很低时，与非门输出高电平 U_{OH}；饱和区是输入电压 u_I 较高时，与非门输出低电平 U_{OL}。转折区是输出电压由高电平变为低电平或由低电平变为高电平的分界线。转折区的输入电压称为阈值电压 U_{TH}，也称为门限电压或门槛电压，它的含义是：对与非门电路，当 $u_I > U_{TH}$ 时，$u_O = U_{OL}$；当 $u_I < U_{TH}$ 时，$u_O = U_{OH}$。

74LS 系列门电路，$U_{TH} \approx 1V$，$U_{OH} \approx 3.4V$，$U_{OL} \approx 0.35V$。

（2）输出特性

门电路输出高电平时，输出电流从门电路输出端流出，称为拉电流。拉电流过大，将降低输出高电平电压值。输出高电平最大电流 I_{OHmax} 和输出高电平最小值 U_{OHmin} 即为衡量该特性的最低标准参数。

门电路输出低电平时，输出电流从门电路输出端流进，称为灌电流。灌电流过大，将提升输出低电平电压值，可能会高于允许的低电平阈值。输出低电平最大电流 I_{OLmax} 和输出低电平最大值 U_{OLmax} 即为衡量该特性的最低标准参数。

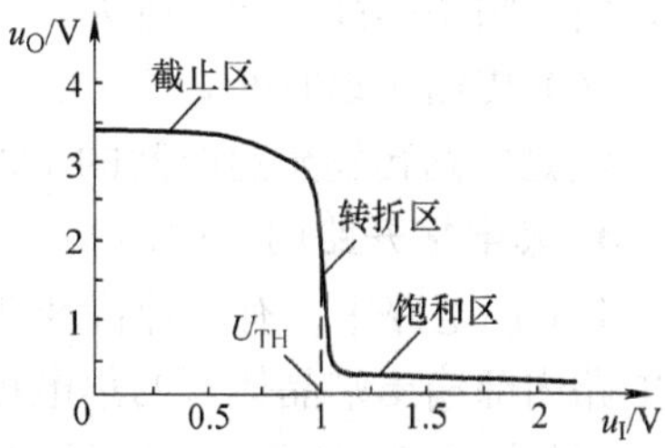

图 6-1　74LS 与非门电压传输特性

74LS 系列门电路，$I_{OHmax}=4mA$，$U_{OHmin}=2.7V$；$I_{OLmax}=8mA$，$U_{OLmax}=0.5V$。

门电路的负载能力也常用扇出系数 N_O 表示。扇出系数是指门电路带动（负载）同类门电路的数量，系数值越大，表明带负载能力相对越强。

（3）输入特性

从图 6-1 与非门电压传输特性中可得出，门电路对输入高电平和输入低电平有一定要求。为保证 TTL 与非门输出高电平，应满足 $u_I \leqslant U_{ILmax}$（输入低电平最大值）；为保证 TTL 与非门输出低电平，应满足 $u_I \geqslant U_{IHmin}$（输入高电平最小值）。

74LS 系列门电路，$U_{ILmax}=0.8V$，$U_{IHmin}=2V$。

此外，门电路输入端对接地电阻也有一定要求。输入端接对地电阻 R_I 时，从输入端流出的电流在 R_I 上产生一定的电压降，将影响输入电平的高低，R_I 较小时，u_I 相当于输入低电平，与非门处于关门状态；R_I 较大时，u_I 相当于输入高电平，与非门处于开门状态。即：若需保持 u_I 为低电平（$u_I < U_{ILmax}$），R_I 不能过大，须 $R_I < R_{OFF}$，R_{OFF} 称为关门电阻，是使与非门保持关门状态的 R_I 最大值。若需保持 u_I 相当于输入高电平，R_I 不能过小，须 $R_I > R_{ON}$，R_{ON} 称为开门电阻，是使与非门保持开门状态的 R_I 最小值。

74LS 系列门电路，$R_{OFF} \approx 4.2k\Omega$，$R_{ON} \approx 6.3k\Omega$。

（4）噪声容限

噪声容限是指输入电平受噪声干扰时，为保证电路维持原输出电平，允许叠加在原输入电平上的最大噪声电平。因输入低电平和输入高电平时允许叠加的噪声电平不同，噪声容限可分为低电平噪声容限 U_{NL} 和高电平噪声容限 U_{NH}。噪声容限示意图如图 6-2 所示。

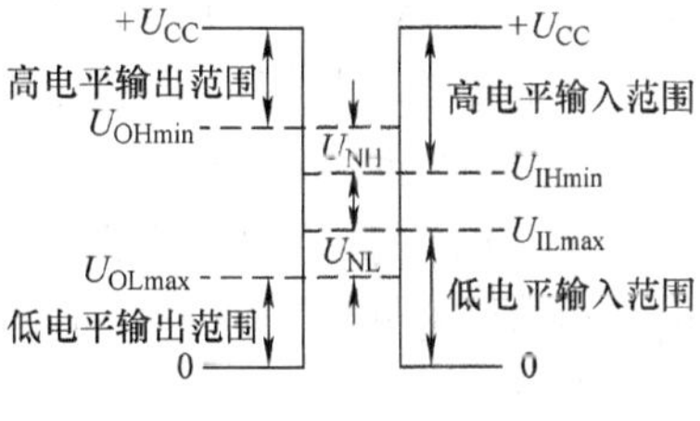

图 6-2　噪声容限示意图

高电平噪声容限：$U_{NH}=U_{OHmin}-U_{IHmin}$

低电平噪声容限：$U_{NL}=U_{ILmax}-U_{OLmax}$

74LS 系列门电路，$U_{NH}=0.7V$，$U_{NL}=0.3V$。

（5）静态动耗 P_D

静态功耗 P_D 是指维持输出高电平或维持输出低电平不变时的最大功耗。

74LS 系列门电路，$P_D<2mW$。

需要说明的是，门电路输出高电平和输出低电平时，分别工作在截止区和饱和区，功耗很低。功耗较大的阶段发生在高低电平转换区域，因此，TTL 电路的实际功耗与信号频率有关，信号频率越高，功耗越大。

（6）传输延迟时间 t_{pd}

t_{pd}是电路传输延迟时间的平均值，74LS 系列门电路，$t_{pd}<10ns$。

3. 集电极开路门（OC 门）

TTL 门电路中，有一种特殊功能的门电路——集电极开路门（Open Collector，OC）。若门电路内部输出端晶体管的集电极不接负载电阻，直通输出端，则该门电路即称为集电极开路门，如图 6-3a 所示。用符号“◇”表示，如图 6-3b 所示。OC 门的主要作用如下：

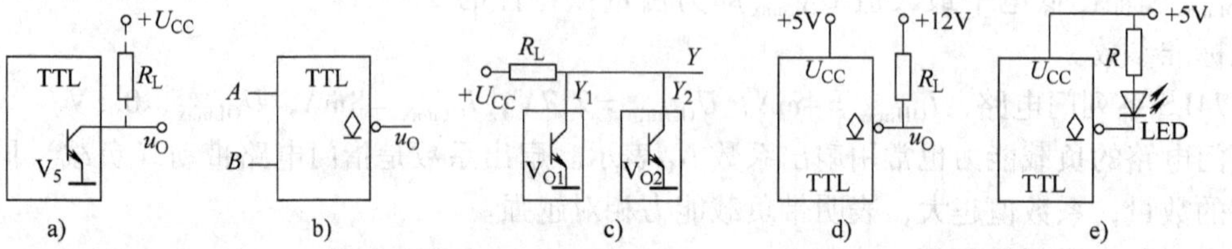

图 6-3　集电极开路门（OC 门）及其应用

a）输出端结构　b）电路符号　c）线与　d）电平转换　e）驱动

1）实现“线与”功能。一般来说，几个 TTL 门电路输出端不允许直接连接在一起。试想，若直接连接在一起，一个门电路输出高电平，另一个门电路输出低电平，其间没有限流电阻，将发生短路，损坏门电路。但 OC 门输出端集电极是开路的，不但可以直接接在一起，而且连接在一起后，可实现“与”逻辑功能，如图 6-3c 所示。当两个 OC 门输出 Y_1、Y_2均为低电平（V_{O1}、V_{O2}均饱和导通）时，Y 为低电平；当 Y_1、Y_2中一个为低电平另一个为高电平（V_{O1}、V_{O2}中一个饱和导通，另一个截止）时，因为截止的那个晶体管门对电路无影响，Y 仍为低电平；只有当 Y_1、Y_2均为高电平（V_{O1}、V_{O2}均截止）时，Y 才为高电平。从而实现了两个 OC 门电路输出电平的“与”逻辑功能，这种两个 OC 门输出端直接连接在一起，实现“与”逻辑的方法称为“线与”。

2）实现电平转换。TTL 门电路电源电压为 +5V，输出高电平约为 3.4V，输出低电平约为 0.3V，若要求将高电平变得更高，可采用图 6-3d 所示电路，将上拉电阻 R_L 接更高电源电压，高电平输出将接近于更高电源电压，低电平输出不变，从而实现电平转换。

3）用作驱动电路。OC 门可用作驱动电路，直接驱动 LED、继电器及脉冲变压器等，图 6-3e 为 OC 门驱动 LED 电路。OC 门输出低电平时，LED 亮；OC 门输出高电平时，由于输出端晶体管截止，LED 暗。但若用非 OC 门 TTL 电路，则输出高电平约为 3.4V，LED 仍会微微发亮。

【例 6-1】　试分析图 6-4 中各电路 LED 工作状态。

解：图 6-4 中各电路反相器均为 OC 门。

图 6-4a：A_1 为高电平时，Y_1 输出低电平，LED_1亮；A_1 为低电平时，Y_1 输出高电平，内部输出端晶体管截止，LED 暗。

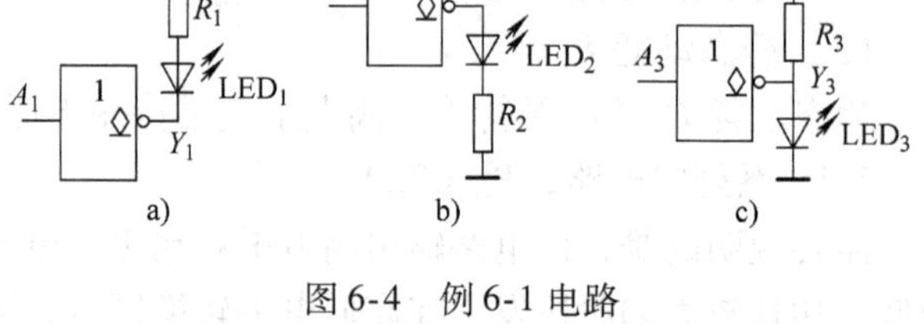

图 6-4　例 6-1 电路

图 6-4b：A_2 为高电平时，Y_2 输出

低电平，LED_2暗；A_2为低电平时，Y_2输出高电平，内部输出端晶体管截止，由于未接上拉电阻，因此 LED_2中无电流，暗。

图 6-4c：A_3输入低电平时，内部输出端晶体管截止。但因外接上拉电阻，R_3中电流流进 LED_3，亮；A_3输入高电平时，内部输出端晶体管饱和导通，Y_3输出低电平，R_3中电流全部流进内部输出端晶体管，LED_3中无电流，暗。

4. 三态门（TSL 门）

三态门（Three State Logic，TSL）是在普通门电路的基础上，在电路中添加控制电路，它的输出状态，除了高电平、低电平外，还有第 3 种状态：高阻态（或称为禁止态）。高阻态相当于输出端开路。图 6-5 三态门电路中，符号“ ▽ ”为三态门标志，EN（Enable）为使能端（或称为输出控制端），EN 端信号电平有效时，门电路允许输出；EN 端信号电平无效时，门电路禁止输出，输出端既不是高电平，也不是低电平，呈开路状态，即高阻态。

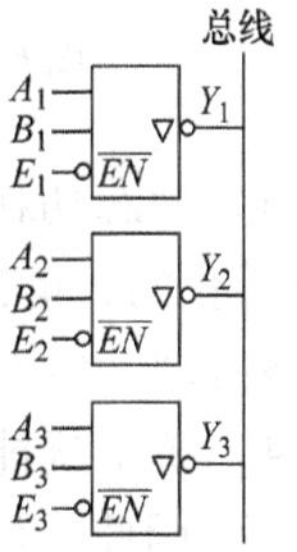

图 6-5　三态门电路

三态门主要用于总线分时传送电路信号。在微型计算机电路中，地址信号和数据信号均用总线传输，在总线上挂接许多门电路，如图 6-5 所示。在某一瞬时，总线上只允许有一个门电路的输出信号出现，其余门电路输出均呈高阻态。否则若几个门电路均允许输出，且信号电平高低不一致，将引起短路而损坏门电路器件。至于允许哪一个门电路输出，由控制端 EN 信号电平决定。例如图 6-5 中，E_1信号电平有效，则 Y_1输出信号出现在总线上（即总线输出 Y_1信号）；此时 E_2、E_3信号电平必须无效，Y_2、Y_3与总线相当于断开。即在任一瞬时，挂接在总线上门电路的控制信号，只允许其中一个有效，其余必须无效。

需要指出的是，控制信号 EN 有效电平有正有负，视不同门电路而不同，但多数为低电平有效，常在 EN 端用一个小圆圈表示，或用$\overline{EN}$表示。

6.1.2　CMOS 集成门电路

互补金属氧化物半导体（Complementary Metal Oxide Semiconductor，CMOS）器件由场效应晶体管（Field Effect Transistor，FET）组成，是一种单极型器件，不同于双极型 TTL 器件。

1. CMOS 反相器及其特点

CMOS 电路由一个 N 沟道增强型 MOS 管和一个 P 沟道增强型 MOS 管互补组成，CMOS 反相器如图 6-6 所示，其中 V_1为 PMOS 管，V_2为 NMOS 管。当输入电压 u_I为低电平时，V_1导通，V_2截止，u_O输出高电平；当输入电压 u_I为高电平时，V_1截止，V_2导通，u_O输出低电平。因此，CMOS 电路具有反相功能。其主要特点是：

1）输入电阻高。MOS 管因其栅极与导电沟道绝缘，因而输入电阻很高，可达 $10^{15}\,\Omega$，基本上不需要信号源提供电流。

2）电压传输特性好。CMOS 反相器电压传输特性如图 6-7 所示，与 TTL 电压传输特性相比，其线性区很窄，特性曲线陡峭，且高电平趋于 U_{DD}，低电平趋于 0，因此，其电压传输特性接近于理想开关。

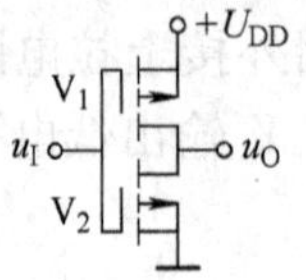

图 6-6　CMOS 反相器

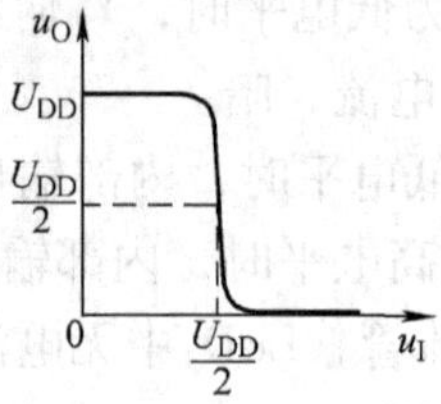

图 6-7　CMOS 反相器电压传输特性

3）静态功耗低。CMOS 反相器无论输入高电平还是输入低电平，两个 MOS 管中总有一个是截止的，静态电流极小（纳安级），且线性区很窄（线性区范围越宽，功耗越大），因此功耗很低（小于 1μW）。

4）抗干扰能力强。CMOS 反相器的阈值电压 $U_{TH} \approx U_{DD}/2$，噪声容限很大，也接近于 $U_{DD}/2$。因此，CMOS 反相器抗干扰能力强。

5）扇出系数大。由于 CMOS 电路输入电阻高，作为负载时几乎不需要前级门提供电流。因此，CMOS 反相器前级门的扇出系数不是取决于后级门的输入电阻，而是取决于后级门的输入电容，而 CMOS 电路输入电容约为几个 pF，所以，CMOS 反相器带同类门的负载能力很强，即扇出系数很大。

6）电源电压范围大。TTL 门电路的标准工作电压为 +5V，要求电源电压范围为(5 ±5 × 5% V)，CMOS 反相器的电源电压可为 3 ~ 18V。

CMOS 电路也有一些缺点，例如输入端易被静电击穿、工作速度不高、输出电流较小等，但随着 CMOS 电路新工艺的发展，这些问题已逐步改善。高速工作、输出较大电流的 CMOS 产品已经问世。易静电击穿问题采用在输入端加保护二极管电路，也已被大大改善。

2. CMOS 集成门电路

CMOS 集成门电路也有多种不同系列，应用广泛的有 CMOS 4000 系列（包括 4500 系列、MC14000/MC14500 系列）和 74HC 系列（HCMOS）。MC14000 系列与 4000 系列兼容，MC14500 系列与 4500 系列兼容，前者为美国摩托罗拉公司产品。74HC 系列中：74HC 系列与 74 系列引脚兼容，但电平不兼容；74HCT 系列与 74 系列引脚、电平均兼容。近年来，74HC 系列应用广泛，有逐步取代 74LS 系列的趋势。表 6-1 为 TTL 和 CMOS 门电路输入/输出特性参数表。

表 6-1　TTL 和 CMOS 门电路输入/输出特性参数表

参数＼电路	TTL		CMOS	高速 CMOS	
	74 系列	74LS 系列	4000 系列	74HC 系列	74HCT 系列
U_{OHmin}/V	2.4	2.7	U_{DD} −0.05	4.4	4.4
U_{OLmax}/V	0.4	0.5	0.05	0.1	0.33
I_{OHmax}/mA	4	4	0.4	4	4
I_{OLmax}/mA	16	8	0.4	4	4
U_{IHmin}/V	2	2	$2U_{DD}/3$	3.15	2
U_{ILmax}/V	0.8	0.8	$U_{DD}/3$	1.35	0.8
I_{IHmax}/μA	40	20	0.1	0.1	0.1
I_{ILmax}/μA	1600	400	0.1	0.1	0.1

需要说明的是，CMOS 集成门电路也有类似 TTL 的 OC 门（称为 OD 门，漏极开路）和

三态门输出端，其作用与 TTL OC 门、三态门相同。

特别需要指出的是，CMOS 门电路的输入端不应悬空。在 TTL 门电路中，输入端引脚悬空相当于接高电平。但在 CMOS 门电路中，输入端悬空是一个不确定因素，因此必须根据需要，接高电平（接正电源电压）或接低电平（接地）。

另外，由于输入端保护二极管电流容量有限（约为 1mA），在可能出现较大输入电流的场合应采取保护措施，如输入端接有大电容和输入引线较长时，可在输入端串接电阻，一般为 1～10kΩ。

3. TTL 门电路与 CMOS 门电路的连接

从表 6-1 可知，TTL 门电路与 CMOS 门电路在输入输出高低电平上，有一定差别，称为输入输出电平不兼容。在一个数字系统中，为了输入输出电平兼容，一般全部用 TTL 门电路或全部用 CMOS 门电路。但有时也会碰到在一个系统中需要同时应用 TTL 和 CMOS 两种门电路的情况，这就出现了两类门电路如何连接的问题。

TTL 与 CMOS 门电路连接原则如表 6-2 所示。前级门电路驱动后级门电路，存在着高低电平和电流负载能力是否适配的问题，驱动门电路必须提供符合负载门电路输入要求的电平和驱动电流。因此，必须同时满足下列各式：

其中 n 是负载门的个数。根据表 6-1 和表 6-2，可以得出：

1）74HCT 系列门电路与 74LS 系列门电路可直接相互连接。

2）74HC 系列门电路可以驱动 74LS 系列门电路。

3）CMOS 4000 系列门电路可以驱动一个（不能多个）74LS 系列负载门电路。

因是 CMOS 4000 系列 I_{OLmax}（0.4mA）等于 74LS 系列 I_{ILmax}（0.4mA）。若需驱动多个，可在 CMOS 门电路后增加一级 CMOS 缓冲器或用多个 CMOS 门并联使用，以增大 I_{OLmax}。

4）74LS 系列门电路不能直接驱动 CMOS 4000 系列和 74HC 系列门电路。

原因是 74LS 系列 U_{OHmin}（2.7V）小于 CMOS 4000 系列和 74HC 系列 U_{IHmin}（分别为 $2U_{DD}/3$ 和 3.15V）。

解决的办法是在 TTL 门电路输出端加接上拉电阻，TTL 与 CMOS 门连接电路如图6-8所示。

表 6-2　TTL 与 CMOS 门电路连接原则

驱动门		负载门
U_{OHmin}	$\geqslant$	U_{IHmin}
U_{OLmax}	$\leqslant$	U_{ILmax}
I_{OHmax}	$\geqslant$	nI_{IHmax}
I_{OLmax}	$\geqslant$	nI_{ILmax}

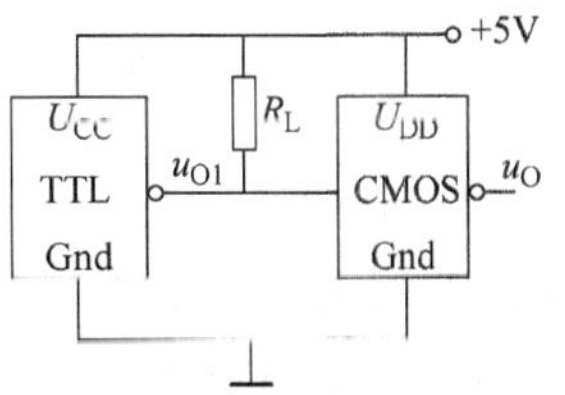

图 6-8　TTL 与 CMOS 门连接电路

6.1.3　常用集成门电路

如前所述，集成门电路主要有 54/74 系列和 CMOS 4000 系列，其引脚排列有一定规律，一般为双列直插式。若将电路芯片如图 6-9a 放置，缺口向左，按图 6-9b 正视图观察，引脚编号由小到大按逆时针排列，其中 U_{CC}为上排最左引脚（引脚编号最大），Gnd 为下排最右引脚（引脚编号为最大编号的一半）。

集成门电路通常在一片芯片中集成多个门电路，常用集成门电路主要有以下几种形式：

1）2 输入端4 门电路。即每片集成电路内部有4 个独立的功能相同的门电路，每个门电路有两个输入端。

2）3 输入端3 门电路。即每片集成电路内部有3 个独立的功能相同的门电路，每个门电路有3 个输入端。

3）4 输入端2 门电路。即每片集成电路内部有两个独立的功能相同的门电路，每个门电路有4 个输入端。

为便于认识和熟悉这些集成门电路，选择其中一些常用典型芯片介绍。

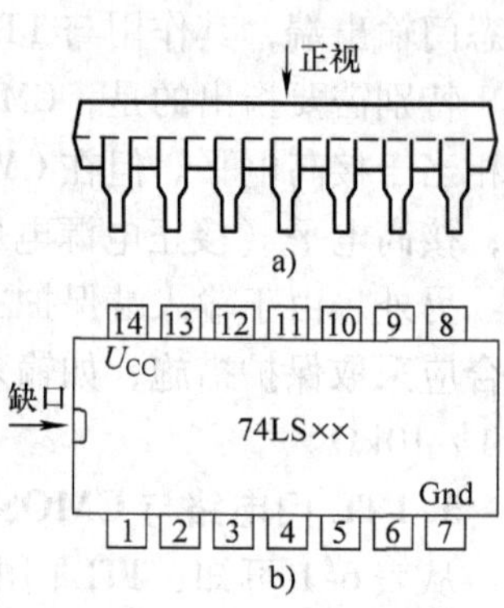

图6-9　集成电路引脚排列图
a）侧视图　b）正视图

1. 与门和与非门

与门和与非门常用典型芯片有2 输入端4 与非门74LS00、2 输入端4 与门74LS08、3 输入端3 与非门74LS10、4 输入端2 与非门74LS20、8 输入端与非门74LS30 和CMOS 2 输入端4 与非门CC 4011。常用集成与门和与非门电路引脚排列图如图6-10 所示。

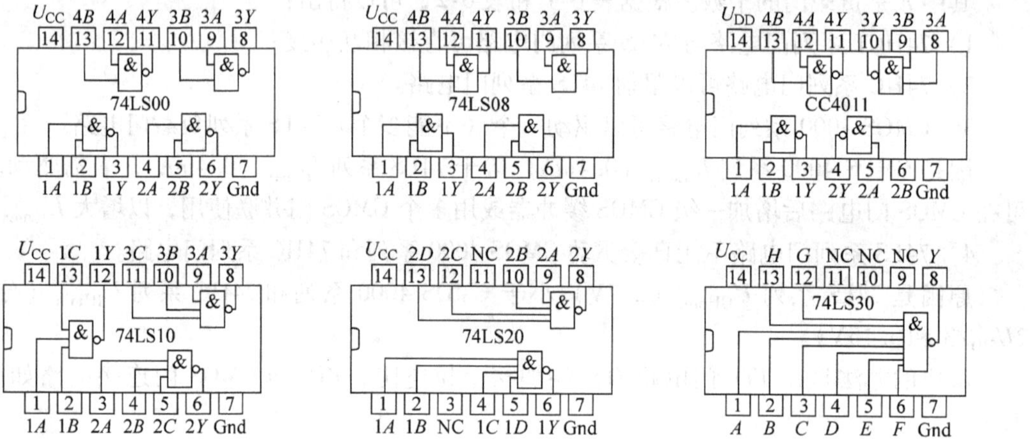

图6-10　常用集成与门和与非门电路引脚排列图

2. 或门和或非门

或门和或非门常用典型芯片有2 输入端4 或非门74LS02、2 输入端4 或门74LS32、3 输入端3 或非门74LS27 和CMOS 2 输入端4 或非门CC 4001、4 输入端2 或非门CC 4002、3 输入端3 或门CC 4075。常用集成或门和或非门电路引脚排列如图6-11 所示。

3. 与或非门

74LS54 为4 路与或非门，与或非门74LS54 引脚排列图如图6-12 所示。内部有4 个与门：其中两个与门为2 输入端；另两个与门为3 输入端；4 个与门再输入到一个或非门。

4. 异或门和同或门

74LS86 为2 输入端4 异或门，异或门74LS86 引脚排列图如图6-13 所示。CC4077 为2 输入端4 同或门，同或门CC4077 引脚排列图如图6-14 所示。

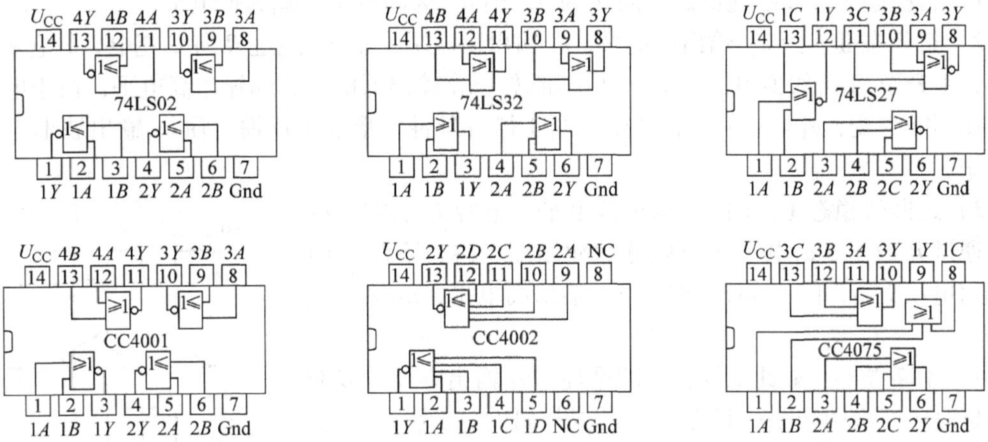

图 6-11　常用集成或门和或非门电路引脚排列图

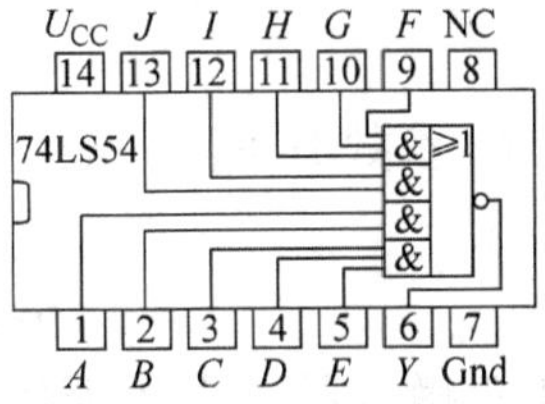

图 6-12　与或非门 74LS54 引脚排列图

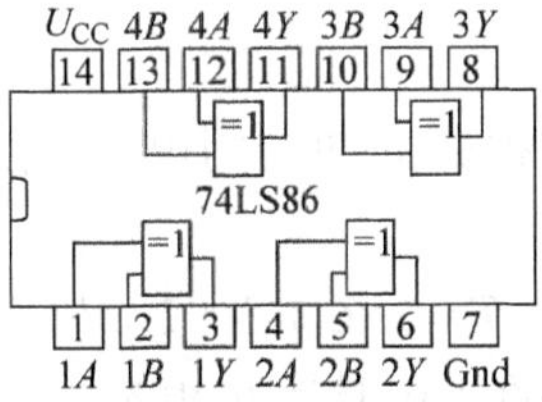

图 6-13　异或门 74LS86 引脚排列图

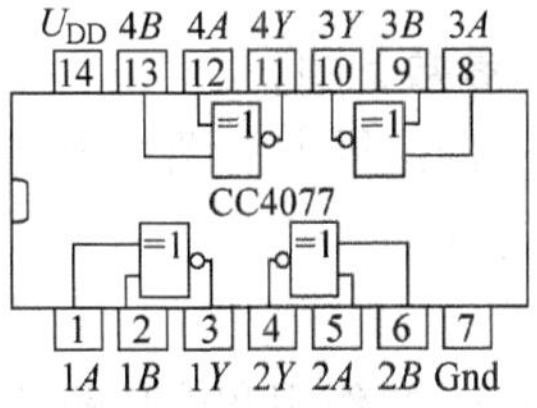

图 6-14　同或门 CC4077 引脚排列图

5. 反相器

TTL 6 反相器 74LS04 和 CMOS 6 反相器 CC 4069 引脚排列相同，内部有 6 个非门，6 反相器如图 6-15 所示。

从上述列举的 74LS 系列和 CMOS 4000 系列门电路芯片，表明门电路品种繁多，应用时可根据需要选择实用芯片构成所需功能电路。

6.1.4　由门电路组成的多谐振荡器

多谐振荡器，顾名思义，输出波形中包含丰富的谐波，例如方波发生电路。多谐振荡器一般可由集成门电路构成。

1. 电路组成和工作原理

由门电路组成的多谐振荡电路如图 6-16 所示。其运行过程分析如下：

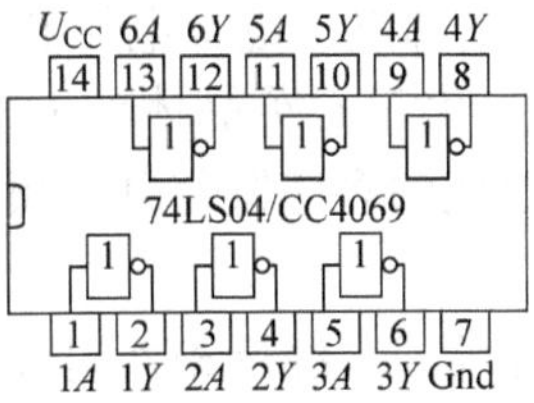

图 6-15　6 反相器

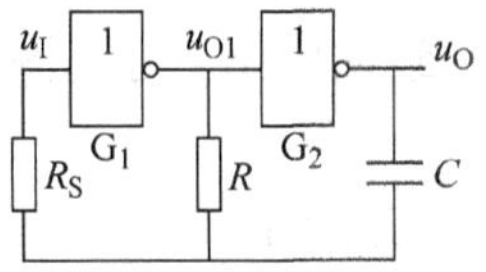

图 6-16　门电路组成多谐振荡电路

1）暂稳态Ⅰ。设接通电源瞬间 u_I 为0，则 u_{O1} 为高电平，u_O 为低电平。

2）暂稳态Ⅱ。因 u_{O1} 输出高电平，u_O 输出低电平，则 u_{O1} 通过 R 向 C 充电，u_I 电平逐渐上升，上升至门 G_1 阈值电压 U_{TH}，门 G_1 翻转，u_{O1} 输出低电平，u_O 输出高电平，由于电容两端电压不能突变，$u_I = u_C + u_O$，产生一个正微分脉冲，形成正反馈，使 u_O 输出波形上升沿很陡峭。

3）返回暂稳态Ⅰ。因 u_{O1} 输出低电平，电容 C 上的电压随即通过 R 放电，u_I 电平从正微分脉冲逐渐下降，下降至门 G_1 阈值电压 U_{TH}，门 G_1 再次翻转，u_{O1} 输出高电平，u_O 输出低电平。

4）不断循环。如此反复，不断循环，u_O 输出方波。多谐振荡器时序波形图如图6-17所示。需要指出的是，图6-17电路若由TTL门电路组成，则 $t_{W1} \neq t_{W2}$，输出不是方波；若由CMOS门电路组成，则因 $U_{TH} = U_{DD}/2$，$t_{W1} = t_{W2}$，输出是方波。

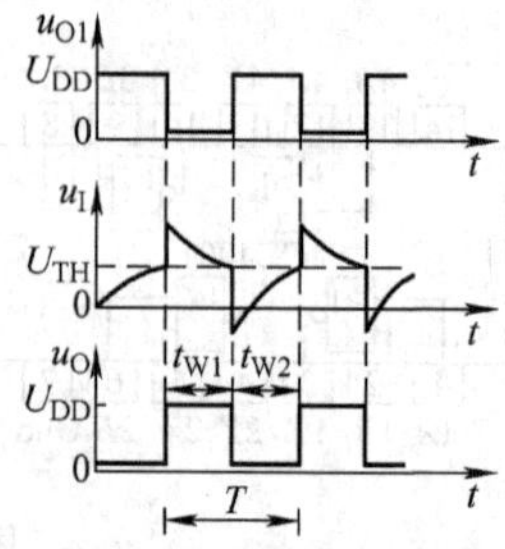

图6-17　多谐振荡器时序波形图

2. 参数计算

1）振荡周期。图6-16电路的振荡周期与门电路 U_{OH}、U_{TH} 和 RC 参数有关。一般可按下式估算：

$$T \approx 2RC\ln 3 \approx 2.2RC \tag{6-1}$$

2）R_S 的作用和取值范围。R_S 的作用是避免电容 C 上的瞬间正负微分脉冲电压损坏门 G_1；同时使电容放电几乎不经过门 G_1 的输入端，避免门 G_1 对振荡频率带来影响，即提高电路振荡频率的稳定性。因此，要求 $R_S >> R$，一般取 $R_S = (5 \sim 10)R$。但 R_S 也不可太大，R_S 与 G_1 门的输入电容构成的时间常数将影响电路振荡频率的提高。

3. 可控型多谐振荡电路

在自动控制系统中，常需要能控制多谐振荡电路的起振和停振，图6-18即为可控型多谐振荡电路。其中图6-18a由与非门组成，控制端输入高电平振荡，输入低电平停振；图6-18b由或非门组成，控制端输入低电平振荡，输入高电平停振。

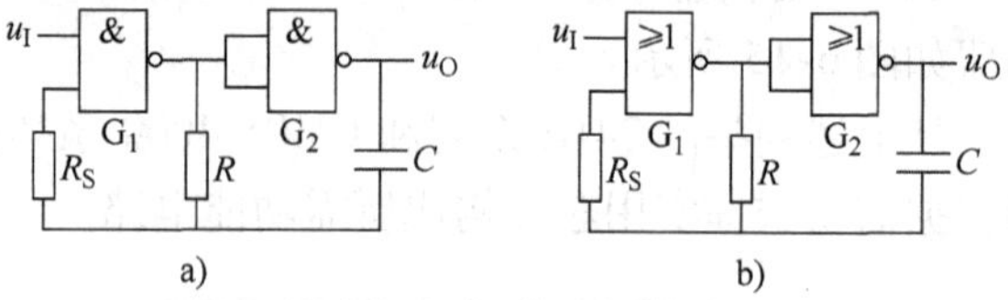

图6-18　可控型多谐振荡电路
a）输入高电平振荡　b）输入低电平振荡

4. 石英晶体多谐振荡电路

由 RC 元件和门电路组成的多谐振荡电路的振荡频率稳定度还不够高，一致性还不够好，主要原因是 RC 元件的数值以及门电路阈值电压 U_{TH} 易受温度、电源电压和其他因素的影响，在振荡频率稳定度和一致性要求高的场合不太适用。由于石英晶体的 Q 值很高，且晶体参数的一致性也相当好，因此，用石英晶体和门电路组成的多谐振荡电路频率稳定性非常高。

石英晶体与门电路组成多谐振荡电路时，可由二级反相器或一级反相器组成，现代电子技术普遍以一级反相器与石英晶体组成，石英晶体多谐振荡电路如图6-19所示。振荡频率取决于石英晶体的振荡频率，R_F 为直流负反馈电阻，使反相器静态工作点位于线性放大区。

R_F不宜过大过小，过小使反相器损耗过大；过大使反相器脱离线性放大区，一般取 $R_F=1\sim10\text{M}\Omega$。在单片机和具有自振荡功能的集成电路芯片中，反相器和 R_F已集成在芯片内部，对外仅引出两个端点，只需接晶振和电容 C_1C_2即可，C_1、C_2起稳定振荡的作用，一般取10～100pF。

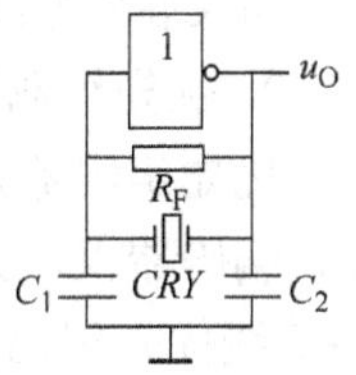

图6-19　石英晶体多谐振荡电路

【复习思考题】

6.1　什么叫拉电流？若门电路拉电流过大，会产生什么后果？

6.2　什么叫灌电流？若门电路灌电流过大，会产生什么后果？

6.3　什么叫噪声容限？

6.4　什么叫 OC 门？画出其电路符号标志，叙述其主要功能。

6.5　什么叫 TSL 门？画出其电路符号标志，叙述其主要功能。

6.6　MOS 反相器的主要特点是什么？

6.7　CMOS 4000 系列集成门电路的电源电压与 TTL 有什么不同？

6.8　CMOS 门电路不用的输入端能否悬空？在这一点上与 TTL 门电路有什么不同？

6.9　CMOS 门电路中，哪一种子系列逻辑电平和引脚与 74LS 系列门电路完全兼容？

6.10　74 系列和 CMOS 4000 系列集成电路的引脚排列有什么规律？

6.11　由门电路组成的多谐振荡电路的振荡频率与哪些因素有关？

6.12　如何使门电路组成的多谐振荡电路的振荡可控？

6.13　图6-19 石英晶体多谐振荡电路中的 R_F、C_1、C_2有什么作用？

6.2　组合逻辑电路

若任一时刻数字电路的稳态输出只取决于该时刻输入信号的组合，而与这些输入信号作用前电路原来的状态无关，则该数字电路称为组合逻辑电路（Combinational Logic Circuit）。

为了便于应用，常用组合逻辑电路，通常不是由各类门电路外部连接组合，而是集成在一块芯片上，组成具有专用功能的集成组合逻辑电路。其特点是通用性强、能扩展、可控制，一般有互补信号输出端。

常用集成组合逻辑电路主要有编码器、译码器、数据选择器、数据分配器和加法器等。

6.2.1　编码器

用二进制代码表示数字、符号或某种信息的过程称为编码。能实现编码的电路称为编码器（Encoder）。编码器一般可分为普通编码器和优先编码器；按编码形式可分为二进制编码器和 BCD 编码器；按编码器编码输出位数可分为4－2 线编码器、8－3 线编码器和16－4 线编码器等。

1. 工作原理

为便于分析理解，以4－2 线编码器为例。表6-3 为4－2 线编码器功能表。该编码器有4 个输入端 $I_0\sim I_3$，有两个输出端 Y_1、Y_0。当4 个输入端 $I_0\sim I_3$中有一个依次为1（其与3 个为0）时，编码器依次输出00～11。从而实现4 个输入信号的编码。

但是，上述编码器正确实现编码需要条件。即4 个输入端中，只允许有一个为逻辑1。若有两个输入端为逻辑 1，输出编码将出错。为了解决这一问题，一般把编码器设计为优先编码器。

2. 优先编码器

优先编码器是将输入信号的优先顺序排队，当有两个或两个以上输入端信号同时有效时，编码器仅对其中一个优先等级最高的输入信号编码，从而避免输出编码出错。表 6-4 为 4－2 线优先编码器功能表。$I_0 \sim I_3$中，I_0优先等级最高。当 I_0为 1 时，$I_1 \sim I_3$不论是 1 是 0，$Y_1Y_0=00$；当 $I_0=0$，$I_1=1$ 时，I_2、I_3不论是 1 是 0，$Y_1Y_0=01$；以此类推。

表 6-3　4－2 线编码器功能表

输入				输出	
I_3	I_2	I_1	I_0	Y_1	Y_0
0	0	0	1	0	0
0	0	1	0	0	1
0	1	0	0	1	0
1	0	0	0	1	1

表 6-4　4－2 线优先编码器功能表

输入				输出	
I_3	I_2	I_1	I_0	Y_1	Y_0
×	×	×	1	0	0
×	×	1	0	0	1
×	1	0	0	1	0
1	0	0	0	1	1

3. 8－3 线优先编码器 74LS148

74LS148 引脚图如图 6-20 所示，74LS148 功能表如表 6-5 所示。

① $\bar{I}_0 \sim \bar{I}_7$：输入端，低电平有效，I_7 优先等级最高。

② $\overline{EI}$：控制端，低电平有效。

③ $\bar{Y}_2$、$\bar{Y}_1$、$\bar{Y}_0$：输出端，为反码形式（111 相当于 000）。

④ EO：选通输出端。

⑤ $\overline{GS}$：扩展输出端。

从表 6-5 中看出，$\overline{EI}=1$ 时，芯片不编码；$\overline{EI}=0$ 时，芯片编码。EO 和$\overline{GS}$除用于选通输出和扩展输出外，还可用于区分芯片非编码状态和无输入状态。

除 74LS148 外，其他常用编码器芯片有 10－4 线 BCD 码优先编码器 74LS147、CMOS 8－3 线优先编码器 CC 4532、CMOS 10－4 线 BCD 码优先编码器 CC 40147 等。

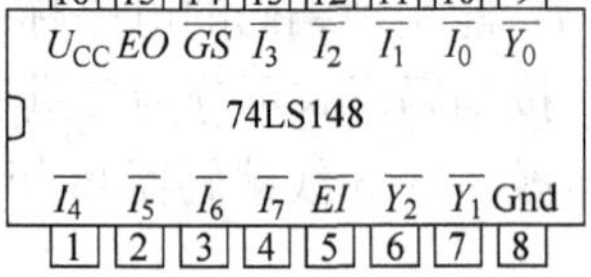

图 6-20　74LS148 引脚图

表 6-5　74LS148 功能表

输　入　端									输　出　端				
$\overline{EI}$	$\bar{I}_7$	$\bar{I}_6$	$\bar{I}_5$	$\bar{I}_4$	$\bar{I}_3$	$\bar{I}_2$	$\bar{I}_1$	$\bar{I}_0$	$\bar{Y}_2$	$\bar{Y}_1$	$\bar{Y}_0$	EO	$\overline{GS}$
1	×	×	×	×	×	×	×	×	1	1	1	1	1
0	1	1	1	1	1	1	1	1	1	1	1	0	1
0	0	×	×	×	×	×	×	×	0	0	0	1	0
0	1	0	×	×	×	×	×	×	0	0	1	1	0
0	1	1	0	×	×	×	×	×	0	1	0	1	0
0	1	1	1	0	×	×	×	×	0	1	1	1	0
0	1	1	1	1	0	×	×	×	1	0	0	1	0
0	1	1	1	1	1	0	×	×	1	0	1	1	0
0	1	1	1	1	1	1	0	×	1	1	0	1	0
0	1	1	1	1	1	1	1	0	1	1	1	1	0

6.2.2　译码器

将给定的二值代码转换为相应的输出信号或另一种形式二值代码的过程，称为译码。能实现译码功能的电路称为译码器（Decoder）。译码是编码的逆过程。

译码器大致可分为两大类：通用译码器和显示译码器。通用译码器又可分为变量译码器和代码变换译码器。

1. 工作原理

为便于分析理解，以 2－4 线译码器为例，表 6-6 为 2－4 线译码器功能表。该译码器有两个输入端 A_0 和 A_1，有 4 个输出端 $Y_0 \sim Y_3$。当输入编码依次为 00～11 时，输出端 $Y_0 \sim Y_3$ 依次为 1，从而实现对两个输入编码信号 4 种状态的译码。

表 6-6　2－4 线译码器功能表

输入		输出			
A_1	A_0	Y_3	Y_2	Y_1	Y_0
0	0	0	0	0	1
0	1	0	0	1	0
1	0	0	1	0	0
1	1	1	0	0	0

需要说明的是，编码器和译码器的输入输出端有相应的依存关系。对编码器来说，两个输出端最多能对 4 个输入信号编码，m 个输出端最多能对 2^m 个输入信号编码；对译码器来说，两个输入信号最多能译成 4 种输出状态，n 个输入信号最多能译成 2^n 种输出状态。

2. 3－8 线译码器 74LS138

图 6-21 为 74LS138 引脚图，表 6-7 为 74LS138 功能表。

表 6-7　74LS138 功能表

输入						输出							
G_1	$\overline{G_{2A}}$	$\overline{G_{2B}}$	A_2	A_1	A_0	$\overline{Y_7}$	$\overline{Y_6}$	$\overline{Y_5}$	$\overline{Y_4}$	$\overline{Y_3}$	$\overline{Y_2}$	$\overline{Y_1}$	$\overline{Y_0}$
0	×	×	×	×	×	1	1	1	1	1	1	1	1
×	1	×	×	×	×	1	1	1	1	1	1	1	1
×	×	1	×	×	×	1	1	1	1	1	1	1	1
1	0	0	0	0	0	1	1	1	1	1	1	1	0
1	0	0	0	0	1	1	1	1	1	1	1	0	1
1	0	0	0	1	0	1	1	1	1	1	0	1	1
1	0	0	0	1	1	1	1	1	1	0	1	1	1
1	0	0	1	0	0	1	1	1	0	1	1	1	1
1	0	0	1	0	1	1	1	0	1	1	1	1	1
1	0	0	1	1	0	1	0	1	1	1	1	1	1
1	0	0	1	1	1	0	1	1	1	1	1	1	1

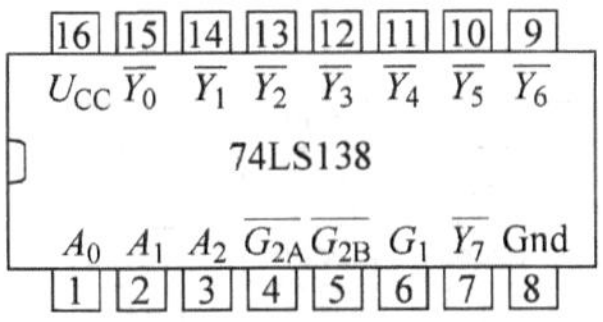

图 6-21　74LS138 引脚图

74LS138 有 3 个编码信号输入端 A_2、A_1、A_0（A_0 是低端），8 个译码信号输出端 $\overline{Y_7} \sim \overline{Y_0}$，因此称为 3－8 线译码器。有 3 个门控端 G_1、$\overline{G_{2A}}$、$\overline{G_{2B}}$。当 $G_1=1$、$\overline{G_{2A}}=0$、$\overline{G_{2B}}=0$，同时有效时，芯片译码，反码输出，相应输出端低电平有效。3 个控制端只要有一个无效，芯片禁止译码，输出全 1。

与 74LS138 相同功能的芯片是 74LS238，其与 74LS138 的唯一区别是 $Y_0 \sim Y_7$ 输出高电平有效。除 74LS138 外，其他常用编码器芯片有双 2－4 线译码器 74LS139、4－16 线译码器 74LS154、BCD 码输入 4－10 线译码器 74LS42。CMOS 译码器除与 74LS 系列相应的 74HC 系列芯片外，还有双2－4线译码器4555（反码输出）、4556（反码输出），4－16线译码器4514（原码输出）、4515（反码输出）和BCD码输出4－10线译码器4028（原码输出）等。

3. 显示译码器CC4511

CC4511是CMOS 4000系列7段译码显示驱动器，图6-22为CC4511引脚图，表6-8为CC4511功能表。$A_0 \sim A_3$为数据（BCD码）输入端，$Y_a \sim Y_g$为译码显示驱动输出端，$\overline{LT}$为灯测试控制端，$\overline{LT}=0$，全亮；$\overline{BI}$为消隐控制端，$\overline{BI}=0$，全暗；LE为数据锁存控制端，$LE=0$，允许从$A_3 \sim A_0$输入数据，刷新显示；$LE=1$，锁存并维持原显示状态。

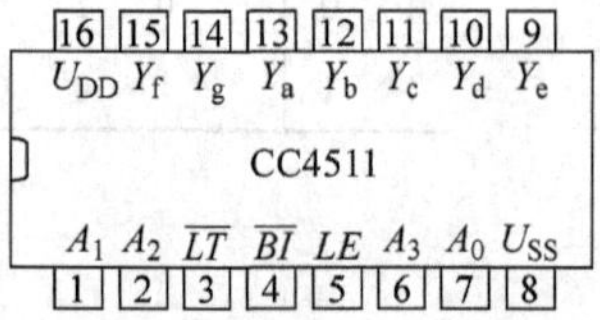

图6-22　CC4511引脚图

表6-8　CC4511功能表

LE	$\overline{BI}$	$\overline{LT}$	A_3	A_2	A_1	A_0	显示数字
×	×	0	×	×	×	×	全亮
×	0	1	×	×	×	×	全暗
1	1	1	×	×	×	×	维持
0	1	1	0000～1001				0～9
0	1	1	1010～1001				全暗

除CC4511外，其他常用译码显示驱动器有CC4513、CC4543/4544（可驱动LED或液晶）、CC4547（大电流）、CC4026、CC4033、CC4055（驱动液晶）、CC40110（加减计数译码/驱动）等，有关资料可查阅技术手册。

4. 译码器应用

（1）用译码器选通某一电路

在单片机控制电路中，常用74138译码片选选通某一电路，例如存储器、片外扩展I/O口和动态显示数码管，图6-23为CC4511译码和74LS138片选组成的8位动态扫描显示电路。

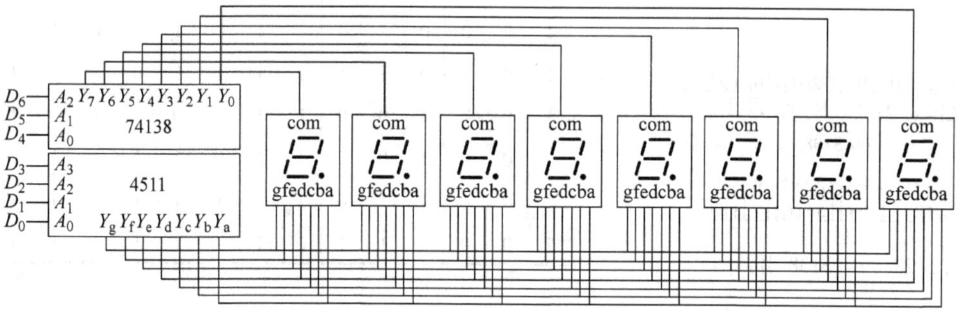

图6-23　CC4511译码和74LS138片选组成8位动态扫描显示电路

① LED数码管由发光二极管（Light Emitting Diode，LED）分段组成。因其工作电压低、体积小、可靠性高、寿命长、响应速度快（<10ns）和使用方便灵活而得到广泛应用。数码管共有8个笔段：a、b、c、d、e、f、g组成数字8，Dp为小数点。图6-24分别为LED数码管引脚排列、共阴型和共阳型数码管内部连接方式。从图6-24中看出，共阴型数码管是将所有笔段LED的阴极（负极）连接在一起，作为公共端com；共阳型数码管是将所有

笔段 LED 的阳极（正极）连接在一起，作为公共端 com。应用 LED 共阴型数码管时，公共端 com 接地，笔段端接高电平（串接限流电阻）时亮，笔段接低电平时暗。应用 LED 共阳型数码管时，公共端 com 接 U_{CC}，笔段端接低电平（串接限流电阻）时亮，笔段接高电平时暗。控制笔段亮或暗，可组成 0～9 数字和其他一些字符显示。

② 动态扫描显示电路是在每一瞬时只显示一位，下一瞬时再显示下一位，这样依次轮流显示，由于人视觉的滞留效应，人们看到的将是多位同时稳定显示。因此，电路连接时将数码管每一位的 a 段连在一起，b 段连在一起，…，g 段连在一起，由一片 CC4511 译码输出端 Y_a～Y_g 控制，而每一位的公共端由 74138 译码输出端 Y_0～Y_7 片选选通。

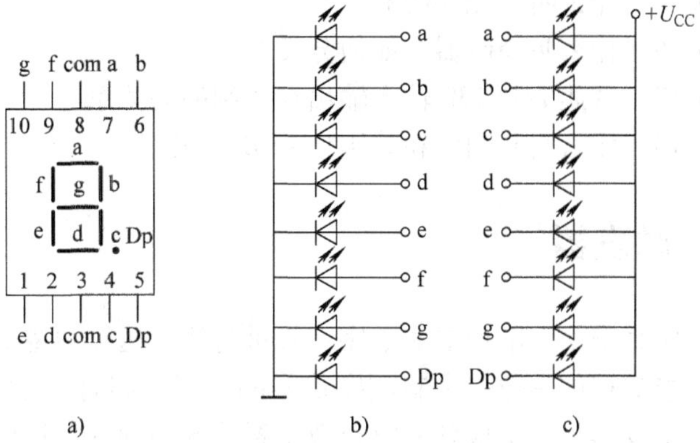

图 6-24　LED 数码管

a）0.5LED 管引脚排列　b）共阴型　c）共阳型

实际操作时，先从 4511 A_3～A_0 输入第 0 位显示 BCD 码，在 $\overline{LT}=1$、$\overline{BI}=1$、$LE=0$（为清晰简化电路图面，图 6-23 未画出 $\overline{LT}$、$\overline{BI}$、LE）条件下，4511 Y_a～Y_g 端即刻输出该 BCD 码的译码笔段信号；再从 74138 译码输入端 $A_2A_1A_0$ 输入第 0 位编码信号 000，在 $G_1=1$、$\overline{G_{2A}}=0$、$\overline{G_{2B}}=0$（为清晰简化电路图面，图 6-23 未画出 G_1、$\overline{G_{2A}}$、$\overline{G_{2B}}$）条件下，74138 译码输出端 $\overline{Y}_0=0$，$\overline{Y}_1$～$\overline{Y}_7=1$，选通数码管第 0 位显示，其余各位暗；第 0 位显示保持几 ms 后，再从 4511 输入第 1 位显示 BCD 码，从 74138 输入第 1 位编码信号 001，74138 译码输出端 $\overline{Y}_1=0$，$\overline{Y}_0=1$，$\overline{Y}_2$～$\overline{Y}_7=1$，选通数码管第 1 位显示，其余各位暗；…；这样，各位依次轮流显示。需要说明的是，74138 译码片选选通一般用于单片机控制的电路。

（2）用译码器实现组合逻辑函数

【例 6-2】　试利用 74LS138 实现 3 人多数表决逻辑电路。

解：三人多数表决逻辑真值表如表 5-4 所示，由门电路组成的逻辑电路如图 5-10、图 5-12a 和图 5-12b 所示。其逻辑最小项表达式为：

$$Y=\overline{A}BC+A\overline{B}C+AB\overline{C}+ABC=m_3+m_5+m_6+m_7$$

据此，画出图 6-25 逻辑电路。3 人表决输入端 A、B、C 依次接 74LS138 A_2、A_1、A_0 端（次序不能接反）；$G_1=1$，$\overline{G_{2A}}=\overline{G_{2B}}=0$，不参与控制，始终有效。当 3 人表决输入符合最小项表达式要求时，74LS138 $\overline{Y}_3$、$\overline{Y}_5$、$\overline{Y}_6$、$\overline{Y}_7$ 端分别有效，输出为 0，经过与非门，有 0 出 1，完成 3 人多数表决逻辑要求。

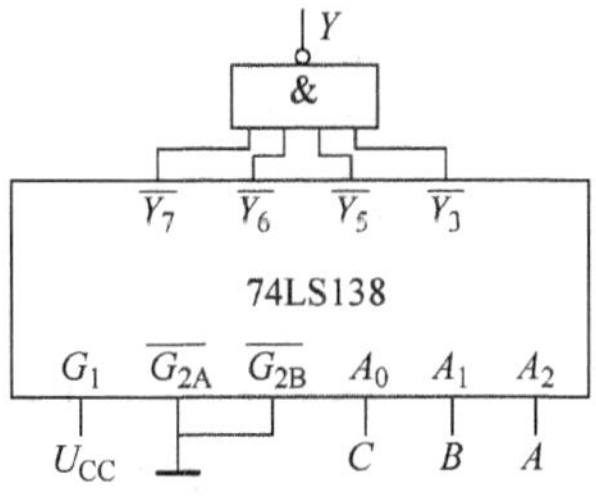

图 6-25　例 6-2 逻辑电路

从上例看出，用译码器实现组合逻辑函数，比单纯由门电路组成的逻辑电路方便得多。只需先求出组合逻辑要求的最小项表达式，将最小项 m 值相应的输出变量用一个与非门

（原码输出用与门）组合，即可实现。

【复习思考题】

6.14　什么叫组合逻辑电路？有什么特点？

6.15　什么叫优先编码器？

6.16　什么叫译码器？如何分类？

6.17　试述74LS138输入输出与控制端的关系。

6.18　什么叫共阴型和共阳型LED数码管？

6.3　触发器

数字系统中，不但要对数字信号进行算术运算和逻辑运算，而且还需要将运算结果保存起来。能够存储一位二进制数字信号的逻辑电路称为触发器（Flip－Flop，FF）。与门电路一样，触发器也是组成各种复杂数字系统的一种基本逻辑单元，其主要特征是具有“记忆”功能。因此，触发器也称为半导体存储单元或记忆单元。

6.3.1　触发器基本概念

1. 基本RS触发器

1）电路组成。图6-26a为由与非门组成的基本RS触发器。图6-26b为其逻辑符号。图中Q、$\overline{Q}$端为输出端，逻辑电平值恒相反。Q和$\overline{Q}$端有两种稳定状态：$Q=1$、$\overline{Q}=0$或$Q=0$、$\overline{Q}=1$，所以也称为双稳态触发器。S、R分别称为置“1”端和置“0”端。即S有效时，Q端输出“1”；R有效时，Q端输出“0”。图6-26a中$\overline{S}$、$\overline{R}$低电平有效，在图6-26b中以输入端小圆圈表示。基本RS触发器也可由或非门组成，逻辑功能基本相同。

2）逻辑功能。在描述触发器逻辑功能时，为分析方便，触发器原来的状态称为初态，用Q^n表示，触发以后的状态称为次态，用Q^{n+1}表示。基本RS触发器的功能表如表6-9所示。

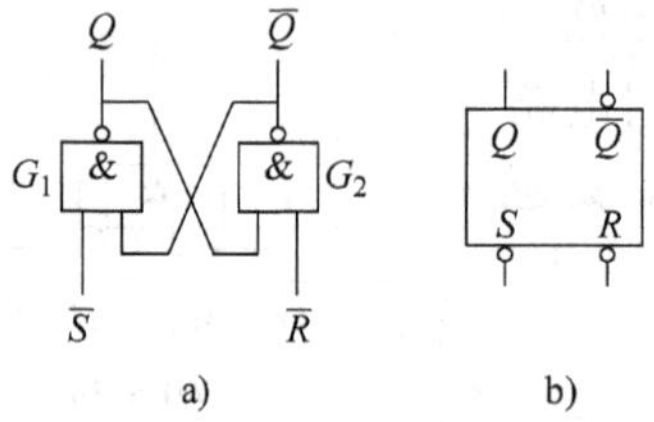

图6-26　基本RS触发器

a）电路　b）逻辑符号

表6-9　基本RS触发器功能表

$\overline{R}$	$\overline{S}$	Q^{n+1}
0	0	不定
0	1	0
1	0	1
1	1	Q^n

3）功能缺陷。

① 触发时刻不能同步。基本RS触发器的输出状态能跟随输入信号按一定规则相应变化。但在实际应用中，一般仅要求将输入信号R、S作为触发器输出状态变化的转移条件，不希望其立即变化。通常需要按一定节拍、在统一的控制脉冲作用下同步改变输出状态。

② 有不定状态。当 $\overline{S}=0$、$\overline{R}=0$ 时，$Q^{n+1}=\overline{Q^{n+1}}=1$，违背了触发器对 Q 与 $\overline{Q}$ 互补的定义，不允许出现。且触发器具有记忆功能，即触发脉冲消失后，能保持（记忆）原来的输出状态。若 $\overline{S}=0$、$\overline{R}=0$ 触发脉冲同时消失，则要看门 G_1、G_2 传输延迟时间 t_{pd} 的长短。若 G_1 的 t_{pd1} 短，则 G_1 首先翻转，即 $Q=0$，反馈至 G_2 输入端，使 $\overline{Q}=1$；若 G_2 的 t_{pd2} 短，则使 $\overline{Q}=0$、$Q=1$。因此，$\overline{R}\,\overline{S}=00$ 同时消失（即$\overline{R}\,\overline{S}$从 00→11）后的输出状态不定。

2. 基本 RS 触发器的改进

1）钟控 RS 触发器。钟控 RS 触发器也称为同步 RS 触发器，由统一的 CP 脉冲触发翻转。但钟控 RS 触发器属于电平触发，具有“透明”特性，存在“空翻”现象。即在 $CP=1$ 期间，若 RS 多次变化，Q 也随之多次变化。一般要求，在 CP 有效期间，触发器只能翻转一次。

2）主从型 RS 触发器。主从型 RS 触发器由两个钟控 RS 触发器即主触发器 F_1 和从触发器 F_2 串接而成，在 CP 脉冲的一个周期内，输出状态只改变一次，而不会多次翻转（空翻），主从触发也称为脉冲触发。但主从型 RS 触发器仍存在 $RS=11$ 时输出状态不定的问题。

3）JK 触发器。JK 触发器解决了上述不同步、空翻和不定状态的问题。

4）边沿触发。边沿触发能根据时钟脉冲 CP 上升沿或下降沿时刻的输入信号转换输出状态，其抗干扰能力和实用性大大提高，因而得到了广泛的应用。目前，触发器中大多采用边沿触发方式。

图 6-27 为边沿触发逻辑符号图，C 端的小“∧”表示动态输入，即边沿触发。无小圆圈表示上升沿触发；有小圆圈表示下降沿触发。

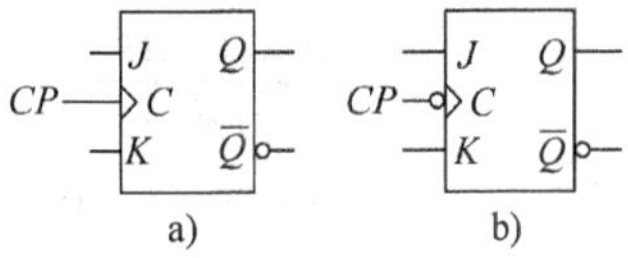

图 6-27　边沿触发逻辑符号图
a）上升沿触发　b）下降沿触发

5）初始状态的预置。触发器在实际应用中，常需要在 CP 脉冲到来之前预置输出信号。预置端$\overline{R}_d$、$\overline{S}_d$ 电平有效时，输出状态立即按要求转换。$\overline{R}_d$、$\overline{S}_d$ 具有强置性质，即与 CP 脉冲无关，与 CP 脉冲不同步，所以称为异步置位端，权位最高。

6.3.2　JK 触发器

JK 触发器具有与 RS 触发器相同功能，且无输出不定状态。JK 触发器逻辑符号如图 6-28所示。Q、$\overline{Q}$ 为输出端。$\overline{R}_d$、$\overline{S}_d$ 为预置端，低电平触发有效；$C1$ 为时钟脉冲 CP 输入端，$1J$、$1K$ 为触发信号输入端，其中 1 表示相关联序号，写在后面表示主动信号，写在前面表示被动信号。即在 $C1$ 作用下，将 $1J$、$1K$ 信号注入触发器。在本书后续课文中，为简化图形，“1”常省略不写。

1. JK 触发器基本特性

（1）功能表

表 6-10 为 JK 触发器功能表（CP 和预置端$\overline{R}_d$、$\overline{S}_d$ 未列入），其与 RS 触发器的显著区别是无不定输出状态，$JK=11$ 时，$Q^{n+1}=\overline{Q^n}$。

（2）特征方程：$Q^{n+1}=J\overline{Q^n}+\overline{K}Q^n$

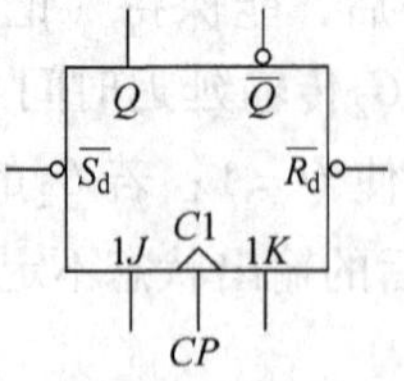

图 6-28　JK 触发器逻辑符号

表 6-10　JK 触发器功能表

J	K	Q^{n+1}
0	0	Q^n
0	1	0
1	0	1
1	1	$\overline{Q}^n$

2. 常用 JK 触发器典型芯片介绍

1）上升沿 JK 触发器 CC 4027。CC 4027 是 CMOS 双 JK 触发器，包含了两个相互独立的 JK 触发器，CP 上升沿触发有效，R_d、S_d 预置端高电平有效。CC4027 引脚图如图 6-29 所示。

2）下降沿 JK 触发器 74LS112。74LS112 为 TTL 双 JK 触发器，包含了两个相互独立的 JK 触发器，CP 下降沿触发有效，$\overline{R}_d$、$\overline{S}_d$ 预置端低电平有效，74LS112 引脚图如图 6-30 所示。

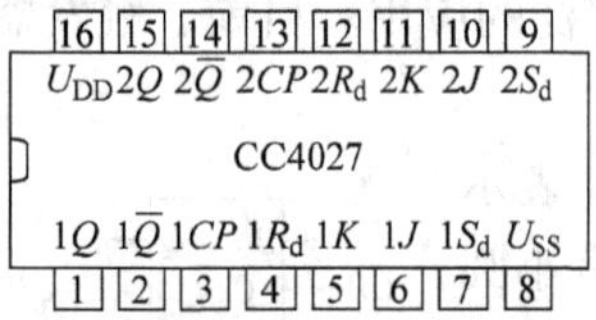

图 6-29　CC4027 引脚图

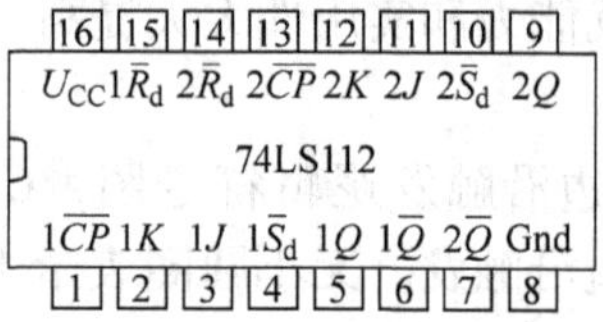

图 6-30　74LS112 引脚图

【例 6-3】　已知边沿型 JK 触发器 CP、$\overline{R}_d$、$\overline{S}_d$、J、K 输入波形如图 6-31a 所示，试分别按上升沿触发和下降沿触发画出其输出端 Q 波形。

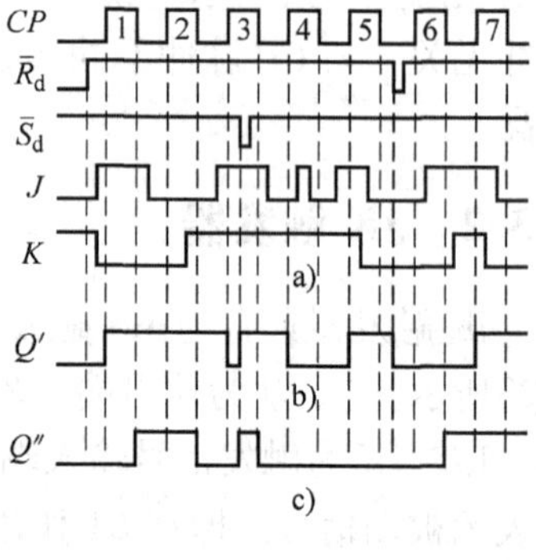

图 6-31　例 6-3 波形图

解：1）上升沿触发输出波形 Q' 如图 6-31b 所示。

初始，预置端 $\overline{R}_d=0$，$Q'=0$。

① CP_1 上升沿，$JK=10$，$Q'=1$。

② CP_2 上升沿，$JK=00$，$Q'=1$（不变）。

③ CP_3 上升沿，$JK=11$，$Q'=0$（取反）。

④ $CP_3=1$ 期间，预置端 $\overline{S}_d=0$，$Q'=1$（强置 1）。

⑤ CP_4 上升沿，$JK=01$，$Q'=0$。

⑥ $CP_4=1$ 期间，J 有一个窄脉冲，但上升沿已过，J 窄脉冲不起作用。

⑦ CP_5 上升沿，$JK=11$，$Q'=1$（取反）。

⑧ CP_5 后，预置端 $\overline{R}_d=0$，$Q'=0$（强置 0）。

⑨ CP_6 上升沿，$JK=00$，$Q'=0$（不变）。

⑩ CP_7上升沿，$JK=11$，$Q'=1$。

2）下降沿触发输出波形 Q''如图 6-31c 所示。

初始，预置端$\overline{R}_d=0$，$Q''=0$。

① CP_1下降沿，$JK=10$，$Q''=1$。

② CP_2下降沿，$JK=01$，$Q''=0$。

③ CP_3期间，预置端$\overline{S}_d=0$，$Q''=1$（强置 1）。

④ CP_3下降沿，$JK=11$，$Q''=0$（取反）。

⑤ $CP_4=1$ 期间，J 有一个窄脉冲，下降沿未到，J 窄脉冲不起作用。

⑥ CP_4下降沿，$JK=01$，$Q''=0$（继续保持 0）。

⑦ CP_5下降沿，$JK=00$，$Q''=0$（不变）。

⑧ CP_5后，预置端$\overline{R}_d=0$，$Q''=0$（继续保持 0）。

⑨ CP_6下降沿，$JK=10$，$Q''=1$。

⑩ CP_7下降沿，$JK=00$，$Q''=1$（不变）。

6.3.3 D 触发器

D 触发器只有一个信号输入端 D，实际上是将 D 反相后的$\overline{D}$与原码 D 加到其内部的 RS 触发器的 RS 端，使其 RS 永远互补，从而消除它们之间的约束关系。D 触发器逻辑符号如图 6-32 所示。1D 端为信号输入端，$C1$ 端加 CP 脉冲，无小圆圈表示上升沿触发有效（集成 D 触发器均为上升沿触发）。$\overline{R}_d$、$\overline{S}_d$ 为预置端，有小圆圈表示低电平有效；无小圆圈表示高电平有效。Q 和$\overline{Q}$端为互补输出端。

1. D 触发器的基本特性

（1）功能表

表 6-11 为 D 触发器功能表（预置端$\overline{R}_d$、$\overline{S}_d$ 未列入），从表中看出，CP 脉冲上升沿触发时，输出信号跟随 D 信号电平。非 CP 脉冲上升沿时刻，输出信号保持不变。

（2）特征方程：$Q^{n+1}=D$

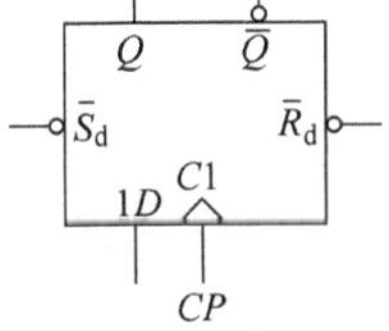

图 6-32　D 触发器逻辑符号

表 6-11　D 触发器功能表

CP	D	Q^{n+1}
↑	0	0
↑	1	1
非↑	×	Q^n

2. 常用 D 触发器典型芯片介绍

1）TTL D 触发器 74LS74。图 6-33 为 74LS74 引脚图，片内有两个相互独立的 D 触发器。预置端 $\overline{R}_d$ 、$\overline{S}_d$ 低电平有效。

2）CMOS D 触发器 CC4013。图 6-34 为 CC4013 引脚图，片内有两个相互独立的 D 触发器。预置端 R_d、S_d高电平有效。

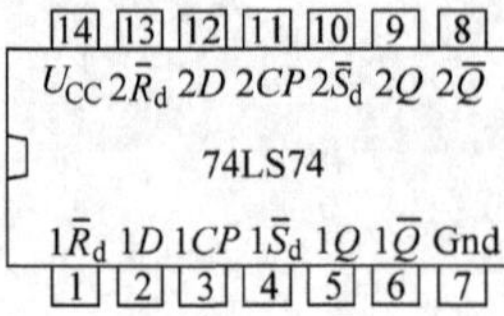

图 6-33　74LS74 引脚图

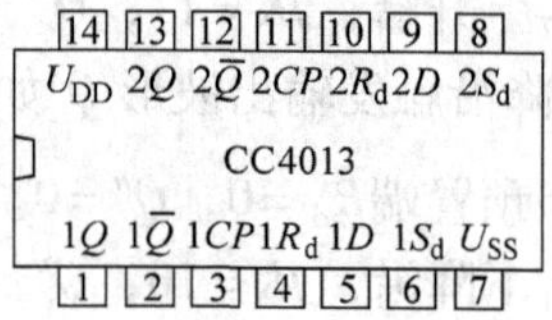

图 6-34　CC4013 引脚图

【例 6-4】 已知 4013 输入信号 CP、R_d、S_d、D 波形如图 6-35a 所示，试画出输出信号 Q 波形（设初态 $Q=1$）。

解：画出输出波形如图 6-35b 所示。

① CP_1上升沿，$D=0$，$Q=0$。

② CP_1期间，$S_d=1$，$Q=1$（与 CP_1无关）。

③ CP_2上升沿，$D=1$，$Q=1$。

④ CP_3上升沿，$D=0$，$Q=0$；$CP_3=1$ 期间，D 变化对 Q 无影响。

⑤ CP_4上升沿，$D=1$，$Q=1$。

⑥ CP_4后，$R_d=1$，$Q=0$。

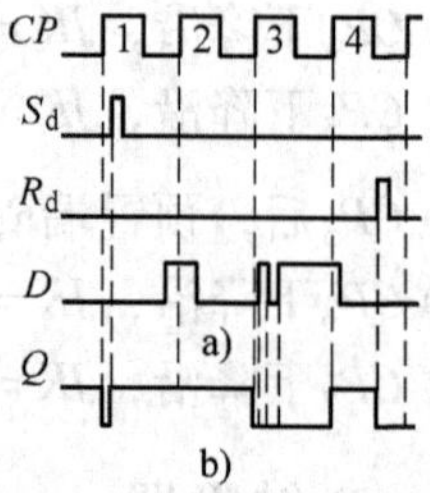

图 6-35　例 6-4 波形图

3. 触发器应用

触发器是时序逻辑电路的基本逻辑单元，可组成分频器、寄存器、计数器及顺序脉冲发生器等。

（1）组成分频电路

分频电路是数字电路中的一种常用功能电路，也是构成计数器的基本部件。所谓分频是将某一频率的信号降低到其 $1/N$，称为 N 分频。若该信号频率为 f，二分频后频率为 $f/2$，三分频后频率为 $f/3$。二分频电路的功能为每来一个 CP 脉冲，触发器输出状态就翻转一次，相当于将 CP 脉冲二分频。

D 触发器构成二分频电路时，D 端须与 $\bar{Q}$ 短接，如图 6-36a 所示。JK 触发器构成二分频电路时，$J=K=1$，如图 6-36b 所示。此时，每来一个 CP 脉冲，触发器就翻转一次。其波形分别如图 6-37a、b 所示。从图 6-37 中看出，Q_1是对 CP 的二分频，Q_2是对 Q_1的二分频（对 CP 是 4 分频）。

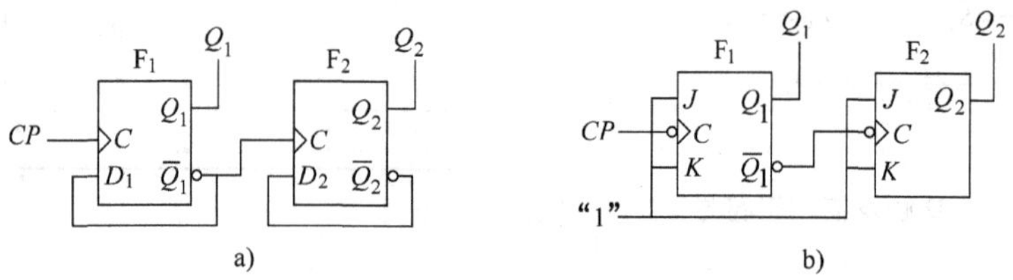

图 6-36　二分频电路

（2）数据缓冲

在计算机系统中，功能电路一般挂在总线上，输出信号需有一定的先后次序，或须在某种条件下才能输出，即这些功能电路的输出信号是不能随便输出的，其输出端需有一个数据

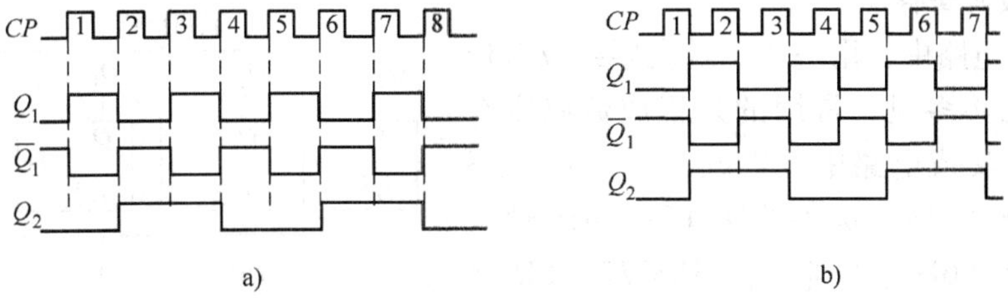

图 6-37　二分频电路波形

缓冲器。这个数据缓冲器就是 D 触发器。输出信号接 D 触发器的 D 端，控制信号接 D 触发器的 CP 端，在允许输出的时候，给出一个 CP 脉冲，输出信号从 D 触发器的 Q 端或 $\overline{Q}$ 端输出。

【复习思考题】

6.19　基本 RS 触发器有什么功能缺陷？

6.20　什么叫“透明”特性？钟控 RS 触发器有什么缺点？

6.21　触发器中的预置端 $\overline{R}_d$、$\overline{S}_d$ 有什么作用？有条件吗？

6.22　什么叫边沿触发方式？

6.23　简述 JK 触发器功能。

6.24　什么叫分频？分频电路主要有什么作用？JK 触发器和 D 触发器如何连接构成二分频电路？

6.25　D 触发器主要有什么应用？

6.4　时序逻辑电路

数字逻辑电路按输出量与电路原来的状态有无关系可分为组合逻辑电路和时序逻辑电路。组合逻辑电路的输出仅取决于输入信号的组合，时序逻辑电路的输出则与输入信号和电路原来的输出状态均有关系。因此，时序逻辑电路具有记忆功能。触发器、寄存器和计数器等均属于时序逻辑电路。

6.4.1　寄存器

能存放一组二进制数码的逻辑电路称为寄存器。在数字电路中，寄存器一般由具有记忆功能的触发器和具有控制功能的门电路组成。寄存器按其功能可分为数码寄存器和移位寄存器。寄存器主要用于在计算机中存放数据和组成加法器、计数器等运算电路。

1. 工作原理

以图 6-38 为例，D 触发器 F_0 ~ F_3组成 4 位数码寄存器，输入信号为 D_0 ~ D_3，输出信号为 Q_0 ~ Q_3，CP 脉冲为控制信号，CP 有效（上升沿）时，输入信号 D_0 ~ D_3分别寄存至F_0 ~ F_3，并从 Q_0 ~ Q_3输出。

需要注意的是，输入信号 D_0 ~ D_3必须在 CP 脉冲触发有效前输入，否则将出错。

2. 集成数码寄存器

现代电子电路中，用一个个触发器组成多位数码寄存器已不多见，常用的是集成数码寄存器，即在一片集成电路中，集成4个、6个、8个甚至更多触发器，例如74LS175（4D触发器）、74LS174（6D触发器）、74LS377（8D触发器）和74LS373（8D锁存器）等。

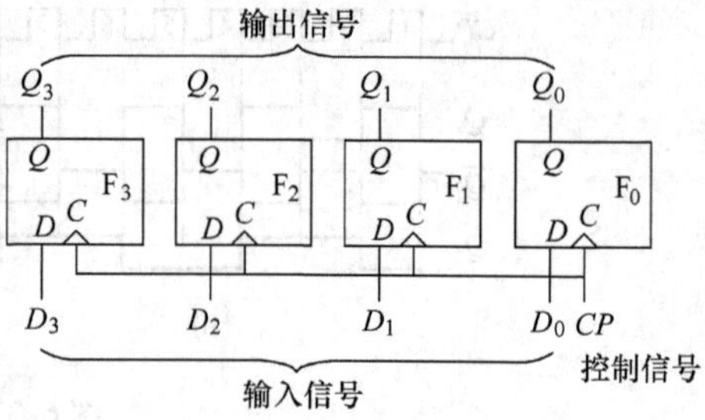

图6-38　4位数码寄存器

（1）8D触发器74LS377

图6-39为74LS377逻辑结构引脚图，内部有8个D触发器，输入端分别为$1D \sim 8D$，输出端分别$1Q \sim 8Q$，共用一个时钟脉冲，上升沿触发；同时8个D触发器共用一个控制端$\overline{G}$，低电平有效。门控端$\overline{G}$的作用是在门控电平有效，且在触发脉冲作用下，允许从D端输入数据信号；门控电平无效时，输出状态保持不变。74LS377功能表如表6-12所示。

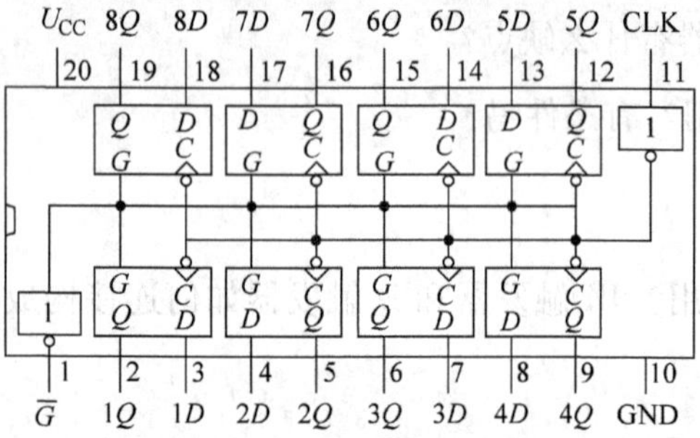

图6-39　74LS377逻辑结构引脚图

表6-12　74LS377功能表

$\overline{G}$	CLK	D	Q^{n+1}
1	×	×	Q^n
0	↑	0	0
0	↑	1	1
×	0	×	Q^n

（2）8D锁存器74LS373

74LS373为8D锁存器，图6-40为74LS373引脚图。锁存器与触发器的区别在于触发信号的作用范围。触发器是边沿触发，在触发脉冲的上升沿锁存该时刻的D端信号，例如74LS377；锁存器是电平触发，在CP脉冲有效期间（74LS373是门控端G高电平），且输出允许（$\overline{OE}$有效）条件下，Q端信号随D端信号变化而变化，即具有钟控RS触发器的“透明”特性，当CP脉冲有效结束跳变时，锁存该时刻的D端信号。

$\overline{OE}$为输出允许（Output Enable），低电平有效，与门控端共同控制输出信号，$\overline{OE}$无效时，输出端呈高阻态（相当于断开），表6-13为74LS373功能表。

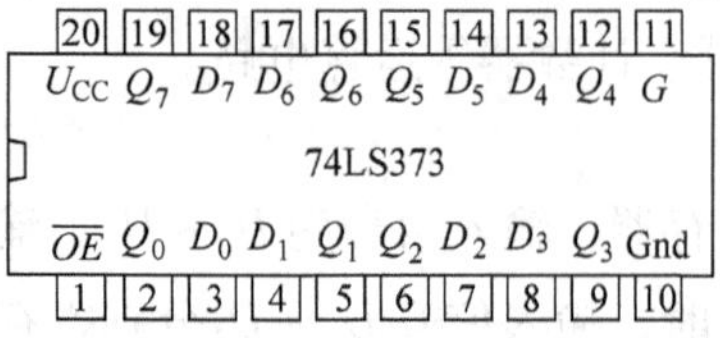

图6-40　74LS373引脚图

表6-13　74LS373功能表

G	$\overline{OE}$	D	Q^{n+1}
1	0	0	0
1	0	1	1
0	0	×	Q^n
×	1	×	Z（高阻）

8D 锁存器 74LS373 和 8D 触发器 74LS377 在单片计算机并行扩展中得到广泛应用。

3. 移位寄存器

移位寄存器除具有数码寄存功能外，还能使寄存数码逐位移动。按数据移位方向，可分为左移和右移移位寄存器，单向移位型和双向移位型。按数据形式变换，可分为串入并出型和并入串出型。

1）用途：① 移位寄存器是计算机系统中的一个重要部件，计算机中的各种算术运算就是由加法器和移位寄存器组成的。例如，将多位数据左移一位，相当于乘 2 运算；右移一位，相当于除 2 运算。

② 现代通信中数据传送主要以串行方式传送，而在计算机或智能化通信设备内部，数据则主要以并行形式传送。移位寄存器可以将并行数据转换为串行数据，也可将串行数据转换为并行数据。

2）工作原理。图 6-41 为移位寄存器原理电路图。数据输入可以串行输入也可并行输入。

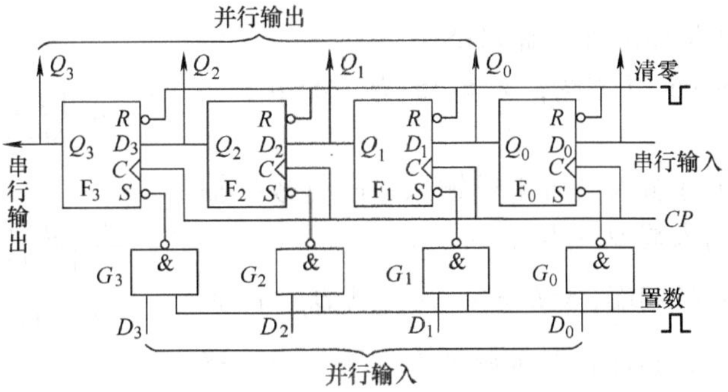

图 6-41　移位寄存器原理电路图

数据串行输入时，从最低位触发器 F_0D 端输入，随着 CP 移位脉冲作用，串行数据依次移入 $F_0 \sim F_3$，此时，若从 $Q_3 \sim Q_0$输出，则为并行输出；若从 F_3 Q_3端输出，则为串行输出，若在 F_3左侧再级联更多触发器，则可组成 8 位、16 位或更多位并行数据。

数据并行输入时，采用两步接收。第一步先用清零脉冲把各触发器清 0；第二步利用置数脉冲打开 4 个与非门 $G_3 \sim G_0$，将并行数据 $D_3 \sim D_0$置入 4 个触发器，然后再在 CP 移位脉冲作用下，逐位从 Q_3端串行输出。

4. 集成移位寄存器

常用集成移位寄存器，TTL 芯片主要有 74LS164、74LS165、74LS595 等，CMOS 芯片主要有 CC4014、CC4021、CC4094 等。

（1）串入并出 8 位移位寄存器 74LS164

图 6-42 为 74LS164 引脚图，表 6-14 为 74LS164 功能表。

$Q_0 \sim Q_7$：并行数据输出端。

D_{SA}、D_{SB}：串行数据输入端；当 $D_{SA}D_{SB}=11$ 时，移入数据为 1。

当 D_{SA}、D_{SB}中有一个为 0 时，移入数据为 0。实际运用

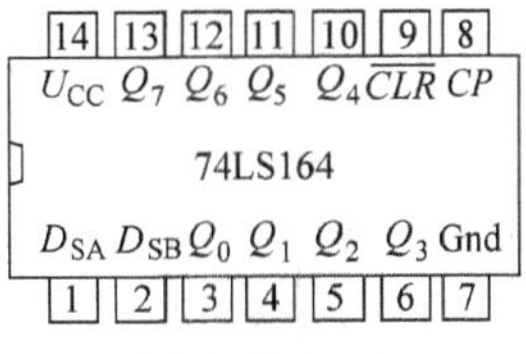

图 6-42　74LS164 引脚图

中，常将 D_{SA}、D_{SB}短接，串入数据同时从 D_{SA}、D_{SB}输入。需要注意的是，串入数据从最低位 Q_0移入，然后依次移至 $Q_1 \sim Q_7$。

$\overline{CLR}$：并行输出数据清 0 端，低电平有效。

CP：移位脉冲输入端，上升沿触发。

表 6-14　74LS164 功能表

输入				输出								功能
$\overline{CLR}$	CP	D_{SA}	D_{SB}	Q_0	Q_1	Q_2	Q_3	Q_4	Q_5	Q_6	Q_7	
0	×	×	×	0	0	0	0	0	0	0	0	清 0
1	↑	1	1	1	Q_0^n	Q_1^n	Q_2^n	Q_3^n	Q_4^n	Q_5^n	Q_6^n	移位
1	↑	0	×	0	Q_0^n	Q_1^n	Q_2^n	Q_3^n	Q_4^n	Q_5^n	Q_6^n	
1	↑	×	0	0	Q_0^n	Q_1^n	Q_2^n	Q_3^n	Q_4^n	Q_5^n	Q_6^n	
1	0	×	×	Q_0^n	Q_1^n	Q_2^n	Q_3^n	Q_4^n	Q_5^n	Q_6^n	Q_7^n	保持

（2）并入串出 8 位移位寄存器 74LS165

图 6-43 为 74LS165 引脚图，表 6-15 为 74LS165 功能表。

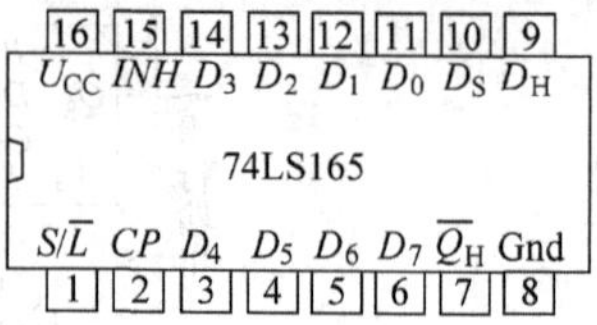

图 6-43　74LS165 引脚图

数据输入既可并行输入又可串行输入：串行数据输入端 D_S，并行数据输入端 $D_0 \sim D_7$。

$S/\overline{L}$ 为移位/置数控制端，$S/\overline{L}=0$，芯片从 $D_0 \sim D_7$置入并行数据；$S/\overline{L}=1$，芯片在时钟脉冲作用下，允许移位操作。

串行数据输出端 Q_H、$\overline{Q_H}$，Q_H与 $\overline{Q_H}$ 互补。

时钟脉冲输入端有两个：CP 和 INH，功能可互换使用。一个为时钟脉冲输入（CP 功能），另一个为时钟禁止控制端（INH 功能）。当其中一个为高电平时，该端履行 INH 功能，禁止另一端时钟输入；当其中一个为低电平时，允许另一端时钟输入，时钟输入上升沿有效。

表 6-15　74LS165 功能表

输入												内部数据								输出		功能
$S/\overline{L}$	INH	CP	D_S	D_0	D_1	D_2	D_3	D_4	D_5	D_6	D_7	Q_0	Q_1	Q_2	Q_3	Q_4	Q_5	Q_6	Q_7	Q_H	$\overline{Q_H}$	
0	×	×	×	d_0	d_1	d_2	d_3	d_4	d_5	d_6	d_7	d_0	d_1	d_2	d_3	d_4	d_5	d_6	d_7	d_7	$\overline{d_7}$	置入数据
1	0	0	×	×	×	×	×	×	×	×	×	Q_0^n	Q_1^n	Q_2^n	Q_3^n	Q_4^n	Q_5^n	Q_6^n	Q_7^n	Q_7^n	$\overline{Q_7^n}$	保持
1	1	×	×	×	×	×	×	×	×	×	×	Q_0^n	Q_1^n	Q_2^n	Q_3^n	Q_4^n	Q_5^n	Q_6^n	Q_7^n	Q_7^n	$\overline{Q_7^n}$	
1	×	1	×	×	×	×	×	×	×	×	×	Q_0^n	Q_1^n	Q_2^n	Q_3^n	Q_4^n	Q_5^n	Q_6^n	Q_7^n	Q_7^n	$\overline{Q_7^n}$	
1	↑	0	0	×	×	×	×	×	×	×	×	0	Q_0^n	Q_1^n	Q_2^n	Q_3^n	Q_4^n	Q_5^n	Q_6^n	Q_6^n	$\overline{Q_6^n}$	移位
1	↑	0	1	×	×	×	×	×	×	×	×	1	Q_0^n	Q_1^n	Q_2^n	Q_3^n	Q_4^n	Q_5^n	Q_6^n	Q_6^n	$\overline{Q_6^n}$	
1	0	↑	0	×	×	×	×	×	×	×	×	0	Q_0^n	Q_1^n	Q_2^n	Q_3^n	Q_4^n	Q_5^n	Q_6^n	Q_6^n	$\overline{Q_6^n}$	
1	0	↑	1	×	×	×	×	×	×	×	×	1	Q_0^n	Q_1^n	Q_2^n	Q_3^n	Q_4^n	Q_5^n	Q_6^n	Q_6^n	$\overline{Q_6^n}$	

串入并出移位寄存器74LS164和并入串出移位寄存器74LS165在单片计算机串行扩展中得到广泛应用。

6.4.2 计数器

统计输入脉冲个数的过程叫作计数，能够完成计数工作的数字电路称为计数器。计数器不仅可用来对脉冲计数，而且广泛用于分频、定时、延时、顺序脉冲发生和数字运算等。

1. 计数器基本概念

计数器一般由触发器组成。计数器按计数长度可分为二进制、十进制和N进制计数器；按计数增减趋势可分为加法计数器、减法计数器和可逆计数器；按计数脉冲引入方式可分为异步计数器和同步计数器。

（1）电路和工作原理

现以异步二进制加法计数器为例分析计数器。

图6-44a为由JK触发器组成的异步二进制加法计数器，$JK=11$，每来一个CP脉冲（下降沿触发），电路就翻转计数。

图6-44b为由D触发器组成的异步二进制加法计数器，$\overline{Q}$端与D端相接，每来一个CP脉冲（上升沿触发），电路就翻转计数。

画出异步二进制加法计数器时序波形图分别如图6-45a、b所示。根据时序波形图列出异步二进制加法计数器状态转换表如表6-16所示，从表中得出，3个触发器最多可构成$2^3=8$种状态，即最大可构成8进制计数器，推而广至，n个触发器最大可构成2^n进制计数器，画出二进制加法计数器状态转换图如图6-46所示。

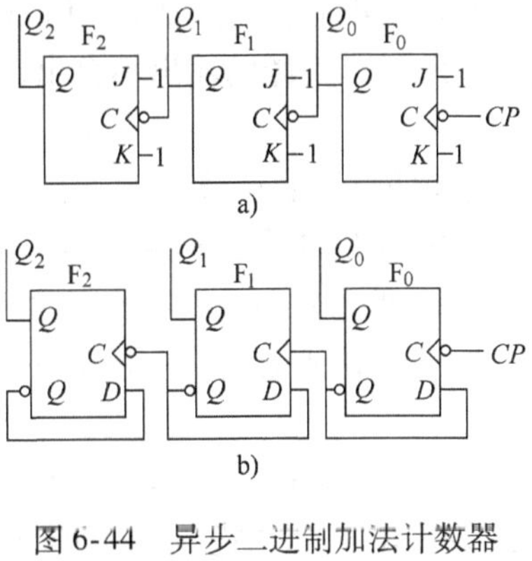

图6-44 异步二进制加法计数器
a）由JK触发器组成 b）由D触发器组成

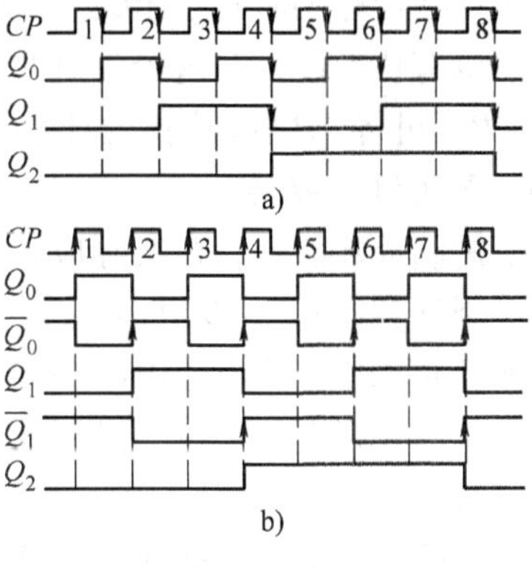

图6-45 异步二进制加法计数器时序波形图
a）下降沿触发 b）上升沿触发

表6-16 二进制加法计数器状态转换表

CP	Q_2 Q_1 Q_0	CP	Q_2 Q_1 Q_0
0	0 0 0	4	1 0 0
1	0 0 1	5	1 0 1
2	0 1 0	6	1 1 0
3	0 1 1	7	1 1 1

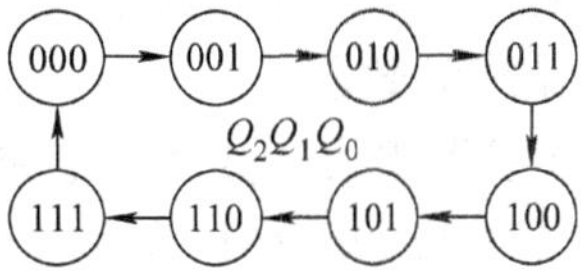

图6-46 二进制加法计数器状态转换图

从图6-45中可以看出，Q_0的频率只有CP的1/2，Q_1的频率只有CP的1/4，Q_2的频率只有CP的1/8。即计数脉冲每经过一个触发器，输出信号频率就下降一半。由n个触发器组成的二进制加法计数器，其末级触发器输出信号频率为CP脉冲频率的$1/2^n$，即实现对CP的2^n分频。

（2）异步计数器和同步计数器

异步计数器是指计数脉冲未同时加到组成计数器的所有触发器的时钟输入端，只作用于其中一些触发器的时钟输入端，各触发器翻转时刻不同步。

同步计数器是指计数脉冲同时加到各触发器的时钟输入端，在时钟脉冲触发有效时同时翻转，即各触发器翻转时刻同步。

异步计数器与同步计数器相比，有以下特点：

① 异步计数器电路结构简单；同步计数器电路结构相对稍复杂些。

② 异步计数器组成计数器的触发器的翻转时刻不同。同步计数器的翻转由时钟脉冲同时触发，翻转时刻同步。

③ 异步计数器工作速度较慢。由于异步计数器后级触发器的触发脉冲需依靠前级触发器的输出，而每个触发器信号的传递均有一定的延时，因此其计数速度受到限制，工作信号频率不能太高。

同步计数器工作速度较快。因CP脉冲同时触发同步计数器中的全部触发器，各触发器的翻转与CP同步，允许有较高的工作信号频率。因此，工作速度快。

④ 异步计数器译码时易出错。由于触发器信号传递有一定延时时间，若将计数器在延时过渡时间范围内的状态译码输出，则会产生错误（延时过渡结束稳定后，无错）。

同步计数器译码时不会出错。虽然触发器信号传递也有一定延时时间，甚至各触发器的延时时间也有快有慢，在这个延时时间范围内的过渡状态也有可能不符合要求，但由于有统一时钟CP，可将CP脉冲同时控制译码，仅在翻转稳定后译码，则译码输出不会出错。

（3）N进制计数器

除二进制计数器外，在实际应用中，常要用到十进制和任意进制计数器。

十进制计数器有0～9十个数码，需要4个触发器才能满足要求，但4个触发器共有$2^4=16$种不同状态，其中1010～1111六种状态属冗余码（即无效码），应予剔除。因此，十进制计数器实际上是4位二进制计数器的改型，是按二－十进制编码（一般为8421 BCD码）的计数器。

N进制计数器是在二进制和十进制计数器的基础上，运用级联法、反馈法获得。级联法是由若干个低于N进制的计数器串联而成。如十进制计数器由一个二进制和一个五进制串联而成，即$2\times5=10$；反馈法是由一个高于N进制的计数器缩减而成。缩减的方法主要有反馈复位法、反馈置数法等。

2. 集成计数器

用触发器组成计数器，电路复杂且可靠性差，实际应用中，均用集成计数器。

现以74LS160/161为例，介绍集成计数器。74LS160/161为同步可预置计数器，74LS160为十进制计数器（最大计数值10）；74LS161为二进制计数器（最大计数值16）。74LS160/161功能表如表6-17所示，74LS160/161引脚图如图6-47所示。其中：

表 6-17　74LS160/161 功能表

$\overline{CLR}$	$\overline{LD}$	CP	CT_T	CT_P	功能
0	×	×	×	×	清零
1	0	↑	×	×	置数
1	1	↑	1	1	计数
1	1	×	0	×	保持
1	1	×	×	0	保持

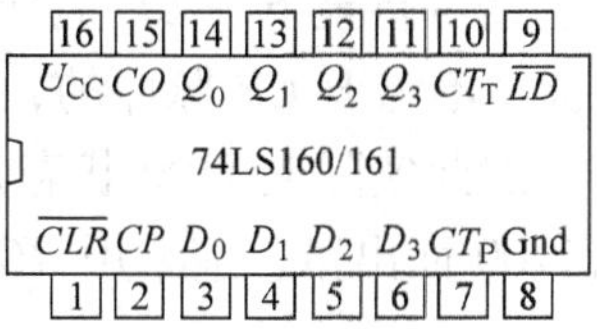

图 6-47　74LS160/161 引脚图

$\overline{CLR}$——异步清零端，低电平有效，$\overline{CLR}=0$ 时，$Q_3Q_2Q_1Q_0=0000$。

$\overline{LD}$——同步置数端，低电平有效。$\overline{LD}=0$ 时，在 CP 上升沿，将并行数据 $D_3D_2D_1D_0$ 置入片内触发器，并从 Q_3、Q_2、Q_1、Q_0端分别输出，即 $Q_3Q_2Q_1Q_0=D_3D_2D_1D_0$。

CT_T、CT_P——计数允许控制端。$CT_T \cdot CT_P=1$ 时允许计数；$CT_T \cdot CT_P=0$ 时禁止计数，保持输出原状态。CT_T、CT_P可用于级联时超前进位控制。

$D_3 \sim D_0$——预置数据输入端。

$Q_3 \sim Q_0$——计数输出端。

CO——进位输出端。

CP——时钟脉冲输入端，上升沿触发。

利用 74LS160/161 可以很方便地组成 N 进制计数器（N 须小于最大计数值）。

【例 6-5】 试利用 74LS161 组成 12 进制计数器。

解：利用 74LS161 组成 12 进制计数器，可有多种方法，现举例说明如下：

（1）反馈置数法

图 6-48a 为 74LS161 利用反馈置数法构成 12 进制计数器，其计数至 1011 时，$Q_3Q_1Q_0$通过与非门全 1 出 0，置数端 $\overline{LD}=0$，重新置入 $Q_3Q_2Q_1Q_0=D_3D_2D_1D_0=0000$。该电路状态转换图如图 6-48b 所示。

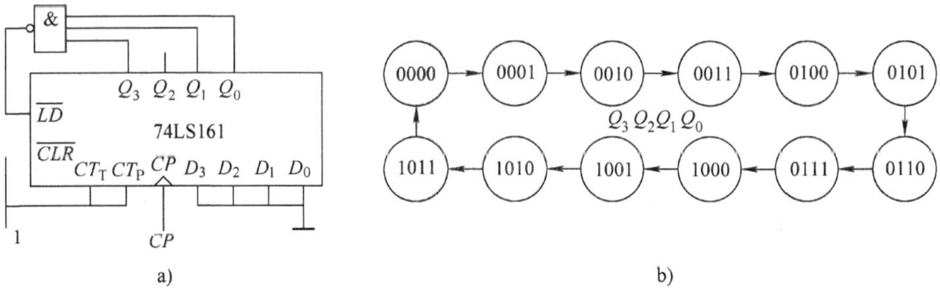

图 6-48　74LS161 利用反馈置数法构成 M12 计数器

a）电路图　b）状态转换图

（2）反馈复位法

图 6-49a 为 74LS161 利用反馈复位法构成 12 进制计数器，计数至 1100 时，Q_3Q_2通过与非门全 1 出 0，复位端 $\overline{CLR}=0$，复位 $Q_3Q_2Q_1Q_0=0000$，该电路状态转换图如图 6-49b 所示。

图 6-49a 与图 6-48a 有什么不同？为什么图 6-48a 是计数到 1011，而图 6-49a 要计数到

1100？图 6-48a 是反馈到同步置位端 $\overline{LD}$，而同步置位的条件是要有 CP 脉冲，因此计数至 1011 后，需等待至下一 CP 上升沿，才能置数 0000。而图 6-49a 是反馈到异步复位端 $\overline{CLR}$，异步复位是不需要 CP 脉冲的，电路计数至 1100 瞬间，即能产生复位信号，1100 存在时间约几 ns，因此实际上 1100 状态是不会出现的。但是在要求较高的场合，这类电路可能因瞬间出现 1100 而出错，应采用 RC 积分电路吸收干扰脉冲。

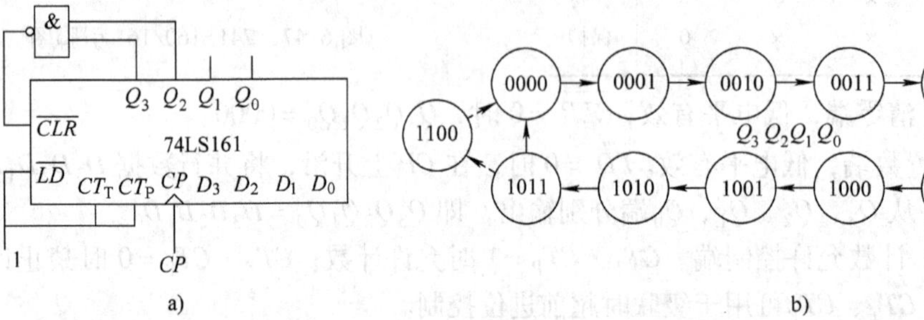

图 6-49　74LS161 利用反馈复位法构成 M12 计数器

a）电路图　b）状态转换图

（3）进位信号置位法

需要说明的是，对 N 进制计数器的广义理解，并不仅是计数 0→N，只要有 N 种独立的状态，计满 N 个计数脉冲后，状态能复位循环的时序电路均称为模 N 计数器，或称为 N 进制计数器。

图 6-50a 为 74LS161 利用进位信号 CO 置位，构成 M12 计数器。进位信号产生于 1111，数据输入端接成 0100，计数从 0100 开始，至 1111 时，触发 74LS161 重新置位 0100，则从 0100→1111 共有 12 种状态构成 M12 计数器，其状态转换图如图 6-50b 所示。

集成计数器品种繁多，应用方便。读者可参阅有关技术资料。

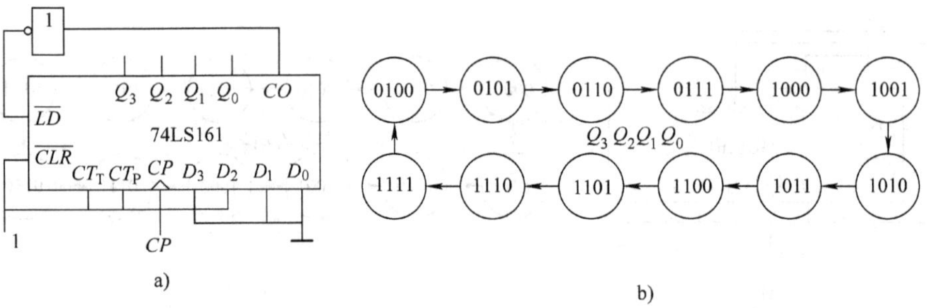

图 6-50　74LS161 利用进位信号置位法构成 M12 计数器

a）电路图　b）状态转换图

3. 计数器应用举例

计数器主要用于计数、分频。此外，还常用于测量脉冲频率和脉冲宽度（或周期），组成定时电路、数字钟和顺序脉冲发生器等。

（1）测量脉冲频率

测量脉冲频率的示意电路框图如图 6-51 所示。被测脉冲从与门的一个输入端输入，取样脉冲从与门的另一个输入端输入。无取样脉冲时，与门关；有取样脉冲时，与门开，被测脉冲进入计数器计数，若取样脉冲的宽度 T_w已知，则被测脉冲的频率 $f = N/T_w$。若将取样脉冲的宽度 T_w设定为 1s、0.1s、0.01s …，则被测脉冲的频率就为 N、$10N$、$100N$ …，可经过译码直接显示出来。

取样脉冲的产生可用石英晶体（精度高）振荡器振荡产生，并经模 10 计数器逐级分频而得，例 100kHz 晶体振荡器，10 分频后为 10kHz（$T = 0.1$ms），再 10 分频（$T = 1$ms），再 10 分频（$T = 10$ms），…。

（2）测量脉冲宽度

测量脉冲宽度的方法与测量脉冲频率类似，但被测脉冲代替了取样脉冲的位置，而与门的另一个输入端输入单位时钟脉冲（频率较高），测量脉冲宽度示意电路框图如图 6-52 所示。设单位时钟脉冲的周期为 T_0，则被测脉冲宽度 $T_w = NT_0$。例如，若 $T_0 = 1\mu s$，则 $T_w = N\mu s$。

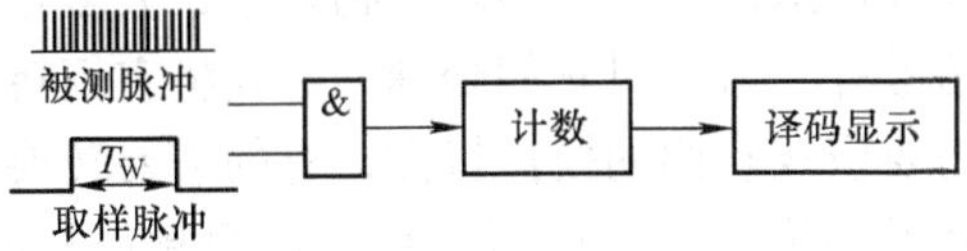

图 6-51　测量脉冲频率示意电路框图

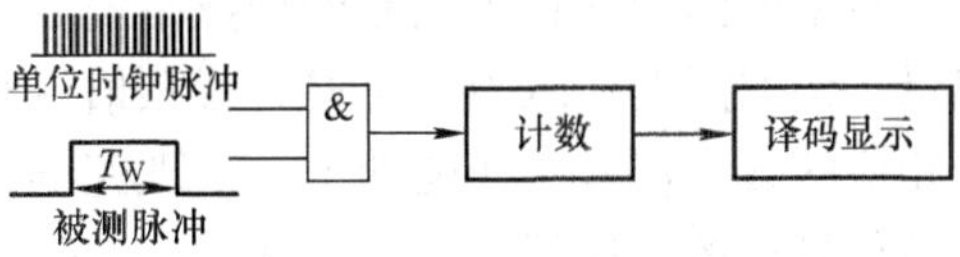

图 6-52　测量脉冲宽度示意电路框图

（3）组成定时电路和数字钟

若已知 CP 脉冲周期 T_0，则计数 N 个 CP 脉冲就可得到 $t = NT_0$的定时时间。单片计算机中的定时器就是根据这一原理设计的。精确的定时电路经计数器计数还可组成数字钟，数字钟电路框图如图 6-53 所示。秒和分显示位分别为 6×10 计数，而时计数除驱动时译码显示外，还应有 M24 计数器，计数满 24，产生一个复位脉冲，使时计数器清 0。

振荡电路产生 32768Hz 脉冲信号，分频电路将其 15 分频后，产生 1Hz 秒基准信号。该秒基准信号除作为秒个位十进制计数器的 CP 脉冲外，同时可作为秒闪烁冒号（用两个发光二极管串联组成）驱动信号。

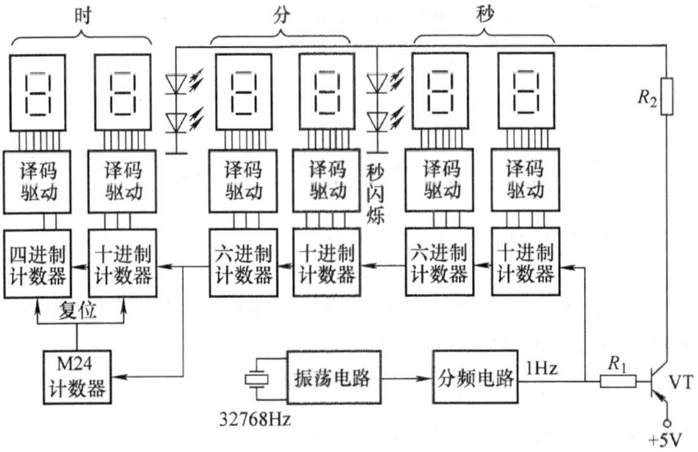

图 6-53　数字钟电路框图

【复习思考题】

6.26 什么叫时序逻辑电路？有什么特点？

6.27 8D 触发器与 8D 锁存器有什么区别？

6.28 移位寄存器主要有什么用途？

6.29 异步计数器和同步计数器如何定义区分？

6.30 集成计数器中，如何理解清 0 异步同步、置位异步同步？

6.31 图 6-49a 与图 6-48a 电路的状态转换图有什么区别？

6.32 如何从广义上理解模 N 进制计数器？

6.5 数－模转换和模－数转换电路

数字电路和计算机只能处理数字信号，不能处理模拟信号。但实际的物理量，大多是模拟量，例如温度、压力、位移、音频信号和视频信号等，若要对它们处理，必须将它们转换为相应的数字信号，才能处理。处理完毕，有的需要恢复它们的模拟特性，有的需要转换为模拟信号后控制执行元件。例如，人们是听不懂和看不懂数字化的音频信号和视频信号的，必须将它们转换为人们能听得到和看得到的模拟音频信号的模拟视频信号。又例如，有些执行元件（如电动机）是需要模拟信号（模拟电压）去驱动和控制。因此，数－模转换和模－数转换在现代电子技术和现代计算机智能化、自动化控制中是必不可少的。

6.5.1 数－模转换和模－数转换基本概念

1. 定义

1）数－模转换。将数字信号转换为相应的模拟信号称为数－模转换或 D－A 转换或 DAC（Digital to Analog Conversion）。

2）模－数转换。将模拟信号转换为相应的数字信号称为模－数转换或 A－D 转换或 ADC（Analog to Digital Conversion）。

2. 数字信号与相应模拟信号之间的量化关系

无论是数－模转换还是模－数转换都有一个基本要求，即转换后的结果（量化关系）相对于基准值是相应的、唯一的。

设模拟电压为 U_A，基准电压为 U_{REF}，数字量为 $D=\sum_{i=0}^{n-1} D_i \times 2^i$，其中 D_i 为组成数字量的第 i 位二进制数字，则它们之间的对应关系为：$U_A = U_{REF} \times D/2^n = U_{REF} \times \sum_{i=0}^{n-1} D_i \times 2^i/2^n$。

例如，若 $U_{REF}=5V$，8 位数字量 $D=10000000B=128$，$2^8=100000000=256$，则：

$U_A = U_{REF} \times D/2^n = 5 \times 128/256V = 2.5V$

【例 6-6】 已知 $U_{REF}=10V$，8 位数字量 $D=10100000B$，试求其相应模拟电压 U_A。

解： $D=10100000B=160$，$2^8=100000000B=256$

$U_A = U_{REF} \times D/2^n = 10 \times 160/256V = 6.25V$

【例 6-7】 已知 $U_{REF}=5V$，模拟电压 $U_A=3V$，试求其相应的 10 位数字电压 D。

解：$D=2^n\times U_A/U_{REF}=2^{10}\times3/5=614.4\approx1001100110.011B\approx1001100110B$

需要说明的是，无论是数－模转换还是模－数转换，转换结果都有可能出现无限二进制小数或无限十进制小数，此时可根据精度要求按四舍五入原则取其相应近似数。

6.5.2 数－模转换电路

将数字信号转换为相应的模拟信号称为数－模转换。

1. 主要技术指标

1）分辨率。D－A转换器的最小输出电压与最大输出电压之比称为分辨率。若数－模转换器转换位数为 n，则其分辨率为 $1/(2^n-1)$，由于D－A转换器的分辨率取决于转换位数 n，因此常用 n 直接表示分辨率。位数 n 越大，分辨率越高。

2）转换精度。D－A转换器的输出实际值与理论值之差称为转换精度。转换精度是一种综合误差，反映了D－A转换器的整体最大误差，一般较难准确衡量，它与D－A转换器的分辨率、非线性转换误差、比例系数误差和温度系数等参数有关。而这些参数与基准电压 U_{REF} 的稳定、运放的零漂、模拟电子开关的导通压降、导通电阻和电阻网络中电阻的误差等因素有关。

3）温度系数。D－A转换器是半导体电子电路，不可避免地受温度变化的影响。D－A转换器的温度系数定义为满刻度输出条件下，温度每变化一度，输出变化的百分比。

4）建立时间。D－A转换器输入数字量后，输出模拟量达到稳定值需要一定时间，称为建立时间。建立时间即完成一次D－A转换所需时间，也称为转换时间。现代D－A转换器的建立时间一般很短，小于1μs。

2. 数－模转换的基本原理

数－模转换的基本原理是将 n 位数字量逐位转换为相应的模拟量并求和。由于数字量不是连续的，其转换后模拟量随时间变化的曲线自然也不是光滑的，而是成阶梯状，数模转换示意图如图6-54所示。但只要时间坐标的最小分度 ΔT 和模拟量坐标的最小分度 ΔU（1LSB）足够小，从宏观上看，模拟量曲线仍可看作是连续光滑的。

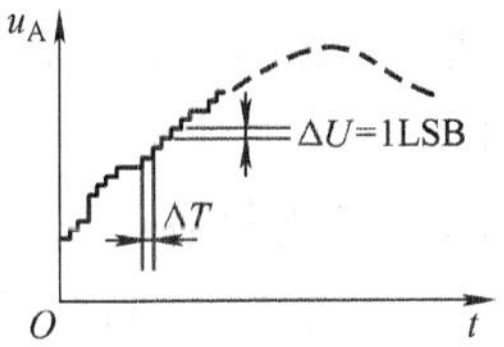

图6-54　数－模转换示意图

3. 数－模转换器的分类及其特点

数－模转换器的种类较多，按转换方式可分为权电阻网络型、T型电阻网络、倒T型电阻网络、权电流型网络和权电容型网络等；按数字量输入位数可分为8位、10位、12位等。

权电阻型D－A转换器电路结构简单，各位同时转换，转换速度很快。但权电阻网络中电阻阻值的取值范围较复杂，不易做得很精确，不便于集成，因此实际应用很少。

T型和倒T型电阻网络D－A转换器电阻网络取值品种少，容易提高精度，便于集成。且内部模拟电子开关切换时，不会产生暂态过程，不会引起输出端动态误差，可提高D－A转换速度。典型倒T型D－A芯片为DAC0832。

权电流型网络D－A转换器的结构与倒T型电阻网络D－A转换器相类似，用权电流源网络代替倒T型电阻网络，可减小由于模拟电子开关导通时压降大小不一而引起的非线性误差，从而提高D－A转换精度。

6.5.3 模 - 数转换电路

将模拟信号转换为相应的数字信号称为模 - 数转换。

1. 模 - 数转换器的组成

图 6-55 为模 - 数转换器的组成框图，由采样、保持、量化和编码 4 部分组成，这也是 A - D 转换的过程和步骤。通常采样和保持是同时完成的；量化和编码有的也合在一起。

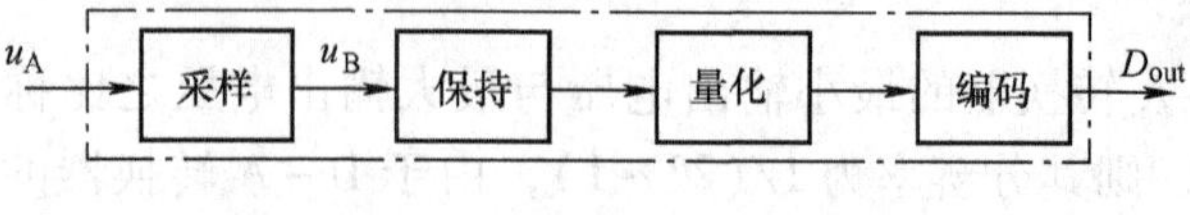

图 6-55 模 - 数转换器的组成框图

（1）采样和保持

由于模拟信号是随时间连续变化的，欲对其某一时刻的信号 A - D，首先须对其该时刻的数值进行采样。周期性 A - D转换需要对输入模拟信号进行周期性采样，采样示意图如图 6-56 所示。u_A 为输入模拟信号，u_S 为采样脉冲，u_B 为采样输出信号。采样以后，连续变化的输入模拟信号已变换为离散信号。显然，只要采样脉冲 u_S 的频率足够高，采样输出信号就不会失真。根据采样定理，需满足 $f_S \geqslant 2f_{Imax}$。其中 f_S 是采样脉冲频率，f_{Imax} 是输入模拟信号频率中的最高频率。一般取 $f_S = (3 \sim 5)f_{Imax}$。

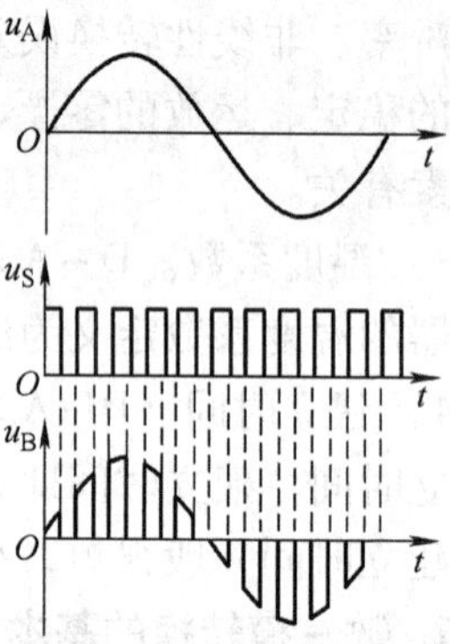

图 6-56 采样示意图

因 A - D 转换需要一定时间，故采样输出信号在 A - D 转换期间应保持不变，否则 A - D 转换将出错。采样和保持通常同时完成。

（2）量化和编码

任何一个数字量都是以最小基准单位量的整数倍来表示的。所谓量化，就是把采样信号表示为这个最小基准单位量的整数倍。这个最小基准单位量称为量化单位。量化级越多，与模拟量所对应的数字量的位数就越多；反之，量化级越少，与模拟量所对应的数字量的位数就越少。量化后的信号数值用二进制代码表示，即 A - D 转换器的输出信号。

2. 模 - 数转换器的主要参数

1）分辨率。使输出数字量变化 1LSB（Least Significant Bit，最低有效位，缩写为 LSB）所需要输入模拟量的变化量，称为分辨率。其含义与 D - A 转换的分辨率相同，通常仍用位数表示，位数越多，分辨率越高。

2）量化误差。量化误差因 A - D 转换器位数有限而引起，若位数无限多，则量化误差→0。因此量化误差与分辨率有相应关系，分辨率高的 A - D 转换器具有较小的量化误差。

3）转换精度。A - D 转换器的转换精度是一种综合性误差，与 A - D 转换器的分辨率、量化误差、非线性误差等有关。主要因素是分辨率，因此位数越多，转换精度越高。

4）转换时间。完成一次 A - D 所需的时间称为转换时间。各类 A - D 转换器的转换时间有很大差别，取决于 A - D 转换的类型和转换位数。速度最快的达到 ns 级，慢的约几百

ms。直接 A－D 型快，间接 A－D 型慢。其中并联比较型 A－D 最快，约几十 ns；逐次渐近式 A－D 其次，约几十 μs；双积分型 A－D 最慢，约几十 ms～几百 ms。

3. 模－数转换器的分类

A－D 转换器按信号转换形式可分为直接 A－D 型和间接 A－D 型。间接 A－D 型是先将模拟信号转换为其他形式信号，然后再转换为数字信号。

直接 A－D 有并联比较型、反馈比较型、逐次渐近比较型，其中逐次渐近比较型应用较广泛。典型逐次渐近比较型 A－D 芯片有 ADC 0809。

间接 A－D 有单积分型、双积分型和 $V-F$ 变换型，其中以双积分型应用较为广泛。典型双积分型 A－D 芯片有 7106/7107。

按 A－D 转换后数字信号的输出形式，可分为并行 A－D 和串行 A－D。近年来，在微机控制系统中，串行 A－D 逐渐占据主导地位。

【复习思考题】

6.33　什么叫 D－A 转换和 A－D 转换？

6.34　简述 D－A 转换分辨率的定义，并写出其计算公式。

6.35　为什么 D－A 转换分辨率常用转换位数来表达？

6.36　A－D 转换为什么要对模拟信号采样和保持？

6.37　为保障采样值不失真，采样频率应如何选择？

6.6　半导体存储器

存储器是一种能存储二进制数据的器件。存储器按其材料组成主要可分为磁存储器和半导体存储器。磁存储器的主要特点是存储容量大，但读写速度较慢。早期的磁存储器是磁芯存储器，后来有磁带、磁盘存储器，目前微型计算机系统仍在应用的硬盘就属于磁盘存储器。半导体存储器是由半导体存储单元组成的存储器，读写速度快，但存储容量相对较小，随着半导体存储器技术的快速发展，半导体存储器的容量越来越大，已在逐步取代磁盘存储器的过程之中。本节分析研究半导体存储器。

1. 存储器的主要技术指标

（1）存储容量

能够存储二进制数码 1 或 0 的电路称为存储单元，一个存储器中有大量的存储单元。存储容量即存储器含有存储单元的数量。存储容量通常用位（bit，缩写为小写字母 b）或字节（Byte，缩写为大写字母 B）表示。位是构成二进制数码的基本单元，通常 8 位组成一个字节，由一个或多个字节组成一个字（Word）。因此，存储器存储容量的表示方式有两种：

一种是按位存储单元数表示。例如，存储器有 32768 个位存储单元，存储容量可表示为 32kb（bit）。其中 1kb＝1024b，1024b×32＝32768b。

另一种是按字节单元数表示。例如，存储器有 32768 个位存储单元，可表示为 4kB（Byte），4×1024×8＝32768b。

（2）存取周期

连续两次读（写）操作间隔的最短时间称为存取周期。存取周期表明了读写存储器的工作速度，不同类型的存储器存取周期相差很大。快的约 ns 级，慢的约几十 ms。

2. 存储器结构

图 6-57 为存储器结构示意图，存储器主要由地址寄存器、地址译码器、存储单元矩阵、数据缓冲器和控制电路组成，与外部电路的连接有地址线、数据线和控制线。

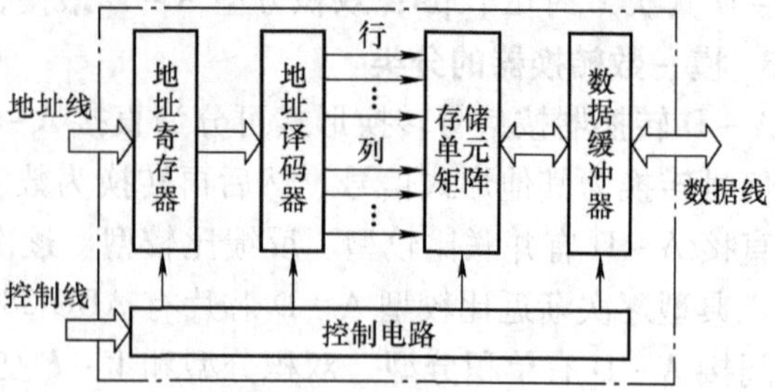

图 6-57　存储器结构示意图

（1）存储单元地址

由于存储器有大量的存储单元，因此，每一存储单元有一个相应的编码，称为存储单元地址。8 位地址编码可区分 $2^8=256$ 个存储单元，n 位地址编码可区分 2^n 个存储单元。

（2）地址寄存器和地址译码器

地址寄存器和地址译码器的作用是寄存 n 位地址并将其译码为选通相应存储单元的信号。由于存储器中存储单元的数量很多，选通 $2^8=256$ 个存储单元需要 256 条选通线，选通 $2^{16}=65536$ 个存储单元需要 65536 条选通线，这是难以想象的。事实上地址译码器输出的选通信号线分为行线和列线。例如，16 条行线和 16 条列线能选通 $16\times16=65536$ 个存储单元。

（3）存储单元矩阵

存储单元矩阵就是存储单元按序组成的阵列，是存储二进制数据的实体。

（4）数据缓冲器

存储器输入输出数据须通过数据缓冲寄存器，数据缓冲器是三态的。输入（写）时，输入数据存放在数据缓冲寄存器内，待地址选通和控制条件满足时，才能写入相应存储单元。输出（读）时，待控制条件满足，数据线“空”（其他挂在数据线上的器件停止向数据线输出数据，对数据线呈高阻态）时，才能将输出数据放到数据线上，否则会发生“撞车”（高低电平数据短路）。

（5）控制电路

控制电路是产生存储器操作各种节拍脉冲信号的电路。主要包括片选控制 CE（Chip Enable），输入（写）允许 WE（Write Enable）和输出（读）允许 OE（Output Enable）信号。控制电平为低电平时用 $\overline{CE}$、$\overline{WE}$、$\overline{OE}$ 表示。

3. 存储器的读/写操作

1）存储器写操作步骤。

① 写存储器的主器件将地址编码信号放在地址线上，同时使存储器片选控制信号 CE 有效。

② 存储器地址译码器根据地址信号选通相应存储单元。

③ 主器件将写入数据信号放在数据线上，同时使存储器输入允许信号 WE 有效。

④ 存储器将数据线上的数据写入已选通的存储单元。

2）存储器读操作步骤。

① 读存储器的主器件将地址编码信号放在地址线上，同时使存储器片选控制信号 CE 有

效。

② 存储器地址译码器根据地址信号选通相应存储单元，同时将被选通存储单元与数据缓冲器接通，被选通存储单元数据被复制进入数据缓冲器暂存（此时数据缓冲器对数据线呈高阻态）。

③ 主器件使存储器输出允许信号 *OE* 有效，存储器数据缓冲器中的数据被放在数据线上。

④ 主器件从数据线上读入数据。

4. 半导体存储器的分类

半导体存储器按其使用功能可分为两大类。

（1）只读存储器 ROM（Read Only Memory，ROM）

ROM 一般用来存放固定的程序和常数，如微型计算机的管理程序、监控程序、汇编程序以及各种常数、表格等。其特点是信息写入后，能长期保存，不会因断电而丢失，并要求使用时，信息（程序和常数）不能被改写。所谓“只读”，是指不能随机写入。当然并非完全不能写入，若完全不能写入，则读出的内容从何而来？要对 ROM 写入必须在特定条件下才能完成写入操作。

（2）随机存取存储器 RAM（Random Access Memory，RAM）

RAM 主要用于存放各种现场的输入输出数据和中间运算结果。其特点是能随机读出或写入，读写速度快（能跟上微型计算机快速操作）、方便（不需特定条件）。缺点是断电后，被存储的信息丢失，不能保存。

5. 只读存储器 ROM

只读存储器 ROM 分类概况如图 6-58 所示。

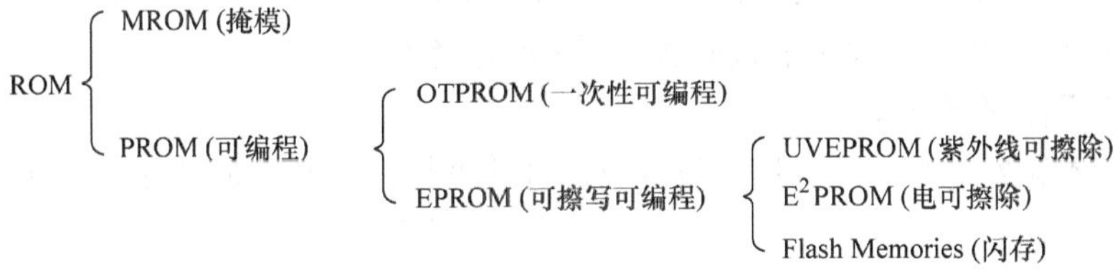

图 6-58　只读存储器 ROM 分类概况

按用户能否编程可分为掩模 ROM（Mask ROM，MROM）和可编程 ROM（Programmable ROM，PROM）。可编程 ROM 又可分为一次性可编程 ROM（One Time Programmable ROM，OTP ROM）和可擦写可编程 ROM（Erasable Programmable ROM，EPROM）。可擦写可编程 ROM 又可分为紫外线可擦除 EPROM（Ultra - Violet EPROM，UVEPROM）和电可擦除 EPROM（Electrically EPROM，EEPROM 或 E^{2}PROM）以及近年来应用极其广泛的 Flash Memories（闪存）。

（1）掩模 ROM（Mask ROM）

掩模 ROM 的特点是用户无法自行写入，必须委托生产厂商在制造芯片时一次性写入。显然，掩模 ROM 适用于大批量成熟产品。掩模 ROM 价格低廉，性能稳定可靠。

（2）一次性可编程 ROM（OTP ROM）

OTP ROM 的特点是用户可自行一次性编程，但一次性编程后不能修改，因此，OTP

ROM 也仅适用于成熟产品，不能作为试制产品应用。OTP ROM 价格低廉，性能稳定可靠，是当前 ROM 应用主流品种之一。

（3）紫外线可擦除 EPROM（UV EPROM）

UV EPROM 在封装上有一个圆形透明石英玻璃窗，强紫外线照射一定时间后，存储单元处于 1 状态。写入 0 时，加编程电压 U_{PP}，早期 UV EPROM 芯片 $U_{PP}=21V$，后来降至 12.5V，约经过 50ms，才能完成写入 0（存储 1 时不写入）。使用时，透明玻璃窗应贴上不透明的保护层，否则在正常光线照射下，雪崩注入浮栅中的电荷也会慢慢泄漏，从而丢失写入 UVEPROM 的数据信息。

UV EPROM 可多次（10000 次以上）擦写，但擦写均不方便，擦除时需专用的 UV EPROM 擦除器（产生强紫外线）；写入时需编程电源 U_{PP}（电压高），写入时间也很长，不能在线改写（读 UV EPROM 很快，小于 250ns，可在线读）；且 UV EPROM 价格较贵。在十几年之前，UV EPROM 曾经是 ROM 应用主流品种，目前已让位于价廉、擦写方便的 Flash Memories。

需要说明的是，在多数有关技术资料中，常将 UV EPROM 简称为 EPROM。

（4）电可擦除 EPROM（E^2PROM）

UV EPROM 擦除时需强紫外线，且需整片擦除，不能按字节擦写，写速度很慢，因此应用极不方便。E^2PROM 擦除时不需紫外线，且可按字节擦写其中一部分，写入速度较快，应用相对方便，但价格比 UV EPROM 稍贵。

（5）快闪存储器（Flash Memories）

Flash Memories 也属于 E^2PROM，其内部结构与 E^2PROM 相类似，擦写速度比 E^2PROM 快得多，擦写电压也降至 5V，已达到可以在线随机读写应用状态，擦写次数达 10 万次以上，且价格低廉。因此，目前已成为 ROM 应用主流品种之一（另两种是 MaskROM 和 OTP-ROM），应用广泛，甚至有逐步取代硬盘和 RAM 的趋势。

6. 随机存取存储器 RAM

随机存取存储器的主要特点是读写方便，且速度快，能在线随机读写。但断电后，信息丢失，不能保存。

按存储信息的方式，RAM 可以分成静态 RAM（Static RAM，SRAM）和动态 RAM（Dynamic RAM，DRAM）。

（1）静态 RAM

静态 RAM 的优点是读写速度快，缺点是电路较复杂，因此集成后，存储容量较小。

（2）动态 RAM

动态 RAM 的优点是电路简单，便于大规模集成，存储容量大，成本低；缺点是需要刷新操作。动态 RAM 主要用于当前计算机的内存。

（3）典型 RAM 芯片 6264 简介

6264 是 CMOS 静态 RAM，存储容量 8k×8 位，存取时间小于 200ns，电源电压 +5V。表 6-18 为 6264 工作方式功能表，图 6-59 为 RAM6264 引脚图。$A_0 \sim A_{12}$ 为 13 位地址输入端，可选通 $2^{13}=8192=1024\times8=8kB$（字节），每字节 8 位，$8k\times8=64kb$（位）。因此 6264 后二位数字代表了它的存储容量。$I/O_0 \sim I/O_7$ 为 8 位数据输入/输出端；$\overline{CE_1}$、CE_2 为片选端。$\overline{CE_1}$ 低电平有效；CE_2 高电平有效；$\overline{CE_1}$、CE_2 全部有效时，存储芯片才能工作；$\overline{OE}$ 为输出允

许，低电平有效；$R/\overline{W}$ 为读/写控制端，$R/\overline{W}=1$，读；$R/\overline{W}=0$，写；NC 为空脚；U_{CC}、GND 为正电源和接地端。

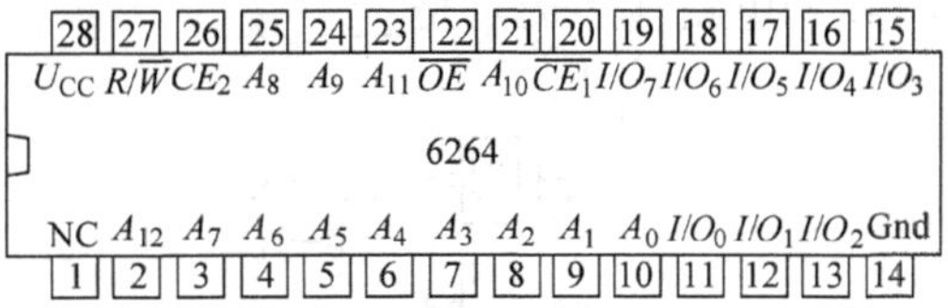

图 6-59　RAM 6264 引脚图

表 6-18　6264 工作方式功能表

工作状态	CE_1	CE_2	$\overline{OE}$	$R/\overline{W}$	I/O
读	0	1	0	1	输出数据
写	0	1	×	0	输入数据
维持	1	×	×	×	高阻
	×	0	×	×	
输出禁止	0	1	1	1	高阻

【复习思考题】

6.38　简述存储器容量用位或字节表示的区别。

6.39　存储器主要有哪些组成部分？简述其作用。

6.40　存储器数据输出为什么需要数据缓冲器？

6.41　存储器控制使能端，CE、OE、WE 各代表什么含义？

6.42　简述存储器读/写操作步骤。

6.43　什么叫 ROM？什么叫 RAM？各有什么特点和用途？

6.44　简述 ROM 分类概况及其特点。

6.45　简述 RAM 分类概况。各有什么特点？

6.7　习题

6.7.1　选择题

6.1　通常能实现“线与”功能的门电路是________。（A. OC 门；B. TSL 门；C. TTL 与门；D. 74LS 与门）

6.2　（多选）TTL 与（与非）门电路，多余输入端可接________；TTL 或（或非）门电路，多余输入端可接________。（A. $+U_{CC}$；B. 与有信号输入端并联；C. 悬空；D. 接地；E. 接对地电阻 $R_I > R_{ON}$；F. 接对地电阻 $R_I < R_{OFF}$）

6.3　图 6-60 电路中，用 TTL 门电路能实现逻辑功能 $Y=\overline{A}$ 功能的门电路是________。

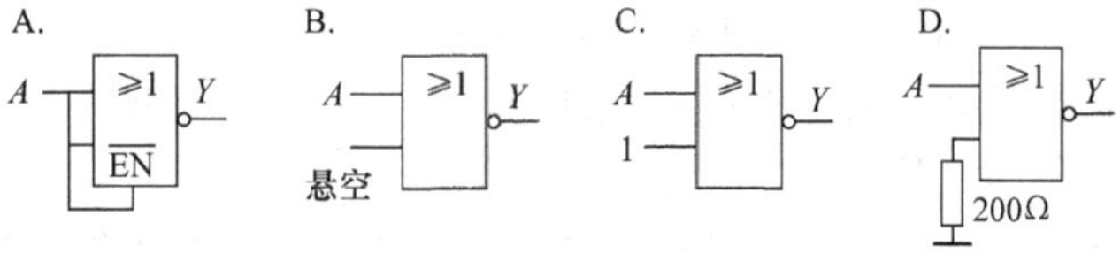

图 6-60　习题 6.3 电路

6.4　若电源电压为 5V，有关阈值电压的说法，74LS 系列门电路是________；CMOS 门电路是________。（A. $U_{TH}=2.5V$；B. $U_{TH}>2.5V$；C. $U_{TH}<2.5V$；D. $U_{TH}\approx 1V$；E. 不

定）

6.5 与TTL门电路相比，CMOS门电路的优点（多选）在于________。（A. 微功耗；B. 高速；C. 抗干扰能力强；D. 电源电压范围大）

6.6 图6-61电路中，能实现逻辑功能 $Y=A+B$ 的电路（多选）是________。

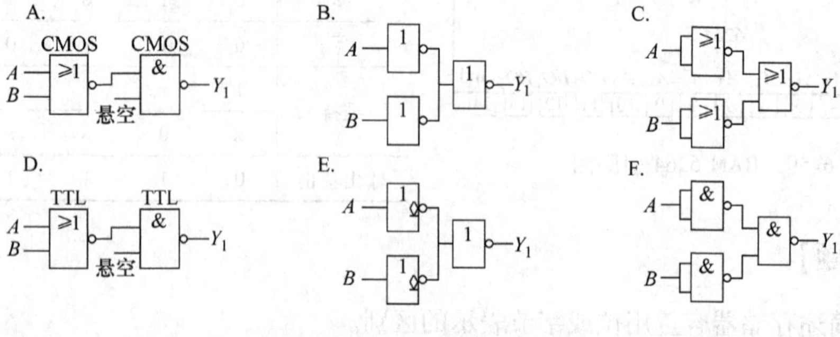

图6-61 习题6.6电路

6.7 若需对50个输入信号编码，则输出编码位数至少为________个。（A. 5；B. 6；C. 10；D. 50）

6.8 若编码器编码输出位数为4位，则最多可对________个输入信号编码。（A. 4；B. 8；C. 16；D. 32）

6.9 相对于普通编码器，优先编码器对输入信号编码的特点是________。（A. 只允许有一个有效输入信号；B. 只允许有效输入信号为1；C. 只允许有效输入信号为0；D. 仅对其中一个优先等级最高的输入信号编码）

6.10 存储8位二进制信息至少要________个触发器。（A. 2；B. 3；C. 4；D. 8；E. 2^8）

6.11 用二进制异步计数器从0起做加法计数，最少需要________个触发器才能计数到100。（A. 6；B. 7；C. 8；D. 10；E. 100）

6.12 某数字钟需要一个分频器，将32768Hz的脉冲转换为1Hz的脉冲，欲达此目的，该分频器至少需要________个触发器。（A. 10；B. 15；C. 32；D. 32768）

6.13 N个触发器可以构成最大计数长度（进制数）为________的计数器。（A. N；B. $2N$；C. N^2；D. 2^N）

6.14 模-数转换器有关采样频率的说法________是正确的。（A. 应大于模拟输入信号频率；B. 应大于模拟输入信号频率两倍以上；C. 应大于模拟输入信号频谱中的最高频率；D. 应大于模拟输入信号频谱中最高频率两倍以上）

6.15 下列存储器引脚端名称中输入允许为________；输出允许为________；片选允许为________；（A. CE；B. WE；C. OE；D. NC）

6.16 下列条件中，________不是读存储器某一单元的必要条件。（A. 挂在数据总线上的其他器件呈“高阻”态；B. 存储器片选有效；C. 该存储单元中存有数据；D. 该存储单元被选通；E. 该存储芯片 OE 端电平有效）

6.17 下列存储器中，用户一次性写入的是________；紫外线擦除可编程的是________；电可擦除可编程的是________；需生产厂商写入的是________。（A. Mask ROM；

B. OTPROM；C. UVEPROM；D. EEPROM）

6.18　下列存储器中，（多选）可多次擦写的有________。（A. Mask ROM；B. OTP-ROM；C. UVEPROM；D. EEPROM；E. Flash Memories）

6.7.2　分析计算题

6.19　已知 74LS 系列三输入端门电路如图 6-62 所示，A、B 为有效输入信号，另一个输入端为多余引脚。若要求电路输出 $Y_1 \sim Y_6$ 按图所求，试判断电路接法是否正确？若有错，试予以改正。

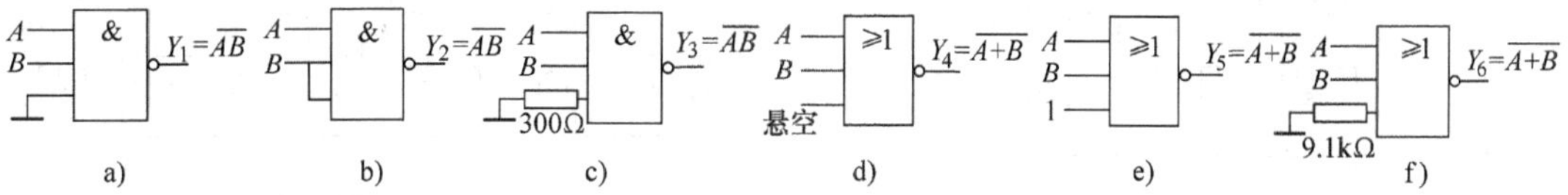

图 6-62　习题 6.19 电路

6.20　已知 CMOS 三输入端门电路如图 6-62 所示，试重新判断电路接法是否正确？若有错，试予以改正。

6.21　已知下列 74LS 系列与非门器件开门电平和关门电平，试求其噪声容限。

（1）$U_{ON}=1.4V$，$U_{OFF}=1.1V$；　　（2）$U_{ON}=1.6V$，$U_{OFF}=1V$。

6.22　已知 TTL74LS 系列门电路如图 6-63 所示，试写出输出端 Y 的逻辑表达式。

6.23　已知 74LS00（2 输入端 4 与非门，引脚图见图 6-10）连接电路如图 6-64 所示，A、B 为输入信号，试写出输出端 Y 的逻辑表达式。

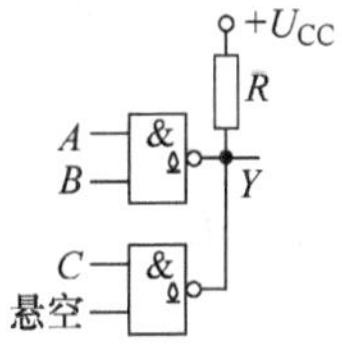

图 6-63　习题 6.22 电路

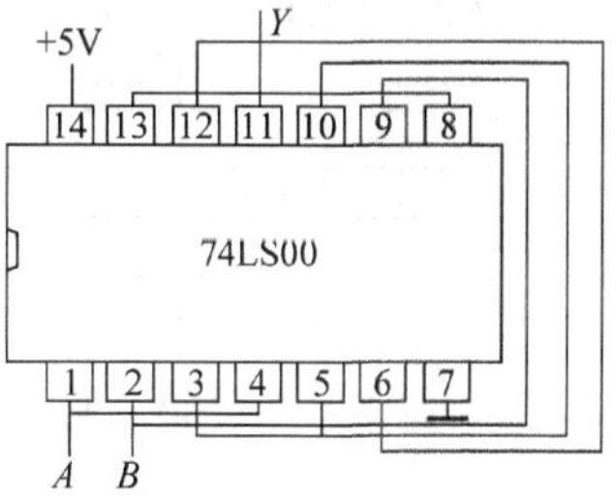

图 6-64　习题 6.23 电路

6.24　试用 74LS27 实现逻辑函数 $Y=\overline{\overline{\overline{A+B}+C+D}+E}$。要求按 74LS27（2 输入端 4 或非门，芯片引脚图见图 6-11）画出连接线路。

6.25　已知逻辑电路如图 6-65 所示，试分析其逻辑功能。

6.26　试分析图 6-66 所示电路逻辑功能。

6.27　已知用 CMOS 门电路构成的多谐振荡器电路如图 6-67 所示，$R_S=100k\Omega$，$R=20k\Omega$，$C=0.1\mu F$，试估算其振荡频率。

6.28　已知电路如图 6-68 所示，$R_1=R_2=47k\Omega$，$R_{S1}=R_{S2}=200k\Omega$，$C_1=10\mu F$，$C_2=10nF$，HA 为压电蜂鸣器，试分析电路功能。

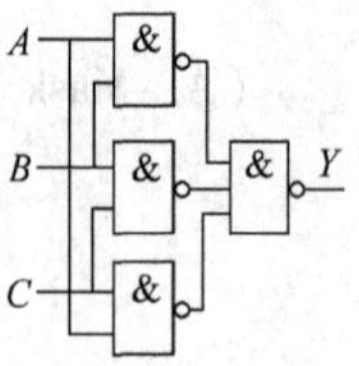

图 6-65　习题 6.25 逻辑电路

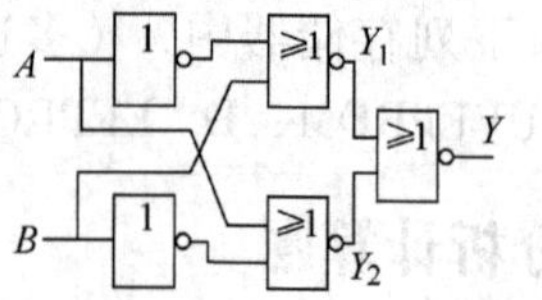

图 6-66　习题 6.26 逻辑电路

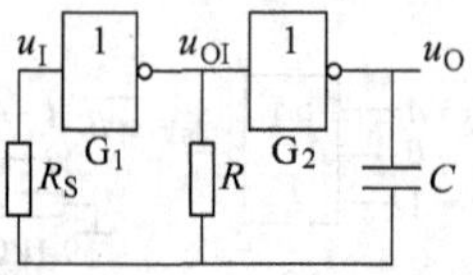

图 6-67　习题 6.27 电路

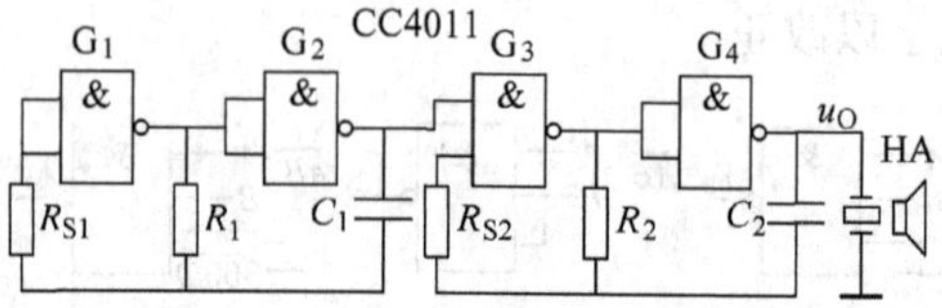

图 6-68　习题 6.28 电路

6.29　试应用 74LS138 和门电路实现逻辑函数：$Y=\overline{A}\,\overline{B}\,\overline{C}+A\overline{B}\,\overline{C}+A\overline{B}C+ABC$

6.30　已知下降沿 JK 触发器 CP、J、K、$\overline{R}_{\mathrm{d}}$、$\overline{S}_{\mathrm{d}}$ 波形如图 6-69 所示，试画出输出端 Q 波形（设初态 $Q=0$）。

6.31　已知 D 触发器 CP、$\overline{R}_{\mathrm{d}}$、$\overline{S}_{\mathrm{d}}$ 和 D 波形如图 6-70a 所示，试画出输出端 Q 波形（设初态 $Q=0$）。

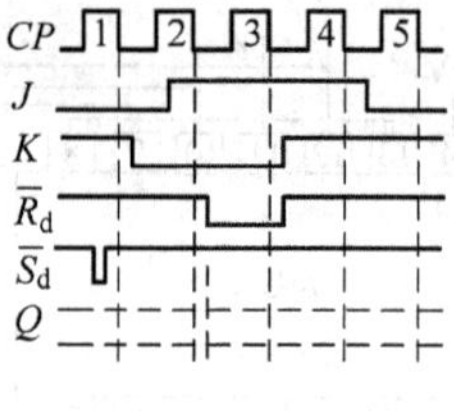

图 6-69　习题 6.30 波形

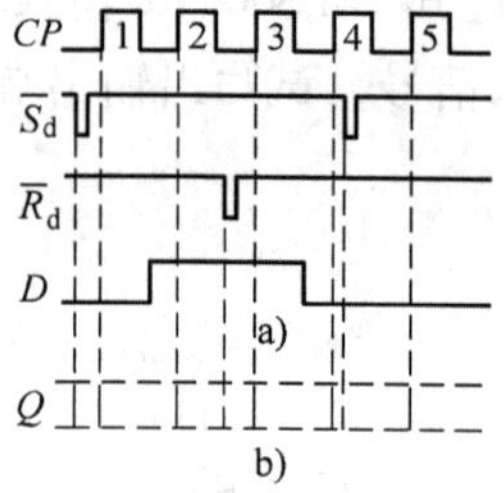

图 6-70　习题 6.31 波形图

6.32　已知电路如图 6-71 所示，设初始 $Q_1=Q_2=0$，试分别画出 Q_1、Q_2波形。

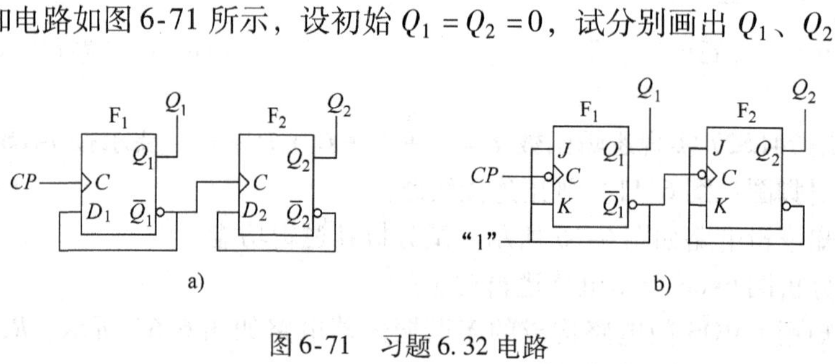

图 6-71　习题 6.32 电路

6.33　已知下列数字量，试求其转换为相应的模拟量（近似值取 3 位有效数字）。

1）$D_1=10101100\mathrm{B}$，$U_{\mathrm{REF1}}=10\mathrm{V}$；　　2）$D_2=11001011\mathrm{B}$，$U_{\mathrm{REF2}}=5\mathrm{V}$；

3）$D_3=1001101011\mathrm{B}$，$U_{\mathrm{REF3}}=10\mathrm{V}$；　　4）$D_4=0110011101\mathrm{B}$，$U_{\mathrm{REF4}}=5\mathrm{V}$。

6.34　已知下列模拟电压，试求其转换为相应8位数字量。

1）$U_{A1}=7.5V$，$U_{REF}=10V$；　　2）$U_{A2}=4.2V$，$U_{REF}=5V$。

6.35　试分别计算8位、10位、12位D－A转换器的分辨率。

6.36　若要求D－A转换的分辨率达到下列要求，试选择D－A转换器的位数。

1）5‰；　2）0.5‰；　3）0.05‰。

6.37　已知某存储器共有下列数量的位存储单元，试分别用位存储单元和字节存储单元（1字节＝8位）表示其存储容量。

1）512；　2）8192；　3）65536；　4）262144。

6.38　位存储单元数据同上题，试计算能区分（选通）上述字节存储单元的地址线根数。

6.39　已知下列存储器的存储容量，试计算其位存储单元数量。

1）16kbit；　2）4kB；　3）128kbit；　4）256B。

6.40　已知下列存储器地址线根数，试计算其能选通的最大字节存储单元数。

1）5；　2）8；　3）11；　4）13。

第7章 基础实验

7.1 电阻和直流电压电流的测量

1. 实验目的

① 应用万用表测量电阻和直流电压电流。② 验证叠加定理。

2. 实验设备与元器件

① 万用表（推荐用500型）。② 双路直流稳压电源。③ 面包板。④ 电阻器。

7.1.1 测量电阻

1. 实验步骤

取3个电阻，分别用万用表10kΩ档、1kΩ档、100Ω档、10Ω档和1Ω档测量电阻值，并将测量结果填入表7-1。

表7-1 电阻测量

	欧姆档量程				
	10kΩ档	1kΩ档	100Ω档	10Ω档	1Ω档
R_1					
R_2					
R_3					

2. 注意事项

① 测量电阻时，不能用手指同时接触电阻两端的金属引线。否则，就相当于在电阻两端并联了一个人体电阻，将引起测量误差。

② 每次切换欧姆档量程，应将两表棒短路，指针校零。

③ 正确选择欧姆档量程。比较对同一电阻在不同欧姆量程档测出的5个电阻值，5次测量电阻值均不相同。哪一个相对准确些呢？根据对万用表内测量电路的分析，欧姆档刻度线是非线性的。一般来说，当被测电阻值与欧姆档量程之比为3~30之间，即显示指针尽量偏于中间部位时，读数更清晰易读，测量准确度更高一些。例如，一个10kΩ左右的电阻，宜用1kΩ档测量。若用100Ω档或10kΩ档测量，则读数不易读准，且相对误差大一些。

7.1.2 测量直流电压电流

1. 实验步骤

直流电压电流测量电路如图7-1所示。

1）合上双路直流稳压电源的电源开关，调节输出电压旋钮，用万用表直流电压档测量，并使其输出两组直流电压 $U_{S1}=5V$ 和 $U_{S2}=10V$（注意，有些直流稳压电源，电源本身具有直流电压表显示，但仅作参考，仍须用万用表测量其输出电压值。主要原因不是因为万用表电压表比电源本身的直流电压表精度高，而是为了多几次用万用表测量直流电压的操作练习）。

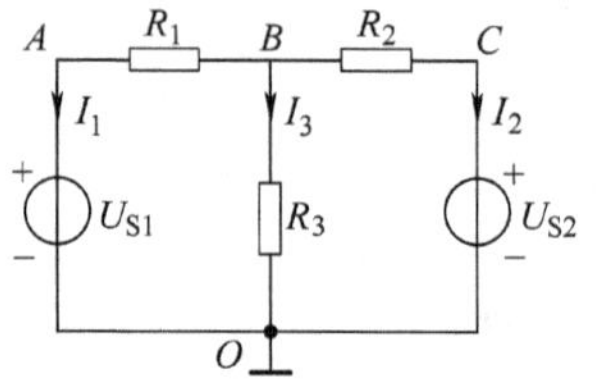

图7-1 直流电压电流测量电路

2）取3个电阻：$R_1=100\Omega$、$R_2=200\Omega$、$R_3=300\Omega$，连同两组直流电压源，在面包板上按图7-1所示电路连接。用万用表不同的直流电压和直流电流量程分别测量U_{AB}、U_{BC}、U_{AC}和U_{BO}，I_1、I_2和I_3，并将测量值填入表7-2和表7-3（说明：若实测电压电流值大于电压电流满量程最大值，则可用“—”表示）。

表7-2　测量直流电压

	直流电压量程		
	2.5V	10V	50V
U_{AB}			
U_{BC}			
U_{AC}			
U_{BO}			

表7-3　测量直流电流

	直流电流量程		
	1mA	10mA	100mA
I_1			
I_2			
I_3			

3）核算KVL和KCL。核算I_1、I_2和I_3是否符合KCL？核算*ABOA*和*BCOB*回路各支路电压是否符合KVL？

2. 注意事项

① 测量电压时，应将万用表电压表并联在被测支路（或元件）两端。

② 测量电流时，应将万用表电流表串联在被测支路中。即断开连接线路，两根表棒分别接断开线路的两个端点。需要强调的是，千万不能将万用表电流表并接在被测支路（或元件）的两端，因电流表内阻很小，用电流表测电压，将会出现很大电流，很可能损坏电流表。

③ 测量直流电压电流时，若出现显示指针反偏，可将表棒交换使用，但此时显示的电压电流值为负值。

④ 正确选择电压电流量程。比较对同一电压电流用不同量程测出的数值，哪一个相对误差更小些？我们注意到万用表（大多为磁电系仪表）的电压电流刻度是线性的（除10V以下交流电压）。根据测量误差分析，测量值接近于满量程时，相对误差最小。即测量电压电流时，应适当选择电压电流量程，尽量使显示指针接近于满量程，相对误差较小。若未知被测电压电流大小，应将量程拨至最大档，逐级切换至适当量程。

3. 误差原因分析

理论计算图7-1中的电压电流值，与实际测量值比较，有一定的差别。其原因，一般有如下几条：

① 电阻值误差，R_1、R_2、R_3并不是精确的100Ω、200Ω、300Ω。

② 电压源电压有误差，不是精确的5V和10V。且电压源不是真正的理想电压源，有一定内阻。接负载时，随输出电流增大，电压值会降低。

③ 万用表测量误差，包括万用表本身（准确度等级较低）及测量时的读数误差等。

7.1.3　验证叠加定理

应用叠加定理，需测量U_{S1}、U_{S2}分别单独作用时产生的电压电流值，应用叠加定理时的电路如图7-2所示。实验步骤如下：

1）U_{S1}单独作用时，按图7-2a电路连接，U_{S2}可用短路线替代。适当选择电压电流量

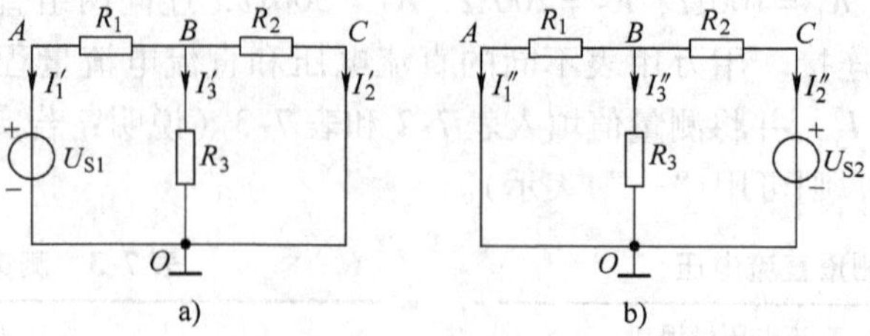

图 7-2　应用叠加定理时的电路

程，测量 U'_{AB}、U'_{BC}、U'_{AC}、U'_{BO} 和 I'_1、I'_2、I'_3，测量数据填入表 7-4。

2）U_{S2} 单独作用时，按图 7-2b 电路连接，U_{S1} 可用短路线替代。适当选择电压电流量程，测量 U''_{AB}、U''_{BC}、U''_{AC}、U''_{BO} 和 I''_1、I''_2、I''_3，测量数据填入表 7-4。

3）计算叠加值，并与表 7-2、表 7-3 测量值比较，验证叠加定理。

表 7-4　叠加定理测量值

	U_{AB}	U_{BC}	U_{AC}	U_{BO}	I_1	I_2	I_3
U_{S1} 单独作用							
U_{S2} 单独作用							
叠加值							

【实验思考题】

7.1　测量电阻时，双手应如何正确操作？为什么不能同时用手指接触被测电阻两端的金属引线？试用一个 200kΩ 以上的电阻，测量并比较其正确操作和用手指同时接触电阻两端金属引线时的电阻值，说明什么问题？

7.2　测量电阻和测量直流电压电流时如何选择合适量程？测量电阻与测量电压电流，有什么不同？

7.3　图 7-1 电路和图 7-2 电路，各电压电流理论计算值是多少？与实际测量值产生差别的主要原因是什么？

7.2　荧光灯电路

1. 实验目的

①理解荧光灯工作原理，学会荧光灯安装。②学会用功率表测量功率。③理解提高功率因素的意义和方法。

2. 实验设备与元器件

①荧光灯套件（灯管及插座、辉光启动器、镇流器、电源开关等）。②功率表（电动系）。③交流电流表。④交流电压表（可用万用表替代）。⑤6μF 电容箱。

7.2.1 安装并点亮荧光灯

1. 荧光灯电路及工作原理

荧光灯实物连接电路如图 7-3a 所示。主要由荧光灯管、镇流器和辉光启动器组成。

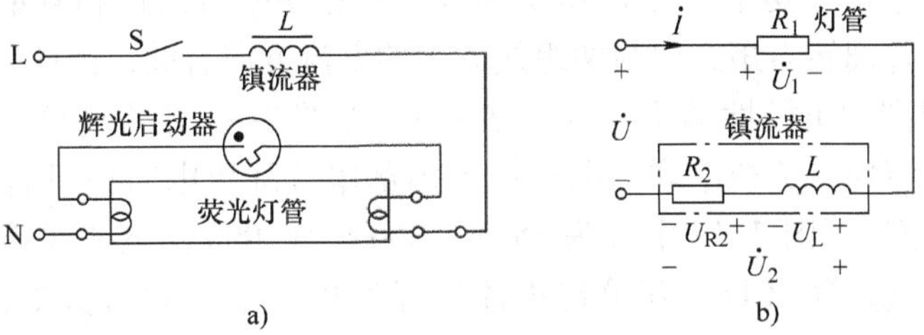

图 7-3 荧光灯电路

1）荧光灯管。荧光灯管是一根充有少量汞蒸汽的细长玻璃管，管内壁涂有一层荧光粉。灯管两端各有一组灯丝，加电压时，一端发射电子，另一端接收电子，电子撞击管壁荧光粉物质而发光。

2）镇流器。镇流器是一个铁心电感线圈，应与相应功率瓦数的灯管配套使用。其作用有二：一是起动时产生高压（可达 400 ~ 600V），激励荧光灯管放电；二是灯管点亮后，灯管相当于一个纯电阻，镇流器电感与灯管电阻分压，降低灯管两管电压，限制灯管电流。

3）辉光启动器。辉光启动器英文名为 Starter，在电路中起自动开关作用。其主要结构为双金属片触点，作用有二：一是接通电源时，提供灯管灯丝电流通路；二是灯管正常辉光放电后，自动断开（若不断开将短路灯管两端灯丝间电子发射通路）。自动断开的原理是，双金属片两种不同的金属热胀冷缩系数不同，流过电流后受热膨胀弯曲而使原接触点断开。

2. 实验步骤

荧光灯原理电路如图 7-3b 所示。其中 R_1 表示灯管，R_2 为镇流器线圈绕组的直流电阻，L 为镇流器电感。U_1 为灯管两端电压，U_2 为镇流器两端电压。

1）测量电路电流 I、灯管和镇流器两端电压。用交流电压表测量 U_1、U_2 和电源电压 U，用交流电流表测量电路电流 I，将测量值填入表 7-5。

表 7-5 荧光灯电压及参数

测量值				计算值		
电源电压 U	灯管电压 U_1	镇流器电压 U_2	电流 I	灯管电阻 R_1	镇流器直流电阻 R_2	镇流器电感 L

2）定性画出 $\dot{U}_1$、$\dot{U}_2$、$\dot{U}_{R2}$、$\dot{U}_L$、$\dot{U}$ 和 $\dot{I}$ 的相量图。

3）计算灯管电阻、镇流器线圈直流电阻和电感值，填入表 7-5。

3. 注意事项

荧光灯电路接入 220V 电压，应注意安全。连接和换接线路时，须在断开电源前提下进行。通电前，应反复检查，确认连接无误，再接通电源。

7.2.2 测量荧光灯功率和提高功率因素

1. 功率表概述

功率表属电动系仪表，表内有二组线圈，一组测电压，一组测电流；其指针偏转角正比于 $UI\cos\varphi$，正好用于测量功率。图 7-4a 为电动系单相功率表面板和测量功率电路连接示意图。电动系仪表指针偏转力矩方向与两组线圈中的电流方向有关，因此须保持两线圈的正极性端一致（两组线圈的正极性端用“ * ”表示），按图 7-4a 方式连接。其中电压线圈应与负载并联，电流线圈应与负载串联。电压线圈内部串接降压电阻后可有 3 种量程（不同型号的功率表量程不同），图 7-4a 中分为 150V、300V 和 600V。电流线圈实际上有两组，可串可并。并联时电流量程为 1A，串联时电流量程为 0.5A，连接方式如图 7-4b 所示。而功率表的功率量程即为电压量程与电流量程之积。

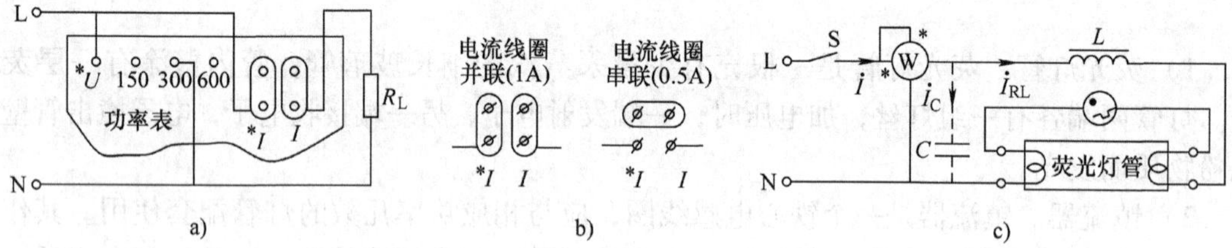

图 7-4　功率表测量荧光灯功率

2. 实验步骤

1）测量荧光灯功率按图 7-4c（电容不接）所示电路连接，功率表功率满量程读数应为电压量程与电流量程之积。测量荧光灯功率并填入表 7-6。

2）功率因素的提高。荧光灯管可看作电阻性负载，但与其串联的镇流器是一个电感量较大的电感线圈。因此，荧光灯电路的功率因素较低（灯管功率越小，功率因素越低），为了提高荧光灯电路的功率因素，可在电路两端并联电容，如图 7-4c 中虚线所示。

① 按图 7-4c 连接电路，其中 C 应按不同容量接入（$C=0$，即为断开电容）。分别测量 U、P、I、I_{RL} 和 I_C。并将测量值填入表 7-7。

表 7-6　荧光灯功率

电压量程	
电流量程	
功率量程	
分格系数	
实测功率	

表 7-7　并联电容提高功率因素

	U	I	I_{RL}	I_C	P	计算 $\cos\varphi$
$C=0$						
$C=2\mu F$						
$C=4\mu F$						
$C=6\mu F$						

② 计算功率因素 $\cos\varphi=\dfrac{P}{UI}$。并比较电路总电流的变化。

③ 定性画出 $\dot{U}$、$\dot{I}$、$\dot{I}_{RL}$、$\dot{I}_C$ 相量图。

【实验思考题】

7.4　荧光灯电路中的镇流器和辉光启动器各有什么作用?

7.5　测量荧光灯电路中的电源电压 U、灯管电压 U_1、镇流器电压 U_2 和电流 I 后，如何计算灯管电阻 R_1、镇流器直流电阻 R_2 和镇流器电感 L？

7.6　有人用一个按钮开关替代辉光启动器，按下 2 秒左右然后释放，也能点亮荧光灯，试解释其原理。

7.7　为什么用功率表测出的荧光灯电路功率比荧光灯管的标称功率高？

7.8　为什么荧光灯电路并联电容后，总电流反而减小？并在此基础上说明提高功率因素的意义。

7.3　二极管与晶体管的检测

1. 实验目的

①应用万用表测量二极管；②应用万用表测量晶体管。

2. 实验设备与元器件

①指针式万用表（推荐用 500 型）；②数字式万用表；③二极管（推荐 2AP9、1N4148、1N4001）；④晶体管（推荐 3AG1、3AX31、3DG6、9012、9013）。

7.3.1　二极管检测

1. 根据二极管外形判别正负极

检测二极管阳极（正极）、阴极（负极）首先应根据其外形、符号标志、色点或色环判断，二极管正负极性标志如图 7-5 所示。

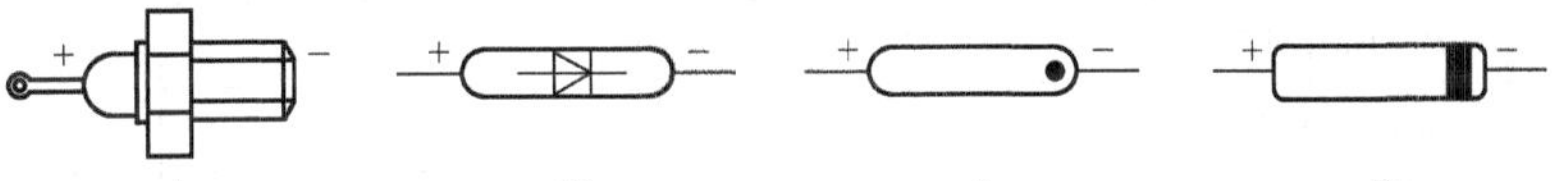

图 7-5　二极管正负极性标志

2. 用指针式万用表初步检测二极管

根据二极管单向导电性，可用指针式万用表初步检测二极管特性。

1）检测二极管正负极性。二极管的测试如图 7-6 所示，将万用表置于 $R\times100\Omega$ 或 $R\times1k\Omega$ 档（在指针式万用表欧姆档，黑表棒连接的是表内电源正极，红表棒连接的是表内电源负极），检测二极管电阻可测得大小两个电阻值。较小值为正向电阻，黑表棒连接的是二极管正极，如图 7-6a 所示；较大值为反向电阻，黑表棒连接的是二极管负极，如图 7-6b 所示。

2）判断二极管的好坏与质量优劣。根据上述方法测得二极管正反向电阻，可判别二极管的好坏与质量优劣。

① 正向电阻越小，反向电阻越大，表明二极管单向导电特性好。一般来讲，硅二极管正向电阻约几千欧，反向电阻趋于∞；锗二极管正向电阻约几百欧，反向电阻不趋于∞。反向电阻越大越好，若反向电阻略小，表明二极管反向电流大，质量差。

② 若正反向电阻均趋于 0，表明二极管击穿损坏。

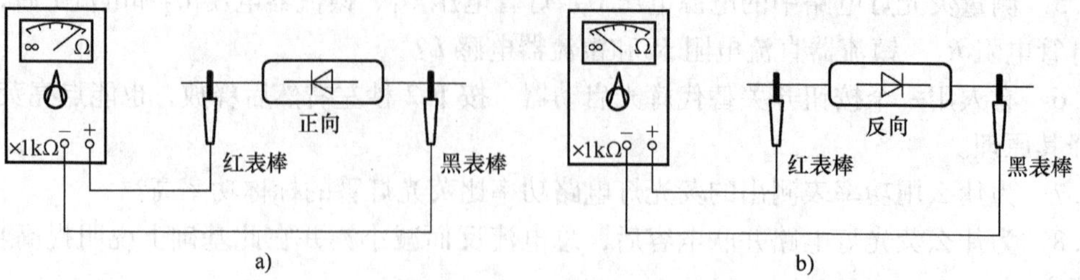

图 7-6　二极管的测试

a）正向特性　b）反向特性

③ 若正反向电阻均趋于∞，表明二极管开路损坏。

3）判断硅二极管或锗二极管。根据硅管和锗管正反向电阻的区别可判别硅管或锗管，但这种方法并不严密，只能参考。可靠的方法是用二极管串联合适电阻接电源，若二极管二端正向压降为 0.6～0.7V，则为硅二极管；若为 0.2～0.3V，则为锗二极管。

3. 实验内容与步骤

取 6 个二极管（推荐 2AP9、1N4148、1N4001 各两个），分别用指针式万用表测量其正反向电阻，判别其正负极性，数字式万用表测量其正向压降，并将测量结果填入表 7-8。

表 7-8　二极管检测

		2AP9		1N4148		1N4001	
		1#	2#	3#	4#	5#	6#
正向电阻	$R\times10\Omega$ 档						
	$R\times100\Omega$ 档						
	$R\times1\text{k}\Omega$ 档						
反向电阻	$R\times1\text{k}\Omega$ 档						
	$R\times10\text{k}\Omega$ 档						
正向压降							
质量初判							

注意事项。①不能用手指同时接触二极管的正负极，否则相当于检测时在二极管二端并联了一个较大的人体电阻，测出的反向电阻有误差，影响判别结论。②必须用万用表 $R\times100\Omega$ 或 $R\times1\text{k}\Omega$ 档，因为用 $R\times10\text{k}\Omega$ 档时，万用表内一般接高电压电源，有可能造成二极管耐压不够而击穿损坏；用 $R\times1\Omega$ 或 $R\times10\Omega$ 时，万用表内限流电阻较小，有可能造成被测试二极管电流过大而损坏。

4. 用数字式万用表检测二极管

数字式万用表专设了检测二极管的一档，该档提供了一个 2.8V 的基准电压源，可用于测量二极管的正向压降（电流约 1mA）。一般，硅二极管正向压降约 0.5～0.7V；锗二极管正向压降约 0.15～0.3V。该档还可用于检测发光二极管，正向时，发光二极管亮。

需要说明的是，用数字式万用表电阻档测量二极管的正反向电阻是没有意义的。

5. 用晶体管特性图示仪判别二极管

用晶体管特性图示仪可检测二极管的伏安特性，限于篇幅，本书不予展开，有兴趣的读者可参阅有关书籍。

7.3.2 晶体管检测

晶体管的检测一般可用晶体管特性图示仪和万用表简易检测。用万用表检测晶体管，可区分晶体管的3个电极、管型和初步判断晶体管质量优劣、β值大小等，方法简单方便。

1. 根据晶体管外形判别3个电极

常见的晶体管封装形式主要有金属壳和塑料封装两种形式。图7-7a、b为小功率金属壳封装晶体管，目前市场上已不多见，底视图E、B、C为等腰三角形排列，B极位于等腰三角形顶点，E极临近于底面凸齿；图7-7c为小功率塑料封装晶体管，是目前市场最常用的封装形式，底视图沿平面处一般按CBE顺序排列；图7-7d为大功率塑料封装带散热板的晶体管，正视图从左至右一般按BCE顺序排列；图7-7e为大功率金属壳封装晶体管，外壳为C极。

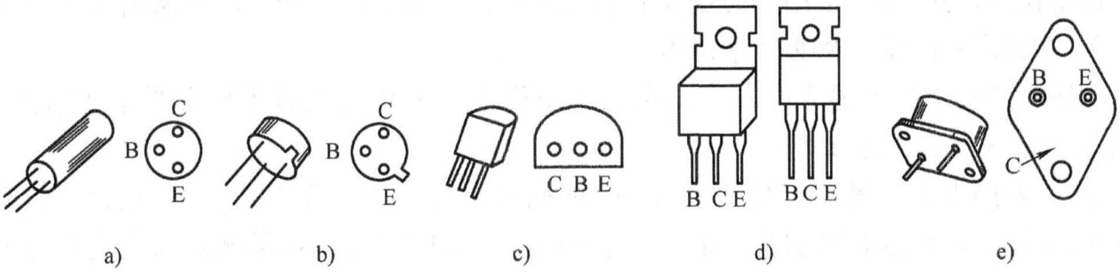

图7-7 常见晶体管的外形及引脚排列

需要指出的是上述引脚排列为多数同类型晶体管的一般规律，尚有未按此规律排列的相同外形相同型号的晶体管，因此使用时应查阅有关手册或以实际测量为准。

2. 用指针式万用表初步检测晶体管

晶体管内部PN结排列，可用图7-8所示等效电路表示，根据这一特点，可用指针式万用表检测晶体管。

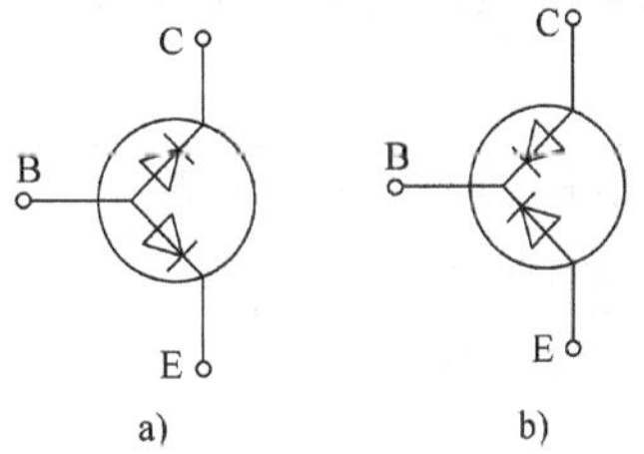

图7-8 晶体管内部PN结排列
a）NPN型 b）PNP型

1）判基极和管型。用万用表$R\times100\Omega$或$R\times1\text{k}\Omega$档检测3个电极间电阻。

① 若测得某一电极对另两个电极正向电阻均小，反向电阻均大，则该电极为基极，且管型为NPN。

② 若测得某一电极对另两个电极正向电阻均大，反向电阻均小，则该电极为基极，且管型为PNP。

2）判集电极C或发射极E。判别晶体管C极和E极的原理示意图如图7-9所示，主要是利用晶体管PN结集电结、发射结结构上区别而引起的β值决然不同的特点，按图7-9连接β值很大；反之，若C、E极对调，则β值很小很小。检测时，万用表仍取$R\times100\Omega$或$R\times1\text{k}\Omega$档，黑表棒接假设的集电极，红表棒接假设的发射极，然后用一个大电阻R（100kΩ左右）短接基极和假设的集电极，若偏转较大（β大），说明原假设

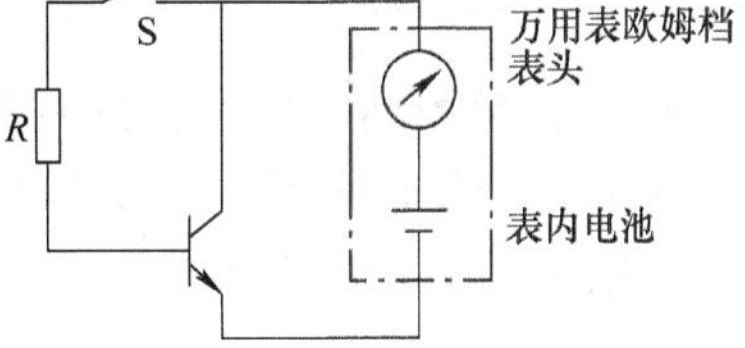

图7-9 判别晶体管C、E极

正确；若偏转很小（β小），说明原假设不正确。一般可作二次假设二次检测，然后比较判别。其中R也可用手指（人体电阻）替代，但由于手指接触松紧引起R值不同，易产生误判。

对于设有测晶体管h_{FE}（即β）插孔的万用表，先用正反向电阻法测出基极B和管型，然后将晶体管分二次测量h_{FE}值（基极插入B孔，另两引脚第一次随意插入C、E孔，第二次C、E对调），比较所测h_{FE}值的大小，较大的一次，各引脚插入的位置是正确的。

3）穿透电流I_{CEO}及热稳定性检测。万用表取$R\times10k\Omega$档，黑表棒接集电极C，红表棒接发射极E，基极悬空。若电阻值大（硅管应为∞），说明I_{CEO}小；若电阻值小，说明I_{CEO}大。检测时，注意不要用手指同时接触C、E极，更不能同时接触晶体管的B极。

在检测I_{CEO}同时，可用烙铁接触晶体管封装外壳，使晶体管温度升高，万用表指示的C、E极间反向电阻会减小，若减小幅度不大或很慢，说明晶体管热稳定性较好；反之则差。

需要指出的是，用万用表检测晶体管是一种简易检测法，并不严密。一般情况下，只能初步判别晶体管的好坏。常用的方法是：若按1）方法成立，且按3）方法I_{CEO}小（硅管应$I_{CEO}\to0$），则晶体管好，否则晶体管坏。

4）估测β值。按上述2）方法，在同等条件下，可相对比较不同晶体管β值的大小，指针偏转大，β大；反之β小。

目前，万用表上一般都设有测量晶体管的插孔，将万用表置于h_{FE}档，就能很方便测出晶体管的β值，并判别管型引脚。需要注意的是，万用表检测h_{FE}的测试条件是按小功率设置，适用于小功率晶体管，且测出的是直流β。

3. 实验内容与步骤

取5~6个晶体管（推荐3AG1、3AX31、3DG6、9012、9013），分别用万用表按上述1）、2）、3）、4）方法测量晶体管管型、电极、β值、穿透电流I_{CEO}及热稳定性，初步判断晶体管质量优劣。并将测量结果填入表7-9。

表7-9 晶体管检测

晶体管编号	V_1管			V_2管			V_3管			V_4管			V_5管			V_6管		
晶体管电极编号	1	2	3	1	2	3	1	2	3	1	2	3	1	2	3	1	2	3
电极名称																		
硅管或锗管																		
NPN或PNP																		
β值估测																		
穿透电流I_{CEO}																		
热稳定性																		

4. 用晶体管特性图示仪判别晶体管

用晶体管特性图示仪可检测晶体管3种组态的输入输出特性曲线和在某种条件下的特性参数，限于篇幅，本书不予展开，有兴趣的读者可参阅有关书籍。

【实验思考题】

7.9 用万用表检测二极管的正反向电阻时，为什么用不同的量程档测出的电阻相差很大？

7.10 用万用表检测二极管的正向电阻时，硅二极管约几千欧，锗二极管约几百欧，与二极管正向导通的开关特性相去甚远，如何理解？

7.11 既然晶体管是由两个 PN 结组成，可否用两个二极管反向串联组成晶体管？

7.12 晶体管的集电极 C 和发射极 E 都是 PN 结的阴极引出端，两个电极能否对换使用？

7.4 放大电路

1. 实验目的

①学会共射基本放大电路静态工作点的调节方法；②理解截止失真和饱和失真的基本概念；③理解电流串联负反馈电路；④理解集成运放反相输入、同相输入和差动输入 3 种基本输入电路结构和输入输出电压关系；⑤理解集成运放加法运算、减法运算和积分运算 3 种基本运算电路结构和输入输出电压关系。

2. 实验设备与元器件

①电阻；多圈电位器（470kΩ、10kΩ）；②电容 10μF × 2、47μF；③晶体管（推荐 9013，β：100～160）；④集成运放 μA741；⑤直流稳压电源、信号发生器、双踪示波器及毫伏表；⑥直流电压表、直流电流表（可用万用表替代）；⑦面包板。

7.4.1 共射基本放大电路静态工作点测试和调节

1. 测试共射基本放大电路静态工作点

按图 7-10 在面包板上连接电路。其中，$U_{CC}=6V$，$R_B=470k\Omega$，$R_C=2.4k\Omega$，$C_1=C_2=10\mu F$，$R_L=6.8k\Omega$，$U_{BEQ}=0.6V$，$\beta=120$，用直流电压、电流表测量电路静态工作点（I_{BQ}、I_{CQ}和 U_{CEQ}）。并将测量填入表 7-10。

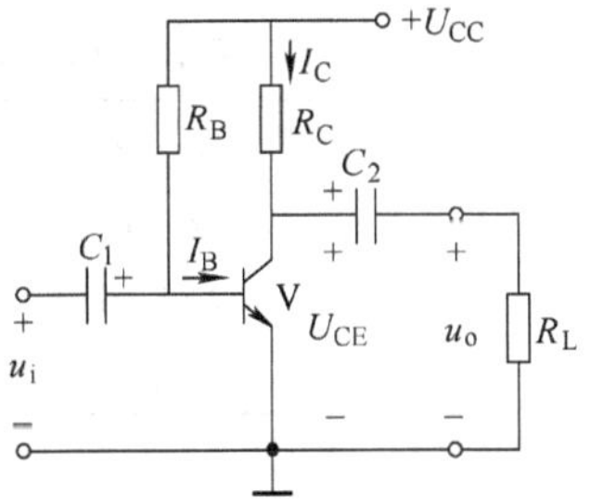

图 7-10 静态工作点测试

表 7-10 静态工作点测试

I_{BQ}/μA	
I_{CQ}/mA	
U_{CEQ}/V	

2. 测试共射基本放大电路各点电压波形

输入端接信号发生器、毫伏表和双踪示波器的一个输入通道，调节信号发生器，使输入电压 $u_i=10mV$，$f=1kHz$，用双踪示波器的另一输入通道分别观察和测量 u_i与 u_{BE}、u_i与 u_{CE}、u_i与 u_o波形的相位和幅度（包括直流分量和交流分量）；用毫伏表测量 u_o电压值；并将测量结果填入表 7-11；定性画出 u_i、u_{BE}、u_{CE}和 u_o波形图（要求对齐时间坐标）；计算电路电压放大倍数。

表 7-11　共射基本放大电路各点电压和波形

	u_i	u_{BE}	u_{CE}	u_o	电压放大倍数 $A_u = u_o/u_i$
直流分量	0	V	V	0	
交流分量	10mV	mV	V	V	
波形					—

3. 观察 u_o 截止失真和饱和失真波形

静态工作点调节如图 7-11 所示，其中，$U_{CC} = 6V$，$R_C = 2.4k\Omega$，$C_1 = C_2 = 10\mu F$，$R_L = 6.8k\Omega$，$U_{CES} = 0.1V$，$U_{BEQ} = 0.6V$，$\beta = 120$，$R_P = 470k\Omega$，$u_i = 10mV$，$f = 1kHz$。测量电路在下列两种情况下的静态工作点（I_{BQ}、I_{CQ} 和 U_{CEQ}）：1）$R_B = 2M\Omega$，RP 调至最大值（470kΩ）；2）$R_B = 200k\Omega$，RP 调至最小值（0）。用示波器观察 u_o 波形，并将测量结果和 u_o 波形填入表 7-12。

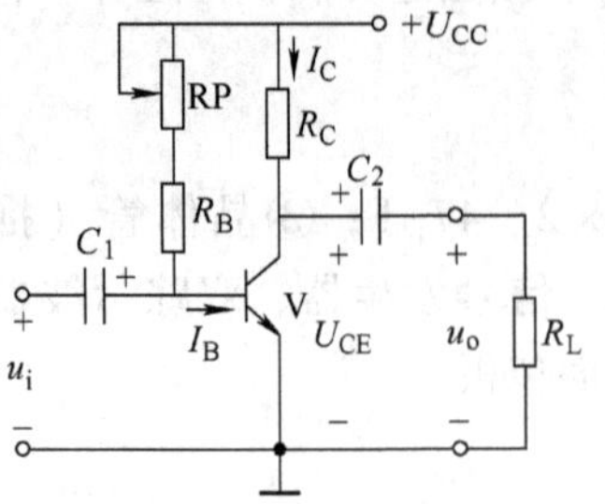

图 7-11　静态工作点调节

表 7-12　截止失真和饱和失真波形

	$R_B = 2M\Omega$，$R_P = 470k\Omega$	$R_B = 200k\Omega$，$R_P = 0$
$I_{BQ}/\mu A$		
I_{CQ}/mA		
U_{CEQ}/V		
u_o波形		

说明：由于晶体管特性参数（主要是 β）和电路其他参数的差异，上述截止失真和饱和失真情况可能也会出现差异。若达不到预设要求，在观察截止失真时，可增大 R_B；在观察饱和失真时，可调小 R_B。

4. 共射基本放大电路静态工作点的调节

电路仍如图 7-11 所示，其中，R_B分别为表 7-13 中数值，$R_P = 470k\Omega$，其余不变。调节 RP，使 U_{CEQ}分别为 2V、3V 和 4V，试分别测量 R_P值，并将测量结果填入表 7-13。

表 7-13　静态工作点调节

U_{CEQ}/V	$R_B/k\Omega$	$R_P/k\Omega$
2V	200kΩ	
3V	200kΩ	
4V	390kΩ	

5. 电流串联负反馈电路

电流串联负反馈电路如图 7-12 所示，R_E 为电位器，取 $R_E = 1k\Omega$。

1）C_E暂不接，输入电压及其他参数不变，调节 R_E从 0→1kΩ，用示波器观察 u_o波形。

若调节 R_E分别为 20Ω、100Ω、500Ω 和 1kΩ，分别测量 u_o 幅值，计算电路电压放大倍数，将测量和计算结果填入表 7-14。

2）接 $C_E = 47\mu F$，输入电压及其他参数不变，调节 R_E从 0→1kΩ，用示波器观察 u_o 波形。

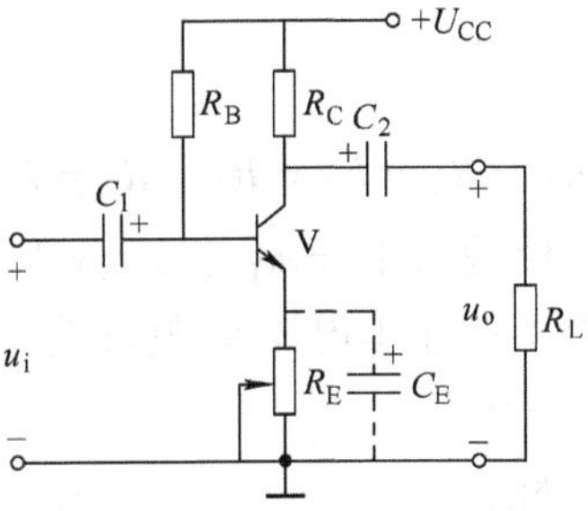

图 7-12　电流串联负反馈电路

表 7-14　R_E对电压放大倍数的影响

R_E/Ω	u_o/V	$A_u = u_o/u_i$
20		
100		
500		
1000		

7.4.2　集成运放电路

本节集成运放电路实验选用 μA741，其 DIP 封装芯片引脚图如图 7-13a 所示。

1. 集成运放调零

集成运放如果输入为 0，输出也应该为 0。但实际上会有一个不为 0 的很小电压，因此需要在输入端输入一个相反电压，使输出为 0，称为调零。

按图 7-13b 在面包板上连接电路，其中，取 $R_1 = R_2 = 10\text{k}\Omega$，$R_F = 33\text{k}\Omega$，RP 为多圈电位器，$R_P = 100\text{k}\Omega$，调节 RP，使 $u_O = 0$。

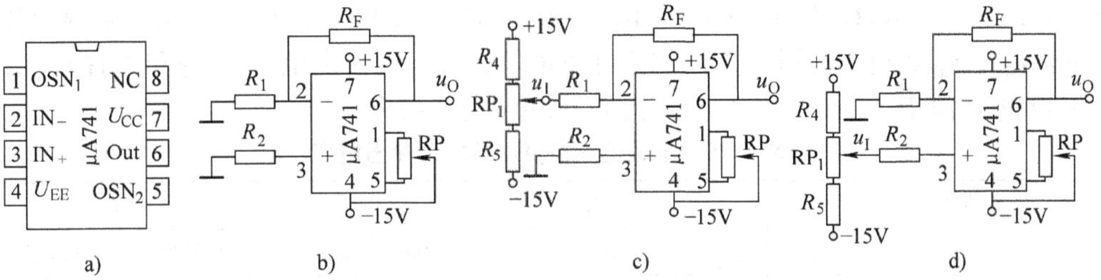

图 7-13　μA741 引脚图和电路

a）引脚图　b）调零电路　c）反相输入电路　d）同相输入电路

2. 反相输入

按图 7-13c 在面包板上连接电路，其中，取 $R_1 = R_2 = R_4 = R_5 = R_{P1} = 10\text{k}\Omega$，$R_P = 100\text{k}\Omega$，$R_F$ 依次取表 7-15 所示参数，调节 R_{P1}，使输入电压 u_I分别等于 ±1V，用万用表分别测量输出电压 u_O，并计算电压增益 A_u，填入表 7-15。

表 7-15　集成运放输出电压和电压增益

		反相输入时 $R_F/\text{k}\Omega$							同相输入时 $R_F/\text{k}\Omega$						
		1	2.2	5.1	10	51	100	510	1	2.2	5.1	10	51	100	510
$u_I = 1\text{V}$	u_O/V														
	$A_u = u_O/u_I$														
$u_I = -1\text{V}$	u_O/V														
	$A_u = u_O/u_I$														

3. 同相输入

按图 7-13d 在面包板上连接电路，其中，取 $R_1 = R_2 = R_4 = R_5 = R_{P1} = 10\text{k}\Omega$，$R_P = 100\text{k}\Omega$，$R_F$ 依次取表 7-15 所示参数，调节 R_{P1}，使输入电压 u_I分别等于 ±1V，用万用表分

别测量输出电压 u_O，并计算电压增益 A_u，填入表 7-15。

4. 差动输入

按图 7-14a 在面包板上连接电路，其中，取 $R_1=R_2=R_3=R_4=R_5=R_6=R_7=R_{P1}=R_{P2}=10k\Omega$，$R_F=33k\Omega$，$R_P=100k\Omega$，调节 RP_1、RP_2，使输入电压 u_{I1}、u_{I2}分别等于某一数值（注意 u_{I1}、u_{I2}数值不能过大，但数值可正可负，以不使输出电压 u_O饱和为宜），用万用表测量实际输出电压 u_O，并将理论计算值一并填入表 7-16。

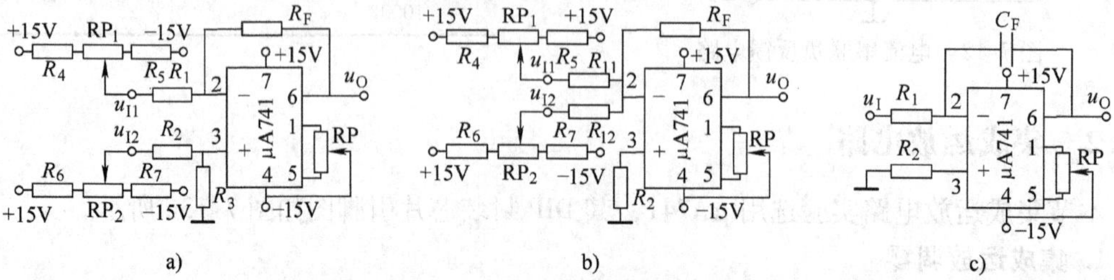

图 7-14 集成运放实验电路
a）差动输入电路 b）加法运算电路 c）积分运算电路

5. 加法运算

按图 7-14b 在面包板上连接电路，其中，取 $R_{11}=R_{12}=R_2=R_4=R_5=R_6=R_7=R_{P1}=R_{P2}=10k\Omega$，$R_F=33k\Omega$，$R_P=100k\Omega$，调节 RP_1、RP_2，使输入电压 u_{I1}、u_{I2}分别等于某一数值（注意 u_{I1}、u_{I2}数值不能过大，但数值可正可负，以不使输出电压 u_O饱和为宜），用万用表测量实际输出电压 u_O，并将理论计算值一并填入表 7-16。

表 7-16 集成运放运算实验输入输出电压

差动输入				加法运算				减法运算			
u_{I1}	u_{I2}	u_O计算值	u_O测量值	u_{I1}	u_{I2}	u_O计算值	u_O测量值	u_{I1}	u_{I2}	u_O计算值	u_O测量值

6. 减法运算

减法运算电路与差动输入电路相同，但参数条件有所区别。当 $R_1=R_2=R_3=R_F$时，构成减法运算电路：$u_O=u_{I2}-u_{I1}$。按图 7-14a 在面包板上连接电路，其中，取 $R_1=R_2=R_3=R_F=10k\Omega$，$R_4=R_5=R_6=R_7=R_{P1}=R_{P2}=10k\Omega$，$R_P=100k\Omega$，调节 RP_1、RP_2，使输入电压 u_{I1}、u_{I2}分别等于某一数值（注意 u_{I1}、u_{I2}数值不能过大，但数值可正可负，以不使输出电压 u_O饱和为宜），用万用表测量实际输出电压 u_O，并将理论计算值一并填入表 7-16。

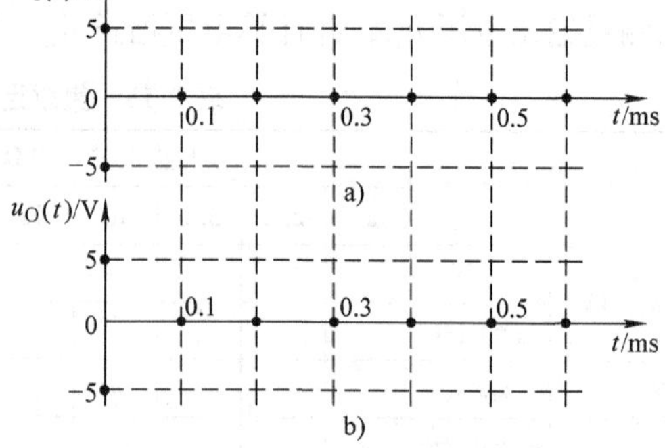

图 7-15 积分运算输入输出波形
a）输入波形 b）输出波形

7. 积分运算

按图 7-14c 在面包板上连接电路，其中，取 $R_1=R_2=10k\Omega$，$R_P=100k\Omega$，$C_F=10nF$，调节信号发生器，使输入电压 $u_I(t)$为 2500Hz 方波（周期 0.4ms），用双踪示波器观测输入输出电压波形，并在图 7-15 坐标上分别画出输入电压 $u_I(t)$和输出电压 $u_O(t)$波形。

【实验思考题】

7.13　按图7-10电路参数，计算静态工作点。理论计算值与实测值有何不同？主要原因是什么？

7.14　定性画出图7-10电路 u_i、u_{BE}、u_{CE}和 u_O波形图（要求对齐时间坐标），并按给定的电路元件参数计算电路电压放大倍数。

7.15　按图7-11电路参数，在下列两种情况下：① $R_B=2M\Omega$，RP调至最大值（470kΩ）；② $R_B=200k\Omega$，RP调至最小值（0），计算电路静态工作点（I_{BQ}、I_{CQ}和 U_{CEQ}），并用示波器观察和定性画出 u_O波形。

7.16　电路同上题，若要避免RP调至0时出现饱和失真，应如何处置？

7.17　电路同上题，若要使 U_{CEQ}分别为2V、3V和4V，应如何处置？

7.18　按图7-12电路参数，分别计算不接 C_E和接 C_E两种情况下的电路电压放大倍数。

7.19　按图7-14c电路参数，若 $u_I(t)$为2500Hz方波，试计算输出电压 $u_O(t)$，并分别画出输入电压 $u_I(t)$和输出电压 $u_O(t)$波形（要求对齐时间坐标）。

7.5　直流稳压电源

1. 实验目的

①理解整流和电容滤波的基本概念；②掌握三端集成稳压器的应用。

2. 实验设备与元器件

①小型电源变压器（推荐参数：二次侧空载电压9~12V，容量10W左右）；②交流电压表、直流电压表（可用万用表替代）；③双踪示波器；④铝电解电容：10μF、22μF、47μF、100μF、470μF、1000μF；CBB电容：0.1μF；⑤变阻器200Ω；RJX/0.25W电阻200Ω；线性线绕电位器2.2kΩ；⑥整流二极管1N4001；⑦三端集成稳压器7805、LM317；⑧面包板。

7.5.1　整流和滤波电路

1. 整流电路

图7-16分别为半波整流和桥式整流电路，其中，T为电源变压器，Ⓥ为直流电压表，变阻器负载 $R_L=100\Omega$。可按图7-16a、b在面包板上分别连接电路，测量两电路的输出电压 U_O，并用双踪示波器同时观察 u_2和 u_O波形，将测量数据和 u_O波形填入表7-17。

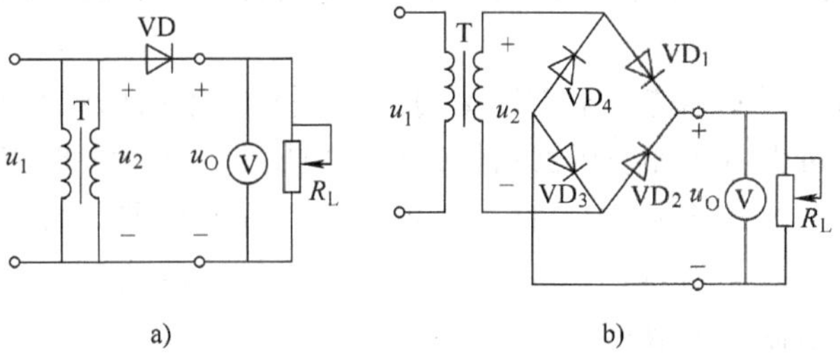

图7-16　整流电路
a）半波整流　b）桥式整流

表7-17　整流电路输出电压和波形

	半波整流	桥式整流
U_O/V		
u_O波形		

2. 滤波电路

按图7-17在面包板上连接电路，分别按表7-18调节负载电阻 R_L 和电容 C 值，测量电路的输出电压平均值 U_O，并用双踪示波器同时观察 u_2 和 u_O 波形，将测量数据和 u_O 波形填入表7-18。

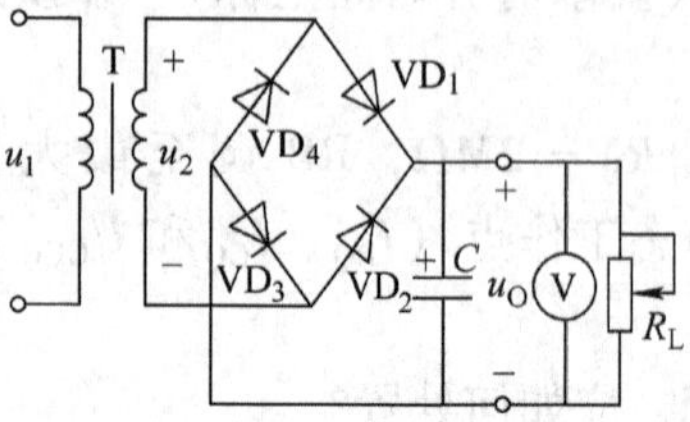

图7-17　整流滤波电路

表7-18　整流滤波电路输出电压和波形

	$R_L=20\Omega$ $C=22\mu F$	$R_L=50\Omega$ $C=47\mu F$	$R_L=100\Omega$ $C=100\mu F$	$R_L=100\Omega$ $C=470\mu F$	$R_L=100\Omega$ $C=1000\mu F$	$R_L\to\infty$ $C=22\mu F$
U_O/V						
U_O 波形						

说明：①R_L 减小时，负载电流将增大，但不能超出 R_L 所能承受的功率。注意选用功率较大的 R_L 电阻器或短时操作。②观察 u_O 波形时，可适当放大 Y 轴幅度，以便比较 u_O 波形中的纹波幅度。

7.5.2　集成稳压电路

滤波电路虽能滤去大部分脉动成分，但还不能适应要求较高的电子电路。稳压电路的作用是将含有脉动成分的直流电压变换为稳恒直流电压。

从理解串联型线性稳压电路工作原理的角度看，实验以分列元件组成的稳压电路为宜。但从市场应用和性价比的角度看，实验以掌握三端集成稳压器更合适。

1. 输出电压固定的三端集成稳压电路

应用最广和性价比较高的输出电压固定的三端集成稳压器为78/79系列，图7-18所示电路为由三端集成稳压器7805组成的输出电压固定5V的稳压电路。其中，C_1、C_3 为电解电容，$C_1=C_3=470\mu F$，C_2、C_4 为非电解电容（一般可选用CBB电容），$C_2=C_4=0.1\mu F$。按图7-18在面包板上连接电路，调节负载电阻 R_L，测量电路的输出电压平均值 U_O，并用双踪示波器同时观察和比较 u_3 与 u_O 波形中的纹波幅度。

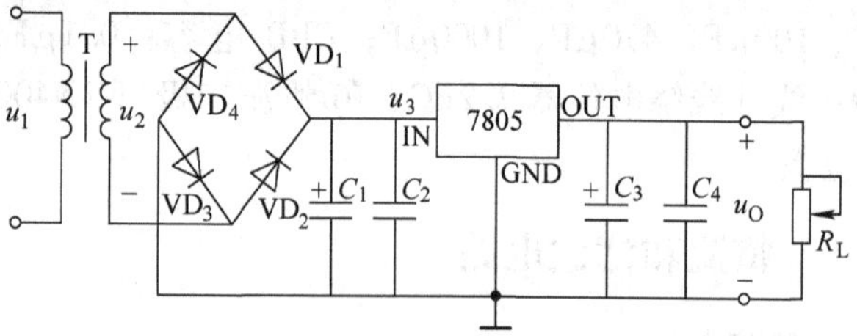

图7-18　7805稳压电路

说明：①三端集成稳压器输入输出电压差不能小于2V，小于2V，将不能保证输出稳定电压，纹波幅度增大。但也不宜过大，过大将增加稳压器功耗，超出稳压器最大功耗时将导致其内部热保护电路启动而不能稳压。一般以3～8V为宜。②若由于所选变压器二次电压 u_2 较大，导致稳压电路输入输出电压差过大，可选用7806、7808、7809等稳压值更高的三端集成稳压器。③输出电流较大时，稳压器加装散热片。

2. 输出电压可调的三端集成稳压电路

应用最广和性价比较高的输出电压可调三端集成稳压器为 LM317/337，317 输出正电压，337 输出负电压。LM317 可调稳压电路如图 7-19 所示，LM317/337 的特点是：① 输出端与 Adj 端之间有一个稳定的带隙基准电压 $U_{REF}=1.25V$；② $I_{Adj}<50\mu A$。因此，

$$U_O=I_1R_1+(I_1+I_{Adj})R_{RP}\approx I_1(R_1+R_{RP})=\frac{U_{REF}}{R_1}(R_1+R_{RP})=\left(1+\frac{R_{RP}}{R_1}\right)U_{REF}$$

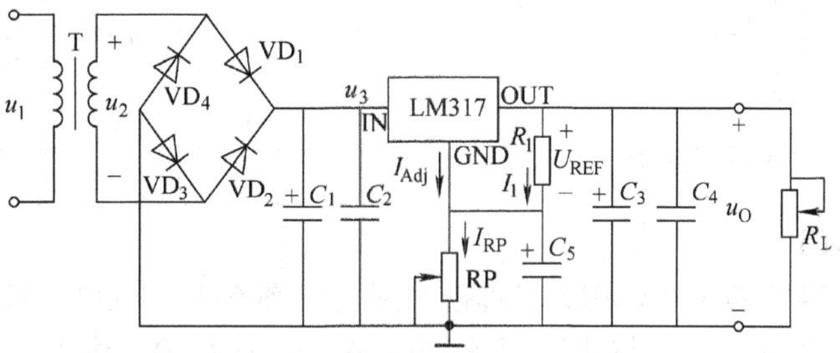

图 7-19　LM317 可调稳压电路

按图 7-19 在面包板上连接电路，C_1、C_2、C_3、C_4 与图 7-18 相同，$C_5=10\mu F$；$R_1=200\Omega$，$R_P=2.2k\Omega$，调节 RP，可调节输出电压。

说明：① R_1 一般可选用 RJX/0.25W 电阻（金属膜）。

②RP 可选用线性线绕电位器或多圈电位器。其最大阻值视输入输出电压值和 R_1 阻值。

【实验思考题】

7.20　半波整流与全波整流有什么区别?

7.21　从示波器观察，滤波电路中的滤波电容减小、负载电阻减小（负载电流增大），会带来什么后果？滤波电容应如何选取？

7.22　三端集成稳压器对输入输出电压差有什么要求？

7.23　LM317/337 有什么特点？输出电压如何计算？

7.24　图 7-19 电路中，R_1 的取值范围有否限制？

7.6　数字集成电路

1. 实验目的

①熟悉逻辑“与”“或”“非”的基本概念；②熟悉 TTL、CMOS 集成门电路典型常用品种引脚排列和基本应用；③熟悉由集成门电路组成的多谐振荡器的组成和参数调节。

2. 实验设备与元器件

①直流稳压电源，万用表、面包板、双踪示波器；②TTL 门电路：74LS00、74LS02、74LS04、74LS08、74LS32、74LS86；③CMOS 门电路：CC4001、CC4011、CC4030、CC4069、CC40106；④线性电位器 33kΩ；电阻 10kΩ、220kΩ、2.2MΩ；电容 1nF、100pF；⑤晶振 32768Hz；⑥二极管 1N4148。

7.6.1 与或非基本逻辑门

1. 非门

查阅 74LS04 和 CC4069 引脚排列图（如图 6-15 所示）。分别取 74LS04 和 CC4069 中的一个反相器，按图 7-20 在面包板上电路连接。按表 7-19，输入 u_I，测试输出电压 u_O。

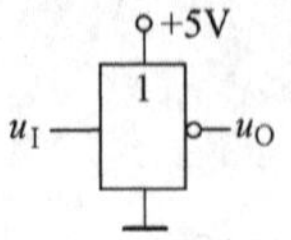

图 7-20 非门实验电路

表 7-19 非门电路实验

U_{CC}/V	u_I/V	u_O/V	
		74LS04	CC4069
5	0		
5	5		

2. 与门和与非门

查阅 74LS08、74LS00 和 CC4011 引脚排列图（如图 6-10 所示）。按图 7-21，分别取上述 3 种集成电路中的一个与（与非）门连接电路。按表 7-20，输入 u_A、u_B，测试输出电压 u_O。

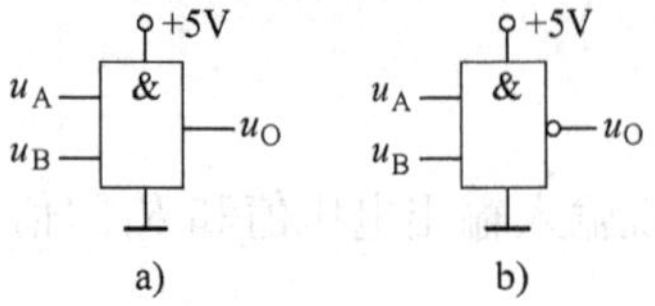

图 7-21 与（与非）门实验电路
a）与门 b）与非门

表 7-20 与（与非）门电路实验

U_{CC}/V	u_I/V		u_O/V		
	u_A	u_B	74LS08	74LS00	CC4011
5	0	0			
5	0	5			
5	5	0			
5	5	5			

3. 或门和或非门

查阅 74LS32、74LS02 和 CC4001 引脚排列图（如图 6-11 所示）。按图 7-22，分别取上述 3 种集成电路中的一个或（或非）门连接电路。按表 7-21，输入 u_A、u_B，测试输出电压 u_O。

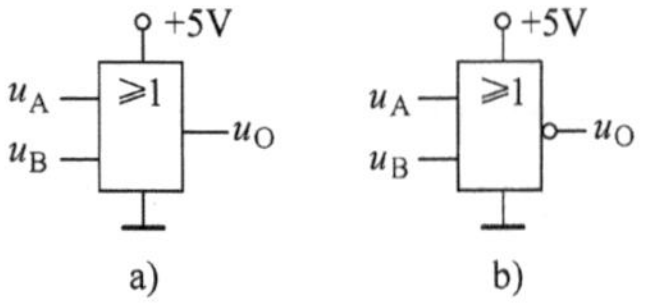

图 7-22 或（或非）门实验电路
a）或门 b）或非门

表 7-21 或（或非）门电路实验

U_{CC}/V	u_I/V		u_O/V		
	u_A	u_B	74LS32	74LS02	CC4001
5	0	0			
5	0	5			
5	5	0			
5	5	5			

7.6.2 三人多数表决器

三人多数表决逻辑，真值表如表 7-22 所示，由门电路组成的逻辑电路如图 5-10、图 5-12a和图 5-12b 所示。其逻辑最小项表达式为：

$$Y = ABC + AB\overline{C} + A\overline{B}C + \overline{A}BC = AB + C(A\overline{B} + \overline{A}B)$$
$$= AB + C(A \oplus B)$$
$$= AB + BC + CA$$
$$= \overline{\overline{AB} \cdot \overline{BC} \cdot \overline{CA}}$$

表 7-22 三人多数表决真值表

输入 A	B	C	输出 Y
0	0	0	0
0	0	1	0
0	1	0	0
0	1	1	1
1	0	0	0
1	0	1	1
1	1	0	1
1	1	1	1

上述逻辑表达式表明，实现 3 人多数表决逻辑功能的电路可有多种。为便于观察，在输出端接发光二极管 VD，灯亮表示通过。

1）电路 1。按 $Y = AB + C\ (A \oplus B)$，可用 74LS08（2 输入端 4 与门，引脚图 6-10）、74LS32（2 输入端 4 或门，引脚图 6-11）、74LS86（2 输入端 4 异或门，引脚图 6-13）组成，三人多数表决电路如图 7-23 所示。

2）电路 2。按 $Y = AB + BC + CA$，可用 74LS08（2 输入端 4 与门，引脚图 6-10）、74LS27（3 输入端 3 或非门，引脚图 6-11）组成（用 74LS27 中两个或非门实现 1 个或门），三人多数表决电路如图 7-24 所示。

3）电路 3。按 $Y = \overline{\overline{AB} \cdot \overline{BC} \cdot \overline{CA}}$，可用 74LS00（2 输入端 4 与非门，引脚图 6-10）、74LS10（3 输入端 3 与非门，引脚图 6-10）组成，三人多数表决电路如图 7-25 所示。

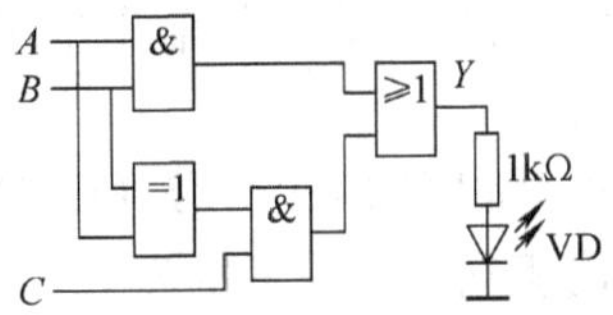

图 7-23 三人多数表决电路

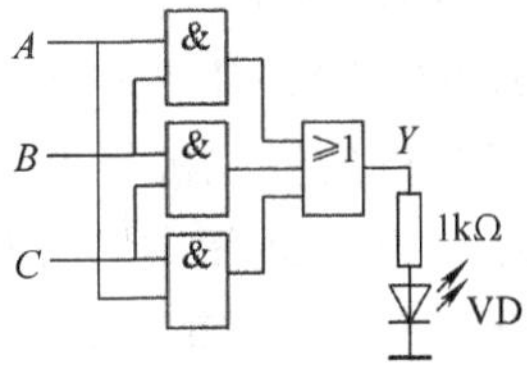

图 7-24 三人多数表决电路

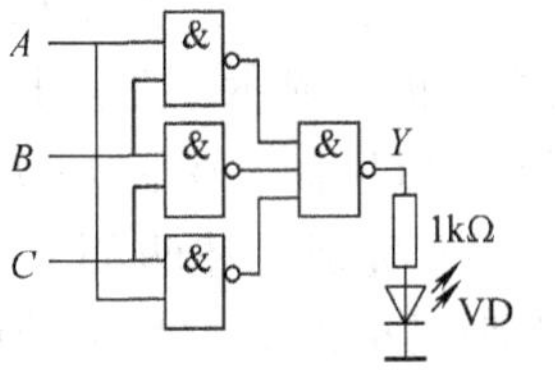

图 7-25 三人多数表决电路

用上述集成门电路，分别按图 7-23、图 7-24、图 7-25 连接电路，按表 7-22 依次输入 *ABC* 信号（接 +5V 代表“1”，接地代表“0”），验证输出结果（VD 亮表示表决通过）。

【实验思考题】

7.25 可用 3 种不同的门电路实现三人多数表决器逻辑功能，说明了什么？怎样选择最方便实现的逻辑电路？

7.6.3 振荡、计数、显示、译码和编码电路

1. 实验目的

①熟悉由门电路组成的多谐振荡器；②熟悉二进制计数器 74HC161；③熟悉 3 线－8 线译码器 74HC138；④熟悉 8 线－3 线编码器 74HC148；⑤熟悉 BCD 译码显示器 CC4511。

2. 实验设备与元器件

①直流稳压电源、面包板；②集成电路：74HC00、74HC161、74HC138、74HC148、CC4511；③共阳数码管；④发光二极管；⑤电阻：510Ω、470kΩ、1MΩ；⑥电容：1μF。

3. 实验内容和实验步骤

1）先按图 7-26 左半部分振荡（74HC00 引脚图 6-10）、计数（74HC161 引脚图 6-47）、

显示（CC4511 引脚图 6-22）在面包板上连接电路。其中，$R_S = 1M\Omega$，$R = 470k\Omega$，$C = 1\mu F$，控制端接高电平（+5V）。74HC00 为 2 输入端 4 与非门，应用其中两个与非门，组成多谐振荡器，产生约 1Hz 的方波。经 74HC161 计数，从 $Q_2Q_1Q_0$输出。该 BCD 码被 CC4511 译码为 7 段共阳显示码，并驱动共阳数码管循环显示 0 ~ 7。

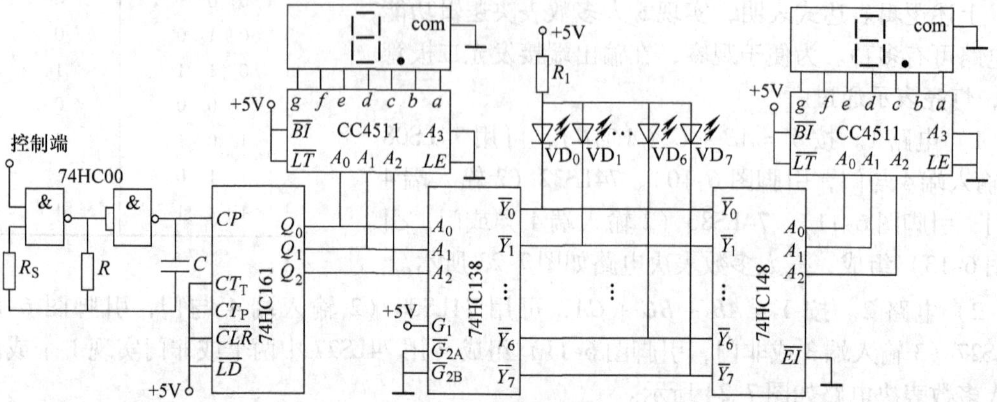

图 7-26 振荡、计数、显示、译码和编码实验电路

2）完成上述电路连接并正确计数循环显示后，再接通 74HC138（引脚图 6-21）及 8 位发光二极管显示电路。其中，$R_1 = 510\Omega$。74HC138 将 3 位编码输入信号译为 8 位输出信号，当 CC4511 依次显示 0 ~ 7 时，相应编号的发光二极管点亮，其余暗。

3）完成上述两部分电路功能后，再接通编码器 74HC148（引脚图 6-20）及 CC4511（引脚图 6-22）输出显示电路。74HC138 的 8 位输出信号，一方面驱动相应编号的发光二极管点亮，同时作为 74HC148 的输入信号，编码后从输出端输出，再经 CC4511 译码为 7 段共阳显示码，并驱动共阳数码管循环显示 0 ~ 7。

整个电路正确运行的结果是：两个数码管循环显示同一计数编号 0 ~ 7，并点亮相应编号的发光二极管。

【实验思考题】

7.26 为什么图 7-26 中的 CC4511 编码输入端 A_3需接地？

7.27 若 CC4511 初始显示不是 0，怎样才能使其初始显示为 0？

7.28 如何使图 7-26 中计数显示速度加快？

参考文献

[1] 张志良．电工基础［M］．北京：机械工业出版社，2010.
[2] 张志良．电工基础学习指导与习题解答［M］．北京：机械工业出版社，2010.
[3] 张志良．模拟电子技术基础［M］．北京：机械工业出版社，2006.
[4] 张志良．模拟电子学习指导与习题解答［M］．北京：机械工业出版社，2006.
[5] 张志良．数字电子技术基础［M］．北京：机械工业出版社，2007.
[6] 张志良．数字电子学习指导与习题解答［M］．北京：机械工业出版社，2007.
[7] 张志良．电子技术基础［M］．北京：机械工业出版社，2009.
[8] 张志良．计算机电路基础［M］．北京：机械工业出版社，2011.
[9] 张志良．计算机电路基础学习指导及习题解答［M］．北京：机械工业出版社，2011.
[10] 张志良．单片机原理与控制技术［M］．3 版．北京：机械工业出版社，2013.
[11] 张志良．单片机学习指导及习题解答［M］．2 版．北京：机械工业出版社，2013.
[12] 张志良．电工与电子技术基础［M］．北京：机械工业出版社，2016.
[13] 张志良．电工与电子技术学习指导及习题解答［M］．北京：机械工业出版社，2016.